湖北省学术著作出版专项资金资助项目

新材料科学与技术丛书

金属基底上氧化物纳米结构的制备及应用

刘金平　著

武汉理工大学出版社

·武　汉·

内 容 提 要

本书主要以金属基底上氧化物纳米结构为研究对象，系统介绍了其合成、生长动力学及在光电、电化学能源和传感器件等领域的应用。

主要内容包括：利用简单的低温液相法直接在金属基底上生长形貌丰富的氧化锌纳米结构（纳米针、纳米线、铅笔状纳米棒、纳米片等），系统分析了其光致发光及场发射应用；在金属基底上合成氧化锡纳米棒、氧化铁纳米管阵列和白钨矿钼酸盐薄膜；介绍了合金基底上水滑石纳米/微米结构薄膜及由其衍生的复合氧化物薄膜的制备方法及结构；分析了上述典型有序阵列/薄膜在锂离子电池应用中的性能和机理，阐述了阵列化微纳结构的设计在提高电池性能方面的重要作用；介绍了碳-氧化锌纳米棒阵列和钾钨青铜纳米片薄膜在电化学葡萄糖传感器中的应用，提出了纳米阵列结构的优势。

本书可供从事纳米材料及其应用的科研人员、教师和研究生参考使用。

图书在版编目(CIP)数据

金属基底上氧化物纳米结构的制备及应用/刘金平著.—武汉：武汉理工大学出版社，2017.9

(新材料科学与技术丛书)

ISBN 978-7-5629-5398-2

Ⅰ.①金… Ⅱ.①刘… Ⅲ.①金属基-氧化物-纳米材料-研究 Ⅳ.①TB383

中国版本图书馆 CIP 数据核字(2017)第 011392 号

项目负责人：李兰英　　**责任编辑**：李兰英
责 任 校 对：刘 凯　　**封面设计**：匠心文化
出 版 发 行：武汉理工大学出版社　　**邮　　编**：430070
网　　址：http：//www.wutp.com.cn　　**经　　销**：各地新华书店
印　　刷：荆州市鸿盛印务有限公司　　**开　　本**：710mm×1000mm 1/16
印　　张：12.75　　**字　　数**：201 千字
版　　次：2017 年 9 月第 1 版
印　　次：2017 年 9 月第 1 次印刷
定　　价：50.00 元

凡购本书，如有缺页、倒页、脱页等印装质量问题，请向出版社发行部调换。
本社购书热线电话：027-87785758 87384729 87165708(传真)

前　言

氧化物纳米结构薄膜/阵列在微电子装置、能量转换和存储(光伏电池、锂电池、超电容、储氢装置等)、化学生物传感器、光发射显示器、药物传输和分离以及光存储等方面有着潜在的应用价值。有效控制薄膜/阵列的取向、形貌、表面积、孔隙度及材料尺寸是实现其实际应用的前提。然而,现今比较成熟的制备高质量纳米结构薄膜/阵列的方法大多是在条件苛刻/烦琐(比如高温,利用种晶,多步)的情况下进行的。并且,由于合成条件及方法的限制,大部分薄膜/阵列只能生长在小面积半导体/绝缘基底或者导电玻璃上,极大地限制了它们在特殊光电、能源和传感装置应用上的结构和动力学优势。本研究旨在开发简单普遍的合成手段来实现多种氧化物纳米结构在导电惰性金属基底上的大面积生长,实现材料与金属基底间牢固的电学和力学结合,同时将合成的基于 ZnO、SnO_2 及 Fe_2O_3 的薄膜/阵列直接(无须传统制膜技术)作为电极应用于场发射、电化学能源和生物传感装置。主要研究内容如下:

1. 提出了用简单的低温液相法(60 ℃$<T<$100 ℃)使形貌丰富的 ZnO 纳米结构(纳米针、纳米线、铅笔状纳米棒、纳米片等)生长在各种导电且柔软的金属基底(包括 Fe-Co-Ni 合金,Ni、Cr、Ti 片等)上面,研究了生长动力学。此方法重复性好,成本低,ZnO 与基底结合力强,适合于大面积(如约 10×10 cm^2 基底或更大)合成。进一步研究了阵列的光致发光和场电子发射特性。ZnO 纳米针阵列表现出非常优异的场发射性能,在柔软型场致发射显示器方面有巨大的应用前景。

2. 采用水热法在 200 ℃下实现了 SnO_2 纳米棒阵列在 Ni 片、Ti 片和合金片上的可控生长(棒的直径、长度和阵列密度可控),研究了生长机理。

3. 以合成的 ZnO 针状纳米棒阵列为模板,采用液相室温浸泡法结合后退火处理合成了 α-Fe_2O_3 多孔顶端封闭的纳米管阵列。有趣的是,ZnO 模板能在浸泡过程中原位去除,由此提出了“牺牲模板加速水解”的生长机制。通过控制铁盐浓度可以灵活控制纳米管表面结构。更重要的是，利用不同柔软金属基底上生长的 ZnO 为模板，可以将 α-Fe_2O_3 纳米管转移到不同金属基底上；金属基底上随机的或者低取向度的 ZnO 结构同样可以作为模板合成 α-Fe_2O_3 纳米管；浸泡后的产物在氢气中退火可以得到 Fe_3O_4 多孔顶端封闭纳米管阵列。

4.首次研究了金属基底上纯 ZnO 针状纳米棒阵列作为锂离子电池负极材料的电化学性能。相对于传统方法制备的 ZnO 薄膜电极，一步生长取向阵列形态的 ZnO 纳米结构表现出更大的容量和更长的寿命。通过进一步处理后得到碳修饰的 ZnO 纳米棒阵列电极，极大地提高了锂离子存储能力，尤其是快速充放电下的电池性能明显提高。

5.提出了从 Al 基底上直接合成 Zn-Al 水滑石纳米片薄膜的新方法，讨论了薄膜生长过程。室温下通过"双金属基底同时浸泡法"在镀 Zn 的 Fe-Co-Ni 合金上生长了形貌可控的 Zn-Al 水滑石有序纳米片结构。该方法可以推广到镀有其他二价金属的合金片上，实现多类水滑石结构的生长，比如在镀 Cu 的合金上制备 Cu-Al 水滑石。在惰性气体下煅烧 Zn-Al 水滑石得到 $ZnO/ZnAl_2O_4$ 多孔复合纳米片薄膜，纳米片由纳米颗粒组装而成，尖晶石 $ZnAl_2O_4$ 在 ZnO 纳米颗粒中原位均匀分布。经实验发现，与锂不发生电化学反应的均匀分散的尖晶石 $ZnAl_2O_4$ 可以作为惰性"基质"有效地缓冲 ZnO 纳米颗粒在嵌脱锂过程中的体积膨胀，从而在很大程度上提高了电极的循环性能，为发展新型锂电池负极材料提供了新的思路和实验依据。

6.研究了合金上 SnO_2、碳/SnO_2 纳米棒阵列直接用于锂离子电池负极材料的充放电性能，并系统研究了阵列结构参数对于电池性能的影响。平均直径 60 nm、长度 670 nm 的 SnO_2 纳米棒组成的阵列在 0.1C 倍率下循环 100 次之后可以保留 580 mA・h/g 的容量，此阵列还适合在高的充放电倍率(2～5C)下工作。

7.对多孔 α-Fe_2O_3(碳/α-Fe_2O_3)顶端封闭的纳米管阵列作为锂电池负极材料的性能进行了研究。基于碳颗粒在 α-Fe_2O_3 管壁内部的均匀分布以及中空多孔隙的结构优势，重点阐述了如何通过控制新型纳米结构来提高锂电池负极材料的电化学性能。

8.将 Ti 片上碳修饰的 ZnO 纳米棒阵列固定生物酶分子后直接作为

工作电极，构建了首个基于氧化物纳米结构阵列电极的直接电化学生物传感器。在检测葡萄糖和 H_2O_2 的浓度方面，其表现出优异的检测性能。

9. 在空气中直接加热经 KOH 浸泡过的钨(W)片，合成了 $K_{0.33}WO_3$ 纳米片薄膜。研究表明，该材料同时具备良好的电导性(优于 ZnO 五个数量级)、亲水性以及生物兼容性(这在氧化物纳米结构中极其少见)。将生长在钨片上的 $K_{0.33}WO_3$ 薄膜直接用作电化学葡萄糖传感器工作电极，修饰葡萄糖氧化酶后，展现出极高的探测灵敏度、低的探测极限和强的选择性。

另外，我们还简要阐述了多元氧化物(如白钨矿 $CaMoO_4$、$SrMoO_4$、$BaMoO_4$)分层次纳米片薄膜在 Al(Ti)基底上的低温合成，证明了多元氧化物薄膜/阵列在金属衬底上生长的可能性。

总之，本研究发展了多种在惰性金属基底上制备一系列功能氧化物纳米结构薄膜/阵列的简单溶液化学法，原位实现了材料与基底的优良结合，使得将这些阵列材料直接用于各种纳米器件成为可能。我们重点开发的纳米结构薄膜/阵列在锂离子电池和直接电化学生物传感器应用上的优越性，拓展了纳米结构薄膜/阵列在新型前沿领域的应用。

刘金平

2015 年 10 月

目　录

1 绪　　论

1.1 引　　言

20 世纪以来，人们对物质的物理性质的系统研究，使物理学成为一个庞大的学科领域。在这个领域中，一些专门知识进一步发展成为诸多独立分支，薄膜物理就是其中一个。近 40 年来，薄膜科学迅速发展，在制备技术、分析方法、结构观察及形成机理等方面的研究都包含了极其丰富的内容[1]。20 世纪末以来，"纳米尺度"成为热门话题。纳米科技的发展直接促进了许多新型薄膜材料的出现。新型纳米薄膜材料对于当代高新技术起着非常重要的作用，是国际科技研究的热门话题之一[2]。开展新型纳米薄膜材料的研究，直接关系到微电子技术、信息技术、计算机科学、环境和能源等领域的发展方向与进程，必将给人类生活带来日新月异的变化。正如我国著名科学家钱学森曾预言的那样："纳米左右及纳米以下的结构将是下一阶段科技发展的一个重点，会是一次技术革命，从而将是 21 世纪的又一次产业革命。"[2]

1.2 薄膜的定义及分类

1.2.1 薄膜的定义

1000 多年前，人们就已经开始制作陶瓷器皿表面的彩釉，这是最早的贵金属薄膜的制备和应用实例。但是直到近 40 年来，对薄膜的研究才真正成为一门学科。现今，薄膜材料已涉及物理、化学、电子、冶金等多个学科，有着非常广泛的应用。

“薄膜”这个名词是随着科学技术的发展而自然出现的，很多时候与“涂层”“层”“箔”有着相同的含义，但也有些差别。通常，人们用厚度对薄膜加以描述，把膜层无基片而能独立成形的厚度作为薄膜厚度的一个大致标准，规定其厚度在 1 μm 左右。但是随着科技工作的不断发展和深入，不同应用领域对于薄膜厚度的要求不同，因此有时把厚度为几十微米的膜层也称作薄膜。从表面科学研究的角度来讲，通常是对材料表面几个至几十个原子层进行研究，这也是薄膜物理研究的范围。随着纳米技术的进步，基于纳米结构阵列的薄膜也被归结为新型薄膜材料。薄膜材料可以由各种单质元素、无机化合物或有机化合物组成，也可以由固体、液体或气体物质来合成。与块状物体一样，薄膜可以是单晶膜、多晶膜、纳米晶膜、多层膜、超晶格膜等。

1.2.2 薄膜材料的特性

薄膜材料不是将块体材料压模而成的，而是通过特殊方法（如物理气相沉积、化学气相沉积或水热法等）制备的。例如，真空薄膜沉积，完全可以看成是原子级的铸造工艺，即单个原子在衬底表面上通过成核和生长形成薄膜。所以其原子结构虽类似于块状结构，却发生了巨大的变化。众所周知，块体固体物理是以原子周期性排列为基本根据，电子在晶体内的运动服从布洛赫定理，电子迁移率极大。然而，在薄膜材料中，除了部分单晶薄膜外，由于无序性和薄膜缺陷态的存在，电子在晶体中将受到晶格原子的散射作用，迁移率变小，这将会使得薄膜材料的光学、电学、力学性能受到很大影响。因此，薄膜材料表现出如下特性：

（1）表面能级很多

薄膜的表面积与体积之比很大，因此薄膜材料的表面效应非常突出。表面能级的产生是由于在固体的表面，原子周期性排列的连续性发生了中断。在该情况下，电子波函数的周期性受到了影响。塔姆（Tamm）在1932 年通过计算得到了电子表面能级，因此电子表面能级也称塔姆能级。通常情况下，这些能级位于该物体内能带结构的禁带之中，处于束缚状态，起受主作用。表面态的数目和表面原子的数目在同一个数量级。薄膜的表面能级对膜内电子运输状态有着显著影响，尤其是对薄膜半导体表面电导和场效应产生了非常大的影响，从而影响半导体器件的性能。

(2) 薄膜中有内应力存在

薄膜通常是在非常薄的基片上沉积而成的。在这种情况下，几乎所有物质的薄膜，其基片都会发生弯曲，尽管程度有所差别。其原因是薄膜中有内应力存在。弯曲可以分为两种：一种是弯曲使得薄膜成为弯曲面的内侧，另一种是弯曲使薄膜成为弯曲面的外侧。前一种情况是让薄膜的某些部分与其他部分之间处于压缩的状态，后一种则是处于拉伸状态。前一种应力称为压应力，后一种应力称为拉应力。内应力的来源可以分为两大类，即本征应力和非本征应力。本征应力来自于薄膜中的缺陷，比如位错。薄膜中的非本征应力主要来自于薄膜对衬底的附着力。薄膜和衬底间不同的热膨胀系数和晶格失配能够把应力引入薄膜，或者金属薄膜与衬底发生化学反应时在薄膜和衬底间形成的金属化合物同薄膜紧密结合，即使有轻微的晶格失配也能把应力引进薄膜。另外，我们设想在薄膜中晶粒生长时，移走了部分晶粒间界，因此减少了晶粒间界中余下的体积，也会使薄膜和衬底间产生应力。

对于内应力很大的薄膜，比如超硬金刚石薄膜、C_3N_4和 c-BN 膜，在制备过程中极容易发生薄膜的裂开或卷皮现象。当薄膜的厚度非常小时，应力值情况比较复杂；但当膜厚超过 100 nm 时，其应力在绝大多数情况下是确定值。

有内应力存在意味着应变能的存在。假设薄膜的内应力为σ，弹性模量为E，则单位面积薄膜中储存的应变能 u(10^{-7} J/cm^3)为：$u=\sigma^2/(2E)$。因此，单位体积衬底上附着厚度为d的薄膜所具有的应变能为：$d\sigma^2/(2E)$。如果应变能超过了薄膜与衬底间的界面能，薄膜就会从基底脱落。

(3) 薄膜与衬底的附着力

由于薄膜是从基片上生长的，所以就和基片之间存在相互作用，这种相互作用一般的表现形式就是附着。基片与薄膜隶属不同种物质，附着现象所考虑的对象是两者间的边界和界面。两者间的相互作用能就称为附着能，附着能可以看作是界面能的一种。附着能对基片-薄膜距离的微分的最大值就是附着力。

从微观角度来讲，用物质间最普遍的相互作用"范德瓦尔斯力"可以成功地解释很多附着现象。这种力是永久偶极子、感应偶极子之间的作用力和其他色散力的总称。设两个分子间的上述相互作用能为U，则U

可以表示成如下形式：

$$U=-[3a_A a_B/(2r^6)]\cdot[I_A I_B/(I_A+I_B)]$$

式中，r 为分子间距离；a 为分子的极化率；I 为分子的离化能；下标 A 和 B 分别表示 A 分子和 B 分子。

一个特殊例子，如果薄膜和基片都是导体，而且两者的费米能级不同，由于薄膜的形成，从一方到另一方发生了电子转移，界面上就会形成带电的双层。此时，薄膜和基片会存在静电力，即：

$$F=\frac{\sigma^2}{2\xi_0}$$

式中，σ 为界面上出现的电荷密度；ξ_0 为真空中的介电常数。

此时要充分考虑这种力对于附着的贡献。

除此之外，与附着力相关的因素还有相互扩散。这种扩散在薄膜、基片的两种原子间相互作用力大的情况下发生。两种原子的混合或者化合，造成界面消失，附着能变成混合物或者化合物的凝聚能。凝聚能要比附着能大。此外，基片的表面并非绝对平整，从微观上讲，当基片表面粗糙时，薄膜的原子会进入基片中，像钉子一样使得薄膜附在基片上，也就是说，可以产生“锚连”作用，类似于胶黏剂的作用。实验结果表明：①一般来讲，易被氧化的元素其薄膜附着力较大；②在玻璃基片-金属薄膜系统中，Au 薄膜的附着力最弱；③基片经过离子辐射，附着力会增大；④在通常情况下，在沉积过程中或沉积完后对薄膜加热，均可以使得附着力得到极大的提高。

如果从宏观的角度研究附着力的问题，则与浸润性问题类似，从热力学角度看属于表面能/界面能问题。分析薄膜在基片上能否附着良好，就看两者能否很好地相互浸润。这意味着，由于薄膜附着的存在，系统的表面能应该降低。表面能是指建立一个新的表面所需要的能量(金属为高表面能材料，而氧化物则是低表面能材料)。表面能的相对大小决定了一种材料是否和另一种材料相互浸润并形成均匀的黏附层。具有非常低表面能的材料容易和具有较高表面能的材料相浸润。如果沉积材料具有高表面能，则它容易在具有高表面能的基片上形成原子团，即“起球”。

(4) 薄膜中的缺陷存在

薄膜中的缺陷随着制膜方法的不同而变化。薄膜生长时的温度越低,薄膜中的点缺陷特别是空位的密度就会越大。空位密度大,以及杂质和应变的存在,导致薄膜内空位的状态在很多情况下不是确定的,因此空位的产生、消失和移动的激活能分布在能谱上的跨度是相当宽的。另一种类型的点缺陷是杂质。在薄膜生长的过程中,杂质很多时候都是从周围环境混入薄膜之中的。

位错是薄膜中存在的另一类缺陷。实验结果表明,薄膜中的位错容易发生在岛状膜的凝聚过程中,最大的位错密度可达 $10^{10}\ cm^{-2}$ 左右。和大块材料中的位错相比,薄膜中的位错相对难以变动,在力学、热力学上是比较稳定的。并且位错也难以通过退火来消除,与位错相关的内耗也难以通过加热而发生变化。

另外,由于薄膜中的晶界多,在薄膜中还可以发现层错四面体、位错环等其他不同特征的缺陷。

1.2.3 薄膜材料的分类

薄膜材料(图 1-1)按照功能及其应用可以分为以下几类:

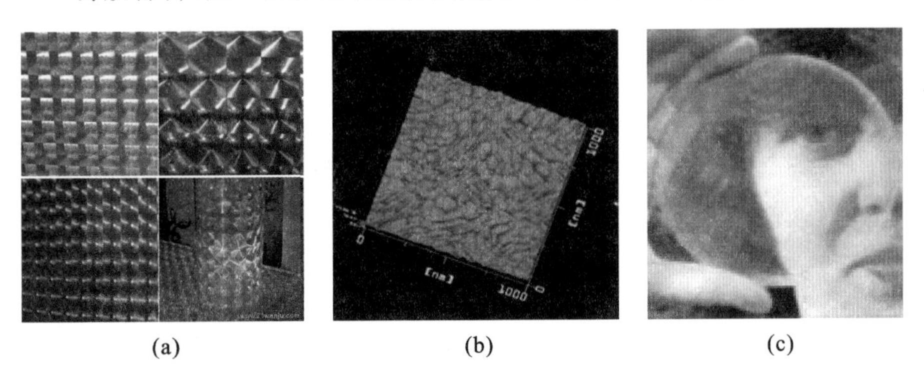

(a) (b) (c)

图 1-1 薄膜材料在实际生活中的应用

(a)"猫眼光学膜"[9];(b)ITO 电学薄膜[10];(c)透明金刚石薄膜[11]

(1) 光学薄膜

① 反射膜。如民用镜和太阳能接收器的镀铝膜,用于大型天文仪器和精密光学仪器中的镀膜反射镜,用于各类激光器的高反射率膜等。

② 减反射膜。各种光学仪器透镜和棱镜上镀的单层 MgF_2 薄膜和双层或多层 SiO_2、ZrO_2、TiO_2 等薄膜组成的宽带减反射膜;夜视仪和红外设

备的镜头上所用的 ZnS、CeO_2、Y_2O_3 等红外减反射膜。

③ 照明光源中所用的反热镜和冷光镜薄膜。

④ 太阳能控制膜(Cr、Ti、Ag 等)和低辐射率膜[TiO_2-Ag-TiO_2、ITO(掺锡氧化铟)等]。

⑤ 分光镜、滤光片、彩色扩印及放大设备中所用的三色滤光片上镀的多层膜。

⑥ 激光唱片与光盘中的光存储薄膜。如硫系半导体化合物薄膜。

⑦ 集成光学元件与光波导中所用的介质薄膜以及半导体薄膜。

(2) 电学薄膜

① 半导体器件与集成电路中用到的导电材料和介质薄膜材料,如 Al、Cr、Pt、Au、多晶硅、硅化物、SiO_2、Si_3N_4、Al_2O_3 等薄膜。

② 敏感元件及固体传感器中的薄膜,如 SnO_2 薄膜。

③ 薄膜电容、薄膜电阻、薄膜阻容网络与混合集成电路。

④ 光电子器件中使用的功能薄膜,特别是近年来研发成功的 GaAs/GaAlAs、HgTe/CdTe、a-Si:H、a-SiGe:H 等一系列晶态和非晶态晶格薄膜。

⑤ 太阳能电池用的薄膜,如 $CuInSe_2$ 和 CdSe 薄膜。

⑥ 静电复印鼓用的 SeTeAs 合金膜和非晶硅膜。

⑦ 平板显示器件用的薄膜。如三大类平板显示(液晶显示、等离子体显示及电致发光显示)器件所用的透明导电电极(氧化铟锡薄膜)。薄膜电致发光屏是用多层功能薄膜(包括氧化铟锡透明导电膜,Y_2O_3、Ta_2O_5 等介质膜,ZnS:Mn 等发光膜,Al 电极膜等)组成的全固态平板显示器件。

⑧ 声表面波滤波器薄膜。主要有 ZnO、Ta_2O_5、AlN 等。

⑨ 超导薄膜。特别是近年来国内外普遍重视的高温超导薄膜,如 YBaCuO 系稀土元素氧化物超导薄膜、BiSrCaCuO 系和 TlBaCuO 系非稀土元素氧化物超导薄膜等。

(3) 磁性薄膜

目前已经广泛应用,给人类社会的生产和生活带来重大影响的录音、录像磁带和计算机用磁盘均属于磁性薄膜。这类薄膜的主要成分为 γ-Fe_2O_3、Co-Ni、Co-Ni-P、Co-Cr 等,用溅射、涂覆或者化学反应的方法使以上物质沉积在基底上制成。作为计算机外存储设备的磁带和磁盘就是通过在带基和盘基上沉积磁性薄膜来记录信息的。2007 年诺贝尔物理学奖的获得者发现由铁、铬、铁三层材料组成的薄膜及铁和铬组成的多层材料薄膜具有巨磁阻效应[14]。

(4) 有机分子薄膜

有机分子薄膜也称为 LB(Langmuir-Blodgett)膜，它是羧酸及其盐、脂肪酸烷基族之类的有机物和染料、蛋白质等构成的分子薄膜，厚度为一个分子层的膜被称为单分子膜；厚度为多分子层的膜被称为多层分子膜。多层分子膜可以是同一材料组成的，也可以是由多种材料构成的调制分子膜，即超分子薄膜。

(5) 金刚石薄膜及超硬宽带隙薄膜

金刚石薄膜具有极高的强度和热导率，较好的电绝缘性以及化学稳定性，在非常宽的光波段范围内透明，与 Si、GaAs 等半导体材料相比有较宽的禁带。金刚石薄膜的优异光学性质使其可用于各种光学器件中，以改善这些器件的性能和减小其磨损程度。金刚石薄膜的应用前景主要是在微电子技术、超大规模集成电路及光学、光电子方面，它极有可能成为继 Ge、Si、GaAs 之后的新一代半导体材料。

其他超硬材料主要由Ⅲ、Ⅳ、Ⅴ族共价键化合物（碳化物、氮化物）组成，硬度一般也大于40 GPa，有非晶、单晶和多晶等多种形式。如立方氮化硼(c-BN)、氮化碳(C_3N_4，CN_x)、硼碳氮(BCN)及金刚石碳(DLC)等。不同于金刚石，这些材料没有天然对应物，皆为人工合成。

(6) 铁电、压电薄膜

铁电体是具有自发极化，而且自发极化矢量的取向能随外电场的改变而改变的材料。通常来讲，铁电材料具有电滞回线特性。具有铁电性且厚度尺寸为几十纳米到几微米的膜材料叫作铁电薄膜，它具有良好的铁电性、压电性、热释电性、光电性及非线性光学等特性。铁电材料的典型结构为钙钛矿结构，它是由 ABO_3 的立方结构构成，其中离子 A 处在立方体的角上，离子 B 处在立方体的体心，氧离子处于立方体各个面的面心上。典型的钙钛矿结构有 $BaTiO_3$（钛酸钡）、PZT[或 $Pb(Zr_xTi_{1-x})]O_3$、PLZT(铅、镧、锆、钛)等。图 1-2 为铁电 $Pb(Zr,Ti)O_3$ 纳米管阵列。

当在某一特定的方向对晶体材料施加应力时，在与力垂直的方向两端的表面就会出现数量相等的束缚电荷，这一现象被称为压电效应。具

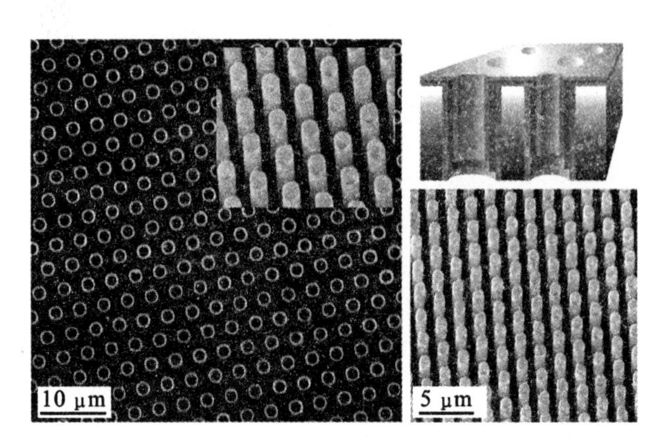

图 1-2　铁电 Pb(Zr,Ti)O_3 纳米管阵列[15]

有压电效应的物体被称作“压电体”。为了满足压电器件的要求，人们大力发展了一系列压电薄膜，其中典型的包括：ZnO、AlN、ZnO/AlN 复合、$LiNbO_3$、$PbTiO_3$、PLZT、γ-Bi_2O_3、Ta_2O_5 压电薄膜等。

（7）硬质膜、耐蚀膜、润滑膜和各种装饰膜。

1.3　薄膜材料的制备方法

传统薄膜的制备方法主要是气相沉积法，包括物理气相沉积法(PVD)和化学气相沉积法(CVD)。目前常用的物理气相沉积法有溅射法、脉冲激光沉积法(PLD)、分子束外延法(MBE)。常用的和新发展的化学气相沉积方法包括金属有机化学气相沉积法(MOCVD)、微波电子回旋共振化学气相沉积法(MW-ECR-CVD)、直流电弧等离子体喷射法和触媒化学气相沉积技术(Cat-CVD)等。非气相沉积方法主要有溶胶-凝胶法(Sol-Gel)和电沉积法等。以下简单介绍几种主要的制备手段。

1.3.1　溅射法

“溅射”是指用荷能粒子轰击固体表面(靶)，使固体原子或分子从表面发射出来的现象。这些溅射出来的原子、分子将具有一定的动能，并具有方向性。利用这一现象将溅射出来的物质沉积到基片表面形成薄膜的方法称为溅射法,也叫镀膜法。用于轰击靶的荷能粒子可以是电子、离子或者中性粒子。因为离子在电场下容易加速并获得所需动能,因而通常情况下采用离子作为轰击粒子,该离子又被称为入射离子。溅射法现今已广泛地应用于各种薄膜材料的制备过程中。如制备金属、合金、半导体、氧化物、绝缘介质薄膜,以及碳化物和氮化物薄膜,还有高温超导薄膜等。

溅射法主要可分为磁控溅射法和射频溅射法两类。磁控溅射法在沉积过程中引入电磁场,既可以得到很高的溅射速率,还可以在溅射金属时避免二次电子轰击,使基板保持冷态,这对使用单晶和塑料基板具有尤为重要的意义。在溅射靶上加射频电压类的溅射法称为射频溅射法,它是适用于各种金属和非金属材料的一种沉积手段,可以溅射导体、半导体和绝缘体类的任何材料。

1.3.2 分子束外延法

分子束外延法(MBE)作为一种超薄层薄膜制备技术,可以在原子尺度上精确控制外延厚度、界面平整度,以及掺杂。它是在 20 世纪 50 年代发展起来的真空沉积Ⅲ-Ⅴ族化合物的“三温度法技术”以及 1968 年 Arthur 对镓和砷原子与 GaAs 表面相互作用的反应动力学基础上,由美国贝尔(Bell)实验室的卓以和于 20 世纪 70 年代初期提出的。此技术推动了以半导体超薄层结构材料为基础的新一代半导体科学技术的飞速发展。

MBE 是在超高真空中精确控制原材料的中性分子束强度,把分子束射入被加热的基片上进行外延生长。此技术常被用来生长高质量的异质结化合物半导体薄膜。例如,在 GaAs 衬底上生长 GaAlAs、InGaAs、GaSbAs 和 GaAsP 等薄膜。MBE 用于制备高质量的半导体超晶格和量子阱材料也是近十几年来半导体物理学和材料科学中的一个重大突破。这种完全人工合成的新结构显示出天然材料中所不存在的许多新现象和技术上的重要性。因此,MBE 目前在固体微波器件、超大规模集成电路、光通信、光电器件、超晶格结构新材料和纳米材料等领域有着广泛的应用价值。

1.3.3 金属有机化学气相沉积法

金属有机化学气相沉积法(MOCVD)是利用有机金属热分解进行气相外延生长的先进技术,通常情况下是用氢气把金属有机物蒸气和气态非金属氢化物送到反应室,然后来分解化合物的一个过程。前驱物一般必须满足如下条件:

① 常温下相对稳定并且容易处理。

② 反应生成的副产物不妨碍晶体生长,并且不污染生长层。

③ 为了适应气相生长,在室温附近应具备一定的蒸气压(≥133.322 Pa)。

根据上述要求,可以选择的前驱体有金属烷基或芳香基衍生物、乙酰基化合物、羧基化合物等。

MOCVD具有下列特点:

① 能够制备任意比例的人工合成材料的,生长厚度能精确控制的原子级的薄膜,如量子阱、超晶格材料等的各种结构型薄膜材料。

② 能够合成杂质少的薄膜材料。

③ 薄膜层的生长控制精度很高,能减少自掺杂等典型问题。

④ 能够制成大面积均匀薄膜,是典型的容易产业化技术。比如合成超大面积太阳能电池板以及其他光学显示板等。

1.3.4 直流电弧等离子体喷射法

此方法属于等离子体增强化学气相沉积法的一种,由于其具有设备简单、沉积面积大、沉积速率快(小于1 cm^2面积时速率可达930 μm/h)等特点,可以用来制备大面积的金刚石薄膜。在沉积金刚石薄膜的过程中,首先在等离子体炬的杆状和环状阳极间施加直流电压,用氩气引弧,当气体通过时引发电弧加热气体,高温膨胀时的气体由阳极嘴高速喷出,就形成等离子流。之后,通入反应气体 H_2 和 CH_4,CH_4 在形成的等离子体射流中被离化后到达水冷工件台的衬底上,成核生长为金刚石薄膜。

1.3.5 电沉积法

电沉积是一种电化学氧化还原过程,一般是通过电解方法进行镀膜,按照基片在沉积过程中的功能可以分为阴极沉积和阳极沉积。阴极沉积把所要沉积的阳离子和阴离子溶解到水溶液或非水溶液中,同时溶液中含有易于还原的一些分子或原子团,在一定的温度、浓度和溶液的 pH 值下,控制阴极电流和电压,就可以在电极表面沉积各种类型薄膜。阳极沉积通常在具有较高 pH 值的溶液中进行,溶液中的金属低价阳离子在一定的电压下在阳极表面被氧化成高价的阳离子,随后在阳极表面高价的阳离子与溶液中的 OH^- 发生反应生成所需的薄膜。根据所用溶液的种类,电沉积又可以分为水溶液电沉积、非水溶液电沉积和熔盐电沉积三类。

1.3.6 溶胶-凝胶法

溶胶-凝胶法是近年发展起来的能代替高温固相、气相反应制备陶瓷和半导体等许多固态材料的一种新方法,属于溶液化学方法的一种。它从金属的有机或无机化合物出发,在溶液中通过化合物的分解、聚合,把溶液制成有金属氧化物微粒子的溶胶液,进一步反应发生凝胶化,再把凝胶加热,最后得到所需的薄膜。溶胶-凝胶法制备薄膜工艺根据溶胶的存在状态,可以分为有机途径和无机途径。有机途径是通过有机金属醇盐的水解与缩聚而形成溶胶。在该工艺中,因涉及水和有机物,所以通过这种途径制备的薄膜在干燥过程中容易“龟裂”。无机途径则是通过某种特定方法制得的氧化物微粒,稳定地悬浮在有机或无机溶剂中而形成溶胶。

与上述诸多气相法制膜技术相比,溶胶-凝胶法技术有很多独特优点:(1)用料省,成本低。工艺、设备简单,不需要其他大型昂贵的设备和任何真空条件,有利于应用推广。(2)易于大面积地在各种不同形状(平板状、圆棒状、管状、球状等)或不同材料(金属、陶瓷、玻璃、高分子材料)的基底上制备薄膜。甚至可以在粉体材料表面制备一层包覆膜,这是其他传统工艺难以实现的。(3)对各种反应物溶液进行混合,很容易达到所需要的均相多组分体系,可以有效地控制薄膜的成分和结构。(4)易于实现定量掺杂。(5)薄膜制备的温度较低,从而能够在温和的实验条件下制备出各类功能材料,是制备含有易挥发组分或在高温下易分解的多元体系的一种理想途径。(6)从薄膜生长的细节来看,此项技术制备薄膜是在纳米尺度上进行,从纳米单元开始反应的,最终可以制备出具有纳米结构特征的材料。因此与水热反应法一样，此法是制备纳米结构薄膜材料的简单工艺之一。

1.4　纳米薄膜

纳米科技的发展可分为两个阶段[2]。第一个阶段为纳米材料的制备与性质研究，这是纳米科学与技术高度发展的基础。然而，纳米粒子固然有很多特征，如量子尺寸效应、小尺寸效应、表面效应、库仑阻塞效应、量子隧穿效应等[16]，但是实际应用中通常考虑的是纳米粒子所组成的材料的集体行为。大量实验和理论研究表明，任何宏观材料的功能均源于组成该材料的单元之间相互作用的结果，在整体材料体系中可以观察到单个组元所不具备的性质。所以，纳米科技发展的第二阶段就是制备或组装纳米结构材料和器件。纳米薄膜是纳米科技发展到第二阶段的一个重要分支。因此，在特定的基底上用纳米结构组装得到纳米薄膜，或者直接在基底上生长具有独特结构的纳米材料，研究其在电子、信息、医疗、环境等领域的应用显得尤其重要和迫切[2,5]。

纳米薄膜通常是指尺寸在纳米量级的晶粒（或颗粒）组成的薄膜，或将纳米晶粒镶嵌于某种薄膜中构成的复合膜（如 Ge/SiO_2），每层厚度在纳米量级的单层或多层膜有时也称为纳米晶粒薄膜或纳米多层膜[12]。纳米薄膜的性能高度依赖于颗粒尺寸、表面粗糙度、膜的厚度以及多层膜的组装形式，这也是当前纳米薄膜研究的主要内容。与普通薄膜相比，纳米薄膜具有许多独特的性能，如具有巨电导、巨磁电阻、巨霍尔效应等。目前，纳米薄膜的结构、特性以及应用研究还处于起步阶段。按照纳米薄膜的应用领域，可以将其大致分为以下几种：纳米磁性薄膜、纳米光学薄膜、纳米气敏膜、纳滤膜、纳米润滑膜及纳米多孔膜等[12]。

纳米结构是以纳米尺度的物质单元为基础，按一定的规律构筑或营造的一种新型结构体系。基本构筑单元可以包括纳米粒子、纳米管、纳米线、纳米棒等。因此，纳米结构薄膜除了上述的纳米晶粒薄膜外，还存在纳米管/线/棒阵列薄膜。另外，纳米结构薄膜按照结构特点可以分为无序纳米结构薄膜和有序纳米结构薄膜[2]。

无序纳米结构薄膜是由纳米单元（颗粒状、线状、棒状、管状、片状、针状、花状等)在衬底表面随机排列而成的。通常情况下,成膜过程不加以人工控制,就易得到无序薄膜。直接涂覆法制备的基本上都为无序性薄膜。当然也有例外,比如通过旋涂法可以得到有序的 SiO_2 和聚合物微球薄膜。有序纳米结构薄膜主要是指在长程范围内具有特定排布规则、稳定有序的薄膜,单层或者多层均可[17]。

纳米材料的广泛研究为纳米结构薄膜/阵列的开发和应用提供了坚实的基础。纳米结构薄膜/阵列材料的诞生必然会引起薄膜材料研究的新一轮热潮,为人类的生活和工业生产带来革命性的变化,也必然会引领许多高科技领域的蓬勃发展。例如,纳米薄膜磁存储材料有更小的体积、更高的存储密度和更永久的存储能力。单磁畴铁、Fe-Co 合金和氮化铁的纳米颗粒薄膜具有更大的矫顽力,用在磁记录介质材料中可以提高音质和图像的质量,同时还具有极好的信噪比。另外,纳米结构电子薄膜因其具有新的特性可用于压敏电阻、线性电阻和非线性电阻等。纳米功能涂层薄膜材料则可以用于物质的改性,使之具有防静电、高介电、阻燃、吸收和反射不同波长的光波等性质[18-20]。

在诸多类型的纳米结构薄膜/阵列(金属及非金属单质、无机和有机化合物等)中,半导体氧化物纳米结构薄膜/阵列最为引人关注。这些氧化物材料主要包括 ZnO、TiO_2、SnO_2、Fe_2O_3、CuO、Cu_2O、Co_3O_4、In_2O_3、SiO_2、V_2O_5、WO_x、GeO_2、MnO_2 和一些重要的多元氧化物。

1.5 半导体氧化物纳米结构薄膜/阵列

氧化物是自然界中分布最为广泛的一类无机化合物。众所周知,地壳中含量最多的元素是氧,其在地壳中的丰度(质量分数)高达 48.6%。此外,在海水和大气中,氧也是最为重要的组成元素之一[21,22],这些都决定了氧化物是组成我们这个世界必不可少的物质[23]。金属氧化物是纳米材料研究中最具有代表性的一类材料。氧化物纳米结构有很多种,并且纳米结构氧化物的性能非常依赖其结构和尺寸。自从 2001 年王中林小组[24]发现了 ZnO 纳米带状结构后,对氧化物纳米结构的研究更加活跃。许多新型的氧化物纳米结构体现出与传统的半导体材料锗和硅同等重要的地位[25-27],甚至有取代传统半导体地位的趋势,它们在诸多领域,尤其是在电子学和微电子学方面有着愈来愈深入的应用，同时展现出特殊的电导、铁电、磁学、力学和气敏性质[25,28-31]。氧化物结构薄膜/阵列可以用来制备低电压、宽视角和高清晰度的显示器[32-43]；纳米线或者纳米棒阵列/薄膜可以制备超微型纳米阵列激光器[44-53]；许多阵列结构还可以作为电极材料用于电催化[54-60]、传感器[61-64]、智能窗电致变色[65-71]、太阳能电池[72-83]、燃料电池、锂离子电池[84-97]等领域。下面我们将总结近年来各种不同的氧化物纳米结构薄膜/阵列在电学、光电、环境以及能量转换和存储领域的典型应用。

1.5.1 基于氧化物纳米线/带/片阵列的激光器

ZnO 具有宽带隙、极好的化学稳定性和热稳定性，在大气中不易被氧化，与Ⅲ-Ⅴ族氮化物（GaN 等）和Ⅱ-Ⅵ族的硒化物（ZnS 等）不同，其材料的稳定性是这些材料无法比拟的[44,45]。并且 ZnO 无论是晶体结构、晶体常数还是禁带宽度都与 GaN 相似；另外，ZnO 材料来源广泛，易于制备；更重要的是，高达 60 MeV 的激子束缚能使得 ZnO 在室温下激子不会被电离，激发发射机制仍然有效，因此，大大降低了低温下的激射阈值，使得其在短波长发光器件和激光器件中表现出巨大的发展潜力。2001 年，美国加利福尼亚大学伯克利分校杨培东等人在美国《科学》杂志上发表了《室温紫外发射的纳米激光器》的论文[44]。实验过程如下：首先，在蓝宝石衬底上镀 1～3.5 μm厚的金，然后把衬底放到蒸发皿中，在氩气气氛下，将前驱材料加热到 880～905 ℃产生 Zn 蒸气；产生的 Zn 蒸气被送到衬底上沉积，经过 2～10 min，六角形截面的 ZnO 纳米线阵列就可以生长到 2～10 μm。直径为 20～150 nm 的纳米线阵列形成了一个个天然激光腔。在室温下用 Nd:YAG 激光器的四次谐波的激光对截面为六角形的纳米线样品进行激发（波长为 266 nm，脉宽为 3 ns），泵浦的激光光束以 10°角入射聚焦在纳米线的对称轴上。如此一来，受激辐射发射的光便沿着 ZnO 纳米线中心轴的方向在纳米线末端的表面上汇聚。实验结果表明，随着功率的增加，可以观察到激光产生的过程。当激发的能量超过 ZnO 纳米线的阈值（其阈值约为40 kW/cm^2）时，发射光谱中出现了波长为 385 nm、线宽为 0.3 nm 的尖峰，这比低于阈值时的自发辐射产生的约 15 nm 的峰值线宽要小很多。通过这些窄线宽和发射能量的快速增加可以断定 ZnO 纳米线产生了受激辐射。我们知道，激光发射的三个要素是工作物质、谐振腔和泵浦源。在构建的纳米激光器中，工作物质和泵浦源已具备。对于ZnO纳米线阵列，谐振腔的形成也是天然的，不需要像一般激光器那样装配半反和全反的反射镜。纳米线的一边是蓝宝石与纳米线之间的外延分界面，另一边是ZnO纳米线与空气接触的平面。由于蓝宝石、ZnO和空气的折射率分别是1.8、2.45和1，ZnO纳米线阵列及其激光发射性能见图1-3，这就自然地形成了激光谐振腔。

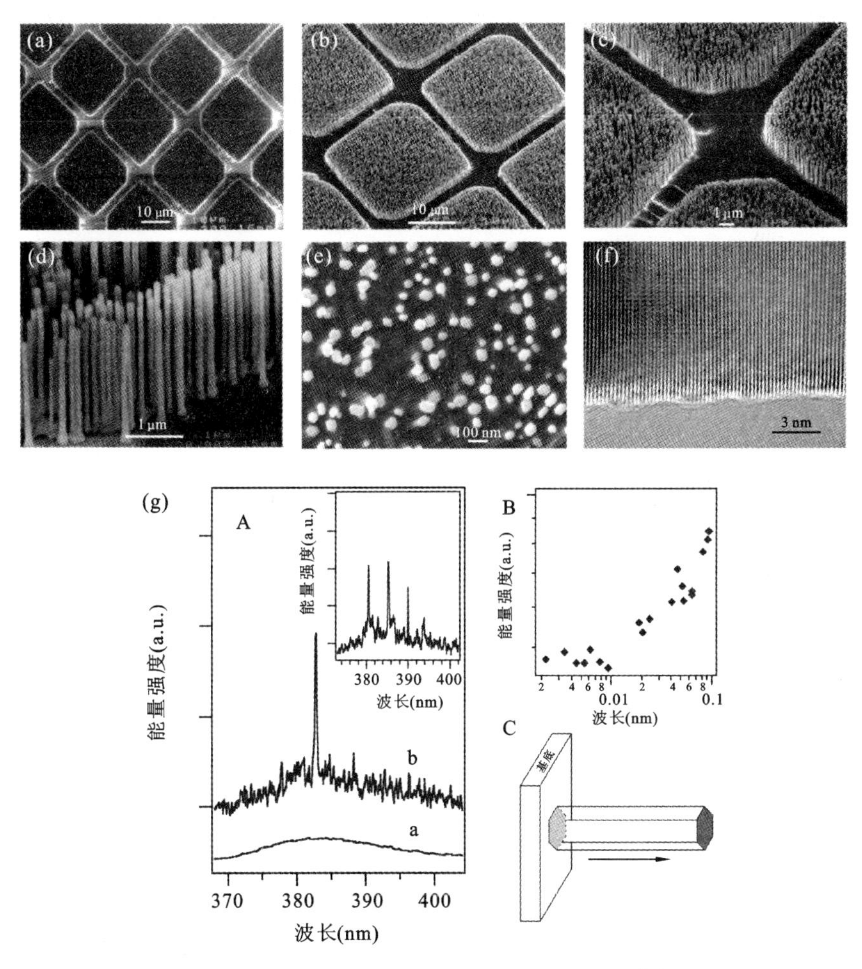

图 1-3 ZnO纳米线阵列及其激光发射性能[44]

(a)～(e)不同倍率下的ZnO纳米线阵列的SEM形貌；(f)ZnO纳米线阵列的TEM图；(g)ZnO纳米线阵列的激光发射[A为发射光谱图(a为低于激射阈值情况，b为超过激射阈值情况)；B为发射强度与激发能量关系图；C为纳米线共振腔模型]

这种激光器的问世是纳米科技诞生以来在实际应用上的重大突破。室温下观察到用光激发的受激发射，激发了人们对 ZnO 研究的兴趣，ZnO 已成为新一代的宽带半导体激光器材料，显示出独特的优越性[45-53]。Lee 等人[38]用阳极氧化铝模板辅助化学气相沉积法得到了 ZnO 纳米线阵列，并在 355 nm 激光的激发下观察到了 384 nm 的激光，而其阈值能量为 150 kW/cm^2；Bando 等人[40]观察到了 ZnO 单条纳米带在室温下的激子发光现象。在此后的诸多研究中，不同 ZnO 纳米结构薄膜/阵列也表现出良好的激光发射性能，如 2007 年 Li 等人[45]在《应用物理快报》上报道的 ZnO 纳米片阵列。该纳米片很薄(10～20 nm)，是用 Zn 作为前驱物体，采用物理气相沉积法在 850 ℃下反应 60 min 得到的。此纳米片阵列的激光发射阈值为 250 μJ/cm^2，寿命为 2 ps。

1.5.2 氧化物纳米线/带薄膜/阵列场致发射

场发射是纳米材料和结构的主要特征之一，在商业平板显示器和其他电子装置设备方面有着重要的应用前景。场发射是一种典型的量子隧穿现象，是指电子在外电场作用下越过阴极材料表面势垒跑到阳极的现象[32]。电子场发射过程强烈地依赖于材料本身的物理性质和材料的形状。将纳米结构用于场发射装置可以有效地降低场发射的开启电场，加大发射电流。研究表明，场发射电流主要取决于以下几个因素：(1)发射材料的功函数；(2)发射尖端的曲率半径；(3)发射面积。一般来说，在特定的电场下，功函数小的材料有比较优异的发射性能。但不是所有的功函数小的材料(比如 Ce)都适合于做场发射尖端，因为它们可能很不稳定。对于一个给定的材料而言，场发射性能包括发射电流可以随着材料的长径比和尖端的锐利程度的增加而增强[32-34]。综合各种因素考虑，ZnO 和 WO_3 被认为是两种很有前途的场电子发射材料。特别是，阵列和薄膜结构阴极材料由于其相对均匀的排列和一致的高度，一般有着均匀和稳定的发射特性。另外，材料与基底具有良好的力学和电学接触，在大发射电流下才可能既保证效果而又不影响场发射的稳定性和寿命。ZnO 薄膜和 WO_3 阵列结构已经显示了优越的场发射性能[32-34,98-102]。

最近，Ren 等人[33]在《先进材料》上报道了利用熔盐辅助热蒸发的方法制备直立超长的 ZnO 纳米带。该超长的纳米带阵列高达几个毫米，直接生长在 Au 膜上面。纳米带的宽度平均为 6 μm，厚度在纳米量级(图 1-4)。电子显微镜分析结果表明 ZnO 超长纳米带的结晶状态非常好，缺陷非常少。超长纳米带阵列的场发射测试结果显示，开启电场非常

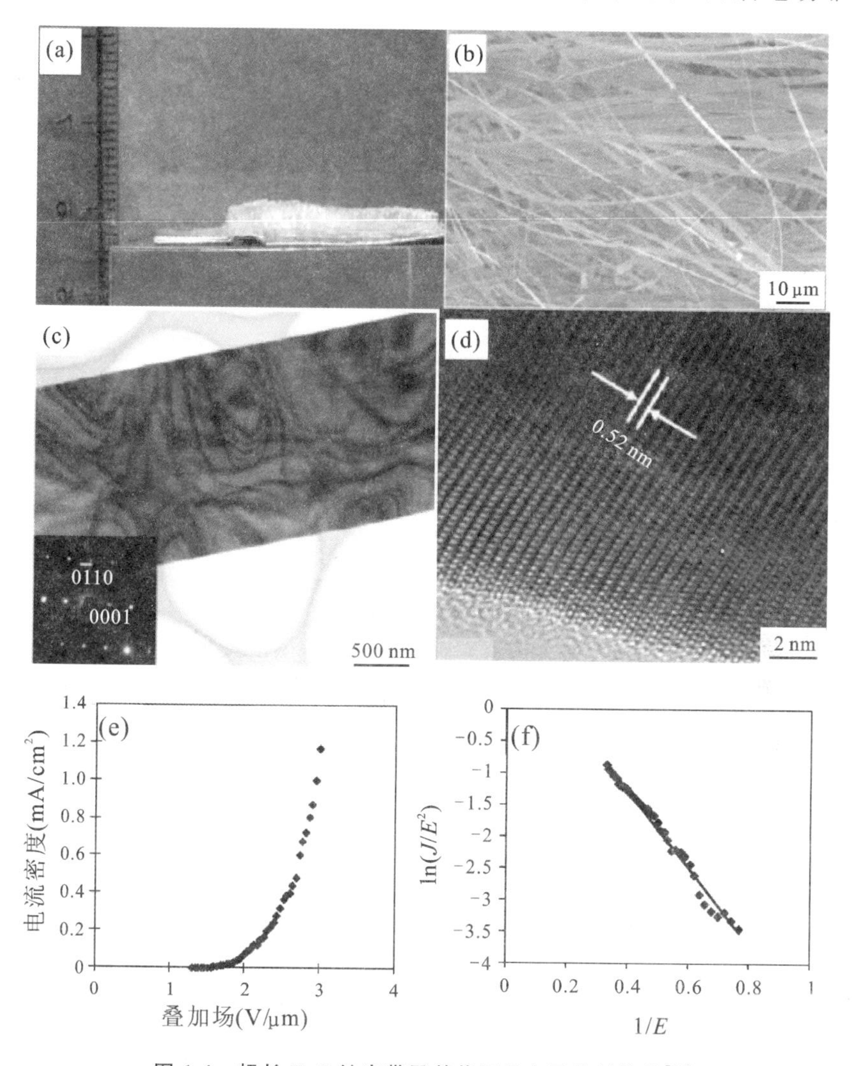

图 1-4 超长 ZnO 纳米带及其优异场电子发射性能[33]

(a)ZnO 纳米带的宏观尺寸；(b)ZnO 纳米带的 SEM 微观图像；(c)单个 ZnO 纳米带的 TEM 图及其相应的电子衍射图；(d)单个 ZnO 纳米带的 HRTEM 图形；(e)、(f)ZnO 纳米带的场发射性能

低，仅约1.3 V/μm（电流密度此时为 10 μA/cm^2）。场发射特性曲线结果进一步表明，纳米带的场增强因子高达 1.4×10^4。参考文献[33]的作者认为如此优异的场电子发射性能主要源于 ZnO 纳米带的超高的长径比（大于 1000）。此研究小组在 2004 年还报道过直接生长在碳布上面的 ZnO 纳米线阵列的优异场发射性质[34]。

WO_3作为一种功能宽带半导体材料，在场发射应用上的研究也引起了广泛的关注[98-102]。Chen 等人[98]在 2007 年报道了基于 WO_3纳米线阵列的场发射显示器。WO_3纳米线阵列是利用热蒸发和掩膜技术生长在重掺杂 n 型 Si 基底上的。场发射显示器主要由三部分组成：阴极、阳极和栅极板。阴极是 WO_3纳米线阵列，阳极为涂有发光物质的显示屏，栅极板是一种绝缘板（200 μm 厚陶瓷板，上面打有 100 μm 大小的圆形孔）。如图 1-5所示，我们可以看到场发射显示器清晰地显示了各种阿拉伯数字和汉字，并且相互之间没有明显干扰。

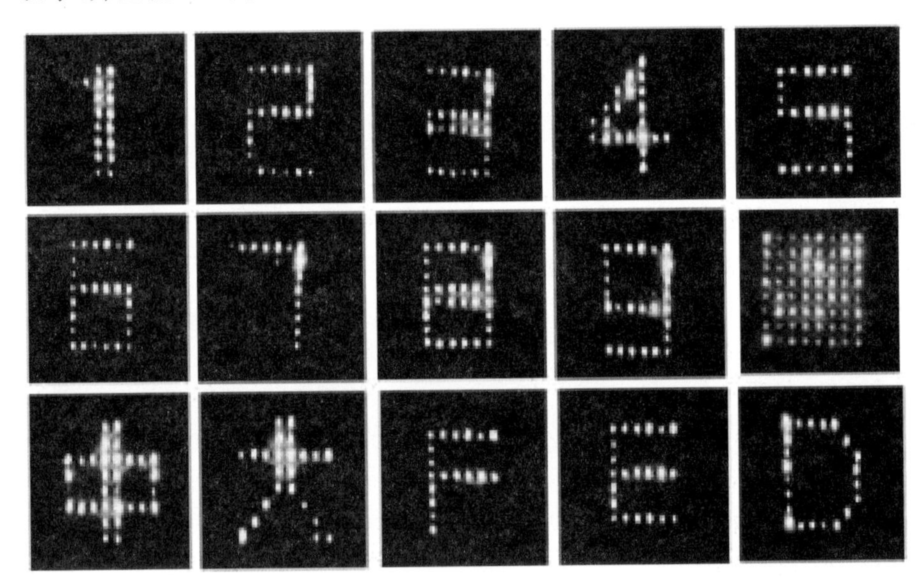

图 1-5 基于 WO_3纳米线阵列的场发射显示器显示数字、汉字和字母[98]

1.5.3 基于氧化物纳米线/管阵列的智能窗电致变色

自从 2005 年法拉利公司将可调节光线的挡风玻璃用于最新款跑车

后，智能窗的性能研究进入了飞速发展的阶段。智能窗是指含有电致变色器件的光学系统，它可以根据季节和气候的变化来调控光的采集。该器件由夹在两层透明导电膜之间的电致变色层、离子存储层、导电层等多层结构构成。其中电致变色层决定着整个电致变色智能窗的性能。在不同的电压调节下，随着 H^+、Li^+ 等离子的注入和脱出，电致变色材料的光吸收特性将发生可逆变化，一般从无色透明变化到深色。通常，电致变色材料必须满足如下基本要求[65]：(1)具有优异的电化学氧化还原可逆性、有较高的循环能力和特定的记忆存储功能；(2)颜色变化的响应时间快、变化可逆，并且灵敏度高；(3)优良的化学稳定性与机械性能；(4)适当的微观结构和表面物化特性，如大的比表面积等。传统的变色材料主要包括无机氧化物材料(WO_3、MoO_3、Nb_2O_5、V_2O_5、TiO_2、Ta_2O_5及相应掺杂氧化物)和有机材料(普鲁士蓝系列、导电聚合物等)。无机电致变色材料通常有极高的着色率和电容量，且具有响应时间快、变色效率高、电化学可逆性好、成本低等优点。在有机材料中，小分子材料多数情况下是易进行分子设计的多变色材料；高分子材料在用小分子材料掺杂后显示出良好的导电性和电致变色性能。

2008 年，德国 Schmuki 小组[103]报道了利用电化学阳极氧化方法制备的锐钛矿 TiO_2纳米管阵列可以转移到 ITO 透明导电玻璃上，作为高对比度电致变色显示器来应用。TiO_2纳米管阵列是在含有 F^- 的乙二醇电解液里面，在 120 V 电位下阳极氧化金属 Ti 片而得到的。合成的 TiO_2纳米管阵列层很容易剥离，从而能被有效地转移到导电玻璃上，并在空气中 450 ℃退火处理 1 h。图 1-6(a)显示 1 μm 和 10 μm 的 TiO_2 纳米管阵列在 −1～0 V 60 s 内循环伏安扫描过程中颜色及其对比度的变化情况。图 1-6(b)和图 1-6(c)分别是纳米管的截面和正面 SEM 图像。优异的变色特性主要源于纳米管阵列均匀中空的管状结构。Sun 等人[71]在 *Nano Letters* 上报道了利用 ZnO 纳米线阵列来固定电致变色有机分子 viologen(紫罗碱)，从而实现了氧化还原电子至电极的快速传输，提高了电致变色显示和开关性能。图 1-7 是 ZnO 纳米线阵列的扫描照片和吸附在 ZnO 纳米线阵列薄膜上的 viologen 分子在 −2 V 电位下的颜色变化(由无色变为深蓝色)。

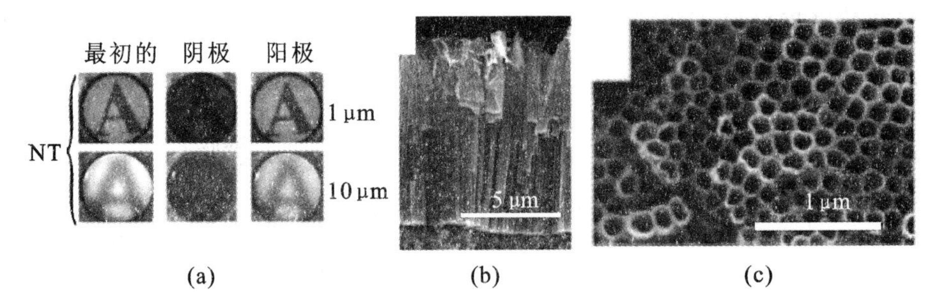

图 1-6 ITO 上 TiO_2 纳米管阵列电致变色[103]

(a)1 μm 和 10 μm 的 TiO_2 纳米管阵列在－1～0 V 60 s 内循环伏安扫描过程中颜色及其对比度的变化；(b)TiO_2 纳米管阵列的截面 SEM 图像；(c)TiO_2 纳米管阵列的正面 SEM 图像

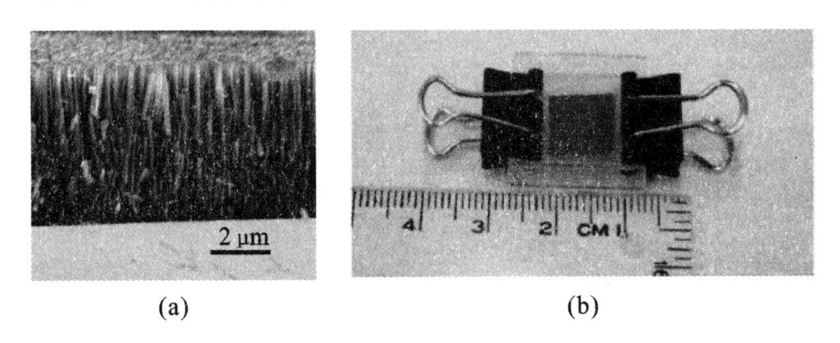

图 1-7 ITO 上 ZnO 纳米线阵列及修饰其上的 viologen 分子的电致变色[71]

(a)ZnO 纳米线阵列的扫描照片；(b)吸附在 ZnO 纳米线阵列薄膜上的 viologen 分子在－2 V 电位下的颜色变化

1.5.4 氧化物纳米结构阵列在能量转换和存储中的应用

能源和环境是现今人类关注的两大基本问题，其中能源问题已经成为人类社会能否继续生存的关键。近年来，在发展可再生能源(如太阳能电池、燃料电池)的领域中人们投入了大量的研究精力，同时也取得了重要的进展。尽管我们已经掌握了一些新能源技术，但是要经济地开发这些新能源，使它们能够完全替代现今的化石能源，还急切需要新的科学和技术。当今，几乎所有的可再生能源都在很大程度上受制于材料的性质[104]。比如，半导体氧化物较差的电子迁移能力和较窄的光吸收范围限制了光伏电池的应用。热电材料目前的转换效率也非常低。锂电池、超电容、燃料电池的能量/功率密度、寿命都不能达到实际应用的要求。纳米材料和结构已经在能量的收集、转换和存储方面表现出诸多优点。尽管具体的应用方面对材料的要求不尽相同，但是人们已经发现，合成有序可控的纳米结构阵列/薄膜可以大大地提高这些新型能源装置中的电子/离子的产生与传输能力[104]。尤其是纳米线、纳米管等一维纳米结构阵列，既具有一般纳米薄膜大的比表面积，同时有着规则有序的电学通道，与基底材料之间形成了紧密的电学和机械接触，因此，在新能源技术方面有着明显优势。

(1) 染料敏化太阳能电池(DSSC)

DSSC最早利用的氧化物纳米结构是TiO_2纳米颗粒薄膜。这种电池类似于传统的电化学电池，包含一个修饰了染料分子的多孔的TiO_2颗粒薄膜电极。当受到光的辐照后，染料分子产生电子和空穴；电子进一步被注入TiO_2半导体薄膜中。研究表明，电极薄膜的选择需主要考虑如下两点：首先，为了有尽可能大的染料装载能力，薄膜要具有大的表面积，颗粒要有小的尺寸；其次，光生电子需要在被材料缺陷或者晶界捕获之前尽快有效地传输。然而，传统的纳米颗粒薄膜最主要的缺点在于光生电子需要与薄膜中诸多陷阱和晶粒边界相互作用后才能被集流体收集，在此过程中，很多电子将被耗尽。Law等人[73]于2005年报道了一种基于ZnO纳米线阵列电极的DSSC(图1-8)。利用纳米线阵列可以极大地增加电子的扩散长度；电子在单晶纳米线阵列中的传输速率比在随机多晶颗粒薄膜中的渗透速度要快好几个数量级。同时，足够密的又长又细的纳米线对染料的吸附能力较强。基于ZnO纳米线阵列的DSSC效率为1.5%。后来，该小组利用TiO_2层在ZnO纳米线上包覆的手段将电池的效率提高到了2.25%[76]。TiO_2的作用是可以有效地钝化ZnO纳米线表面的缺陷部分，同时，包覆导致的能量势垒可以阻止电子向纳米线表面扩散。

许多研究小组对基于阳极氧化的TiO_2纳米管阵列的DSSC性能进行了详细研究[77]。有序透明的TiO_2纳米管阵列展现出较长的光生电子寿命和较低的电子空穴复合概率[77,78]。最早报道的TiO_2纳米管DSSC阳极的光电转换效率为2.9%。之后的一些研究用TiO_2纳米线、纳米带阵列作为DSSC的阳极，分别得到了更好的结果[79]。2008年，Zhang等人[81,82]报道了基于ZnO介孔纳米球薄膜的DSSC阳极(图1-9)。由纳米球组成的致密薄膜厚度可达10 μm，通过调节纳米球的结构，可以得到高达5.4%

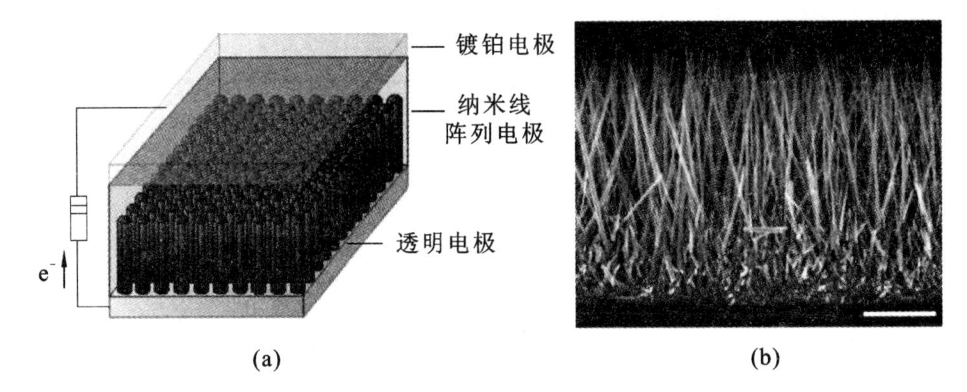

图 1-8 基于 ZnO 纳米线阵列电极的 DSSC[73]

(a)基于 ZnO 纳米线阵列电极的 DSSC 示意图;(b)较大长径比的 ZnO 单晶纳米线阵列

的光电转换效率。研究人员认为,纳米球内在的多孔结构可以保证足够的染料吸收,同时,亚微米级的球体可以增强光散射从而提高总的光吸收率。

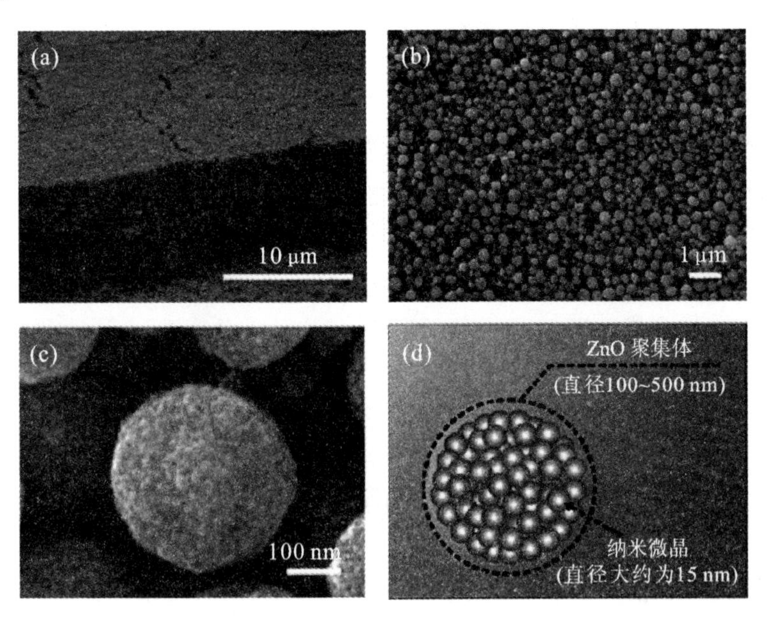

图 1-9 用于 DSSC 阳极的 ZnO 介孔纳米球薄膜[81]

(a)~(c)不同倍率下 ZnO 介孔纳米球薄膜的 SEM 微观图像;(d)ZnO 介孔纳米球的微观示意图

(2) 锂离子电池

纳米材料组成的电极用于锂电池主要有如下几个优点[105-108]:①在锂离子的嵌入和脱出过程中,材料的体积膨胀较小,因此有较长的循环寿命;②有些新的电极反应在纳米材料中能够发生,在体相材料中则不能;③较快的电子传输速度和较短的锂离子扩散路径;④纳米材料大的比表面积可以保证材料与电解液的大面积接触,从而可以在高的充电/放电倍率下获得较大的容量。尽管纳米结构材料具有诸多优越性,但在实际应用中,当它们在集流体金属上被制备成薄膜后,纳米尺寸所带来的优点可能被削弱。电子需要越过很多颗粒接触界面才能被集流体收集。另外,传统的电极制备过程不仅复杂,而且通常是将活性材料与聚合物黏合剂以及炭黑混合后敷在电极表面。因此,聚合物的存在进一步增加了电极材料的界面,这对电子的传输是非常不利的。作为一种被广泛研究的纳米结构,氧化物一维纳米线、纳米管等作为锂离子电池的电极材料有着特殊的优势,主要体现在一维方向上理想的电子传输通道。我们可以设想,直接竖立在集流体表面的纳米线/棒/管阵列可以进一步提高电极的性能。首先,阵列中纳米线之间的空隙可以允许电解液有效渗透到阵列的底部,从而减小电化学反应过程中材料与集流体间的界面电阻;其次,每一根纳米线都与电极直接接触,因此都能参与电化学反应,从而有较大的容量;再次,电子不需要越过重重晶粒,而是直接沿着一维纳米线到达电极,加快了电子的传输。同时,锂离子能够在纳米线直径的纳米量级维度上进入材料并发生反应,纳米线的微小直径可以大大减小反应过程中的体积膨胀,有效地保证了电导的连续性。

在早期的工作中,Martin 等人曾系统地报道,利用模板法可以直接将 Li_2MnO_4、$LiFePO_4$ 等氧化物正极材料纳米线阵列转移到导电的电极表面。2006 年,Taberna 等人[94]将此思想应用到 Fe_3O_4 负极并进行了很大的改进。他们首先利用多孔氧化铝(anodic alumium oxide,AAO)模板辅助电化学沉积法在 Cu 电极表面生长出了有序直立的 Cu 纳米棒阵列,然后将 Fe_3O_4 进一步电沉积到纳米棒 Cu 电极上。最后的结构为每根 Cu 纳米棒表面均匀包覆着 Fe_3O_4 纳米颗粒(图 1-10)。因此,增强了活性材料与电极表面的接触;通过优化电沉积参数,可以使得几乎每个 Fe_3O_4 颗粒都能与 Cu 电极直接接触,也就很好地解决了传统纳米薄膜电极的界面问题。此阵列结构可以直接作为锂电池的负极材料，在 8 C 的充放电倍率下，循环 100 次之后还能保持总容量的 80%。随后，此研究组继续报道了 Ni_3Sn_4-Cu 纳米棒阵列结构的锂电池应用[95,96]，Ni_3Sn_4-Cu 纳米棒阵列采用上述类似的方法得到。Cao 等人[87-89]也报道了直接将阳极氧化得到的 TiO_2 纳米管阵列的锂离子储存能力；他们还利用 AAO(多孔氧化铝)及其他聚合物多孔模板合成 V_2O_5、$V_2O_5 \cdot nH_2O$、$InVO_4$ 等纳米结构阵列，并研究了这些材料的储锂能力[90-93]。

另外，Co_3O_4 等氧化物纳米结构阵列在超级电容器方面也有着潜在应用[104]。

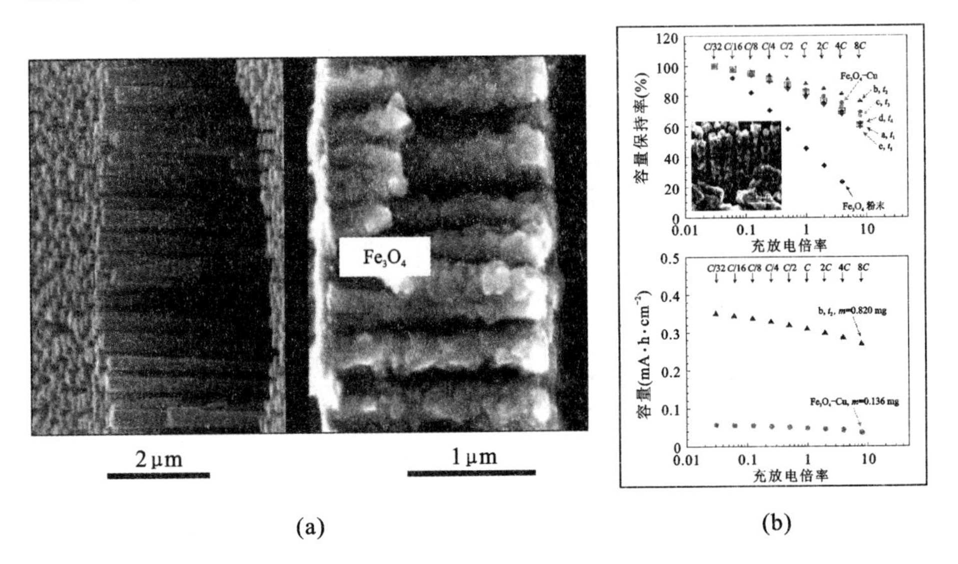

图 1-10　Fe_3O_4-Cu 纳米棒阵列负极及其储锂性能[94]

(a)Fe_3O_4-Cu 纳米棒阵列的 SEM 微观图像；(b)Fe_3O_4-Cu 纳米棒阵列在不同电流密度下的锂电性能

(3) 压电发电机[109-111]

纳米技术发展到现在，大量的研究都集中在开发高性能和高稳定性的纳米器件，很少有关于纳米尺度电源系统的研究。然而，应用于生物领域及国防科技等方面的纳米传感器却急切需要这类电源系统。比如，无线纳米系统对于实时同步内置生物传感器和生物医药监控、生物活体探测具有重要的价值。但是，任何内置的生物无线传感器都需要电源，通常情况下，这些电源都是直接或间接来自于特制的电池。而科学家们一直都希望这些传感器在生物体内能自己为自己供电，以实现器件与电源的同时小型化。从这个角度来讲，开发出能将自然存在的机械能(运动、振动、流动等)转化为电能的新型纳米技术具有非常重要的意义。这样可以进一步开发无须外接电源的纳米器件，在电源尺寸减小的同时极大地提高能量密度和效率，为纳米器件在电子学、光电等方面的应用奠定坚实的基础。

2006年，美国《科学》杂志上报道了王中林小组的基于竖直结构的ZnO纳米线发电机[109]。这一技术同时利用了ZnO材料的压电特性和半导体特性，在纳米尺度下成功地将机械能转化为电能。首先，通过导电的原子力显微镜探针将ZnO纳米线弯曲，产生机械能。ZnO纳米线的压电效应使电荷产生极化，聚集在线的外表面，得到压电电压。由于ZnO是典型半导体，用半导体与金属间肖特基势垒将电能短暂储存在纳米线内，然后用显微镜探针接通，即可向外界输电，完美地实现了纳米线的发电。该纳米发电机原型的发电效率可高达17%～30%。2007年初，基于压电电子学原理，该研究小组用超声波代替显微镜探针带动纳米线阵列来运动，开发出了能独立从外界获得机械能并将之转化为电能的纳米发电机模型[110]。在超声波振动下，这种纳米发电机可以产生百余纳安的电流。2008年初，王中林小组在纳米发电机方面再次获得突破。他们利用简单的溶液化学手段，将ZnO纳米线均匀地生长在纤维丝表面，然后利用两根纤维摩擦将低频振动机械能转化为电能[111](图1-11)。为了实现ZnO纳米线与电极间的肖特基接触，他们采用磁控溅射方法在一根纤维表面镀了金膜作为电极，而另一根是没有处理过的ZnO纳米线。当两根纤维在外力作用下相对摩擦时，表面镀有金膜的ZnO纳米线充当无数原子力显微镜探针，适时拨动另外一根纤维丝上的ZnO纳米线，所有这些ZnO纳米线同时被弯曲，产生压电电荷，最终再将电荷释放到镀金的纤维上，就可以实现机械能到电能的转换。这一新结果表明步行、心跳等低频机械能到电能的转化是完全可能的。在纤维上实现ZnO纳米线的生长，为柔软、可折叠的电源系统(像"发电衣")开发奠定了基础。据估计，如果将这些纤维织成布料，在最优化的条件下，每平方米将可能输出20～80 mW的电能。最近，为了有效地克服直立式发电机的结构缺陷，该组又报道了封装型纳米交流发电机[112]。在这一新型发电机中,ZnO 纳米线被水平固定在弹性高分子基底上,其两端分别连接上输出电极。由于基底厚度比 ZnO 纳米线的直径大许多倍,当弹性基底变形时,ZnO 纳米线整体被拉伸或压缩。由于压电作用,压电电场在 ZnO 纳米线轴向产生,并在两端形成压电电势差。由于纳米线一端存在肖特基势垒,此电势差随着纳米线的来回弯曲,驱动电子在外电路中来回流动,这样一来,交变电流就产生了。

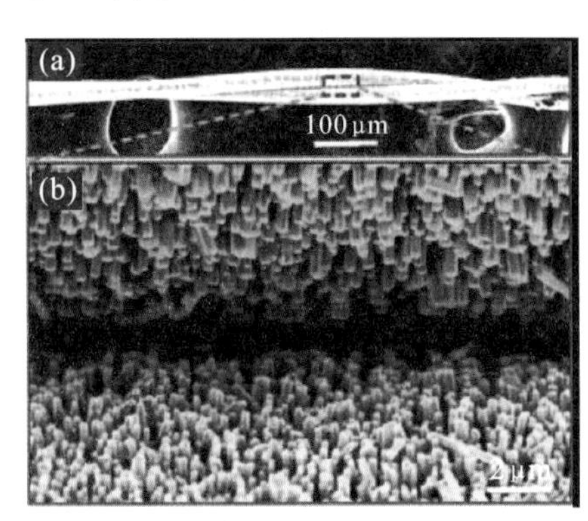

图 1-11　纤维上生长的 ZnO 纳米线阵列摩擦振动发电[111]

(a)、(b)ZnO 纳米线阵列发电机的微观尺寸图像;(c)ZnO 纳米发电机的原理示意图

(4) 光分解水制氢[54-60,113]

利用光-电化学电池原理分解水制氢是获得氢能源的一大主要途径。当光照射到半导体材料上,电子被激发到导带。对于 n 型半导体来说,电子被传输到对电极,在这里水分子被还原变成氢气;同时,价带上面的空穴迁移到材料表面,水被氧化变成了氧气。用于光-电化学分解水的氧化物阳极有很多,比如 TiO_2 和 Fe_2O_3。Fe_2O_3 是一种典型的窄带半导体材料,可以有效地吸收可见光(带隙为 2.1～2.2 V)[113]。研究表明,较差的空穴传输是限制 Fe_2O_3 光阳极性能的一个主要原因,一个解决办法就是直接利用大长径比的纳米线电极。假设纳米线的半径略小于空穴的扩散长度,空穴向表面的传输限制就不再存在。由于空穴与电子在晶界处的复合被认为是限制基于颗粒薄膜的光阳极性质的原因,所以,最理想的结构即为单晶纳米线。Fe_2O_3 的纳米线结构可以通过水热法制备得到[56,57],也可以通过直接热氧化金属 Fe 片合成[58,59]。将 Fe 片在 800 ℃空气中氧

化，能够制得直径为50～100 nm的纳米线阵列。而在400 ℃的情况下，得到的是纵横比很大的纳米薄片。有报道显示热氧化得到的Fe_2O_3纳米阵列阳极在AM(air mass，大气质量)为1.5的太阳光辐照下，出现了较高的本底电流和每平方厘米几十微安的光电流[55]。从实际应用的角度考虑，为了避免电导的限制和降低成本，阵列、薄膜形式的大长径比纳米结构材料是光阳极材料的首选。

1.5.5 氧化物纳米结构阵列用于仿生智能界面

氧化物纳米结构薄膜/阵列在智能仿生界面的制备方面也大有用处。具有光控制的亲水-疏水转换效应的ZnO(或TiO_2)纳米结构薄膜就是其中的一类[114,115]。江雷等人利用电化学沉积的方法合成了多孔ZnO导电薄膜，并报道了这种薄膜的类荷叶疏水性能。产生疏水性的原因为纳米孔状网络结构能够存储大量的空气。他们进一步利用两步溶液法得到了ZnO纳米棒阵列，并发现了其浸润性具有光响应的特点，即最初制备的阵列具有超疏水性，对水的接触角为161.2°±1.3°；当紫外光照射2 h后变成了超亲水性，对水的接触角为零；光照后在暗处放置，又可以恢复到超疏水性，此过程可以重复进行多次。以上结果表明，ZnO纳米棒阵列具有光响应的亲水-疏水可逆变化的开关效应。与ZnO随机纳米晶薄膜相比，ZnO纳米棒阵列具有更低的表面能，且棒与棒的间隙存在着空气，能够排斥水珠，使之不浸润；当紫外光照射后，ZnO表面产生大量的氧空位，氧分子与水分子会竞争性地向空位处吸附，而水分子更容易吸附在表面上，因此ZnO纳米棒由超疏水性变成超亲水性。在暗处放置一段时间后，氧分子更容易被吸附在氧空位上，表面逐渐变为超疏水性(图1-12)。江雷小组和其他小组也报道了基于TiO_2纳米结构薄膜的疏水性能以及在光的诱导下的亲水-疏水可逆转换。诸多其他结构的ZnO、WO_3、SnO_2纳米薄膜都被报道过具有疏水性能和光响应/调控的性质[116-118]。

如上所述，氧化物纳米结构阵列在光学、电学、电化学应用等各个方面有着传统薄膜所不具有的优越性。

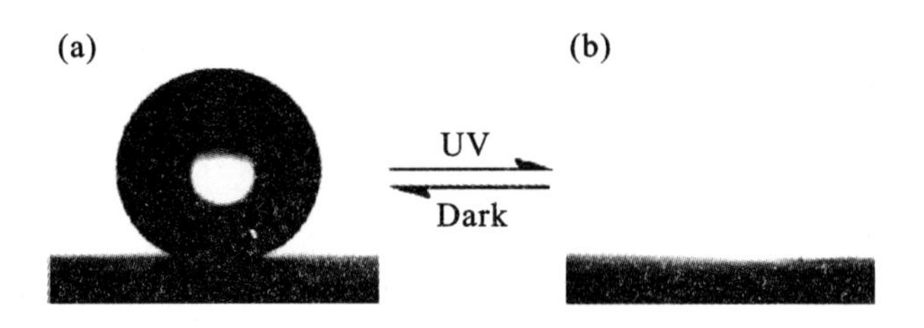

UV表示紫外光照射；Dark表示在暗处放置一段时间

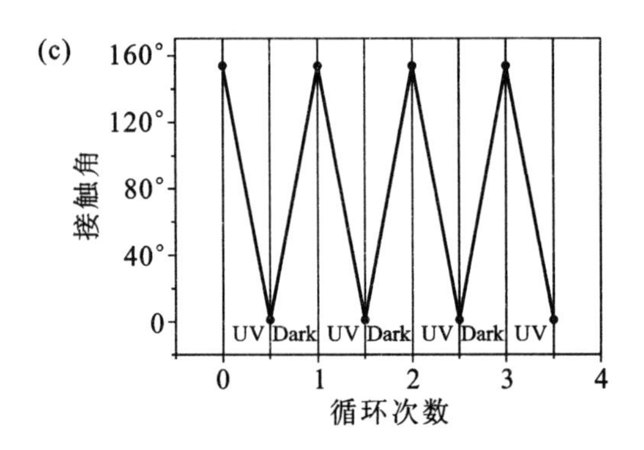

图 1-12 ZnO 纳米棒阵列紫外光控制的亲水-疏水转换[114]

(a)、(b)ZnO 纳米棒阵列在紫外光控制下的亲水-疏水转换示意图；

(c)纳米棒阵列在紫外光控制下的亲水-疏水转换性能

1.6 现今氧化物纳米结构薄膜/阵列研究的不足

时至今日，氧化物纳米结构（尤其是一维纳米线/带、二维纳米片等）薄膜/阵列的合成及应用已经被大量地报道[32-97]。我国科研工作者在这方面也做出了重大贡献[32,33,35,39,42,43,45,63,64,98]。目前，合成氧化物纳米阵列/薄膜最成熟和主要的途径之一是传统的气相制备。这个合成手段通常遵循气-液-固（VLS）机制。根据这种机制，首先，催化剂颗粒熔化并与气相的反应物形成合金；进而纳米线等在催化剂颗粒上面成核生长。另外一种典型的机制为气-固（VS）机制。在 VS 过程中，首先是通过热蒸发、化学还原、气相反应产生气体，随后气体被传输并沉积在基底上。基于 VLS 和 VS 机制的气相合成已经被成功地用来制备碳纳米管和多种氧化物一维纳米结构阵列，如 ZnO、SnO_2 和 In_2O_3。然而，此方法一般都在很高的温度(500～1100 ℃)下进行，甚至需要真空的环境，因此，大大限制了基底选择的灵活性，且成本很高，不适合大规模经济地生产，最终限制了这些纳米结构阵列/薄膜的实际应用。

作为另外一种选择，溶液化学法(溶胶-凝胶、水热等)往往都是在较低温度和安全的条件下进行，从而掀起了纳米结构薄膜/阵列研究的又一轮热潮。要得到阵列或者有序薄膜结构，一个成熟的手段即为模板法(包括模板辅助的溶胶-凝胶法、电化学法)。模板法合成阵列体系是 20 世纪 90 年代发展起来的技术。最为普遍的模板是多孔氧化铝模板。利用 AAO 模板结合溶胶-凝胶、水热、电化学等，人们已经能够成功合成 ZnO、SnO_2、TiO_2、Eu_2O_3 等氧化物纳米线阵列。中国科学院固体物理研究所的张立德小组在 CVD 法中引入模板，成功合成了 In_2O_3 纳米线阵列[119]。尽管模板法可以用来灵活地合成诸多氧化物纳米结构，但是由于 AAO 模板的制备过程复杂，并且模板面积非常小，模板本身很脆，此方法无法扩展到大规模的纳米阵列合成。还有一点，要得到最终的氧化物纳米结构，必须通过一些后处理去掉 AAO 模板，在这个过程中纳米材料的结构常常会被破坏，并且最终的纳米线等的结构很难在大范围内继续保持阵列的形态。另一方面，人们也发展了一种基于种晶的溶液合成纳米线阵列/薄膜的成熟方法。此方法也可以得到许多高度取向的纳米线/棒阵列，并且种晶的性质对于阵列的生长有诸多影响。Yang 和 Tian 等人[120,121]分别系统研究了种晶法(两步过程)生长 ZnO 纳米棒/线阵列。Liu[122] 和 Wang[123]等人结合种晶法和掩膜技术，在 Si、GaN 等基底上成功合成了图案可控的有序 ZnO 纳米结构阵列，见图 1-13。

我们知道，纳米材料的结构在很大程度上影响其物理化学性质。因此，纳米结构阵列的几何形态、物理属性从根本上也就决定了其实际应用领域。迄今为止，大多数的氧化物纳米结构阵列都是生长在各种绝缘/半导体基底上的，包括单晶蓝宝石、GaN、Si 片、非晶玻璃等。低温液相法的兴起使得在柔软聚合物基底上实现纳米结构阵列变为可能。近年来，在导电玻璃上生长氧化物纳米结构也成为材料研究的一大热点。Vayssieres 等人[124,125]提出了一种无种晶的 ZnO 生长方案，但是这种方案的可控性和重复性比较差，长出的 ZnO 在导电玻璃、Si 片上的分布也很

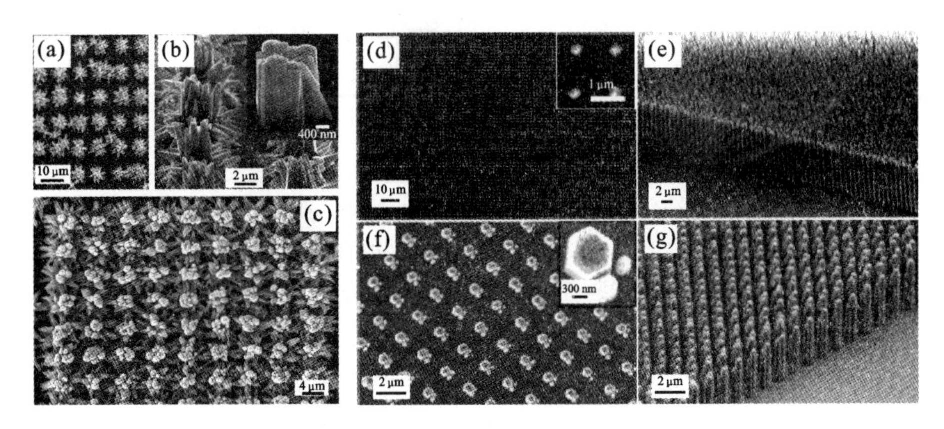

图 1-13　有序图案 ZnO 纳米结构阵列[122,123]

(a)～(c)在 Si 基底上生长的可控形貌的 ZnO 纳米花阵列；(d)、(e)生长在 GaN 基底上的 ZnO 纳米线阵列；(f)、(g)生长在 GaN 基底上有纳米孔径的 ZnO 纳米线阵列

不均匀。通过分析不难看出，大部分生长在单晶衬底上的氧化物纳米结构都在光学器件(如激光器等)方面有着重要应用；在半导体基底上的阵列一般用在电学器件(如场发射、发光二极管等)领域；绝缘衬底或薄膜上的可以用于场效应晶体管；而生长在导电玻璃上的则用在太阳能电池、太阳能分解水制氢、电致变色智能窗等。可以说，不同基底上合成的氧化物纳米结构阵列已经在诸多领域显现出巨大的应用前景。然而，在许多重要的电学、电化学装置(如锂离子电池、直接电化学生物传感器、超电容)中，工作电极一般都是负载氧化物结构的金属集流体。传统的电极制备过程需要将活性氧化物材料附在金属集流体上成膜。然而，我们希望避免烦琐的电极薄膜制备手段和制备过程中对装置性能的负面影响(譬如电子在界面的传输问题)，消除诸多不可控或者难以控制的因素，提高装置性能。那么，通过简单、温和的溶液化学法直接实现功能金属氧化物(如 ZnO、SnO_2、Fe_2O_3等)纳米结构在金属导电基底上的大面积可控生长显得尤为重要和迫切。但是，在我们的调研范围内，此类合成研究甚少。大部分金属由于其化学性质活泼而没有被选择，寻找惰性的金属导电基底来生长氧化物纳米结构阵列/薄膜也一直被人们忽视。特别是系统地挖掘金属基底上不同氧化物纳米结构薄膜/阵列在新型材料领域的潜在应用方面的研究少之又少。

1.7 本研究的主要内容及创新点

本书以几种重要的功能氧化物（ZnO、SnO_2、Fe_2O_3等）为例，探索这些典型氧化物的纳米结构在不同惰性金属基底上（常常可以直接作为稳定电极使用）的大面积可控生长，讨论其生长机理和动力学影响因素，并对它们直接用于电学、电化学器件的性能进行研究。研究内容主要集中在以下几个方面：

(1) 利用简单的低温液相法（60 ℃<T<100 ℃）将形貌丰富的 ZnO 纳米结构（纳米针、纳米线、铅笔状纳米棒、纳米片等）生长在各种不同的导电且柔软的金属基底（包括 Fe-Co-Ni 合金，Ni、Cr、Ti 片等）上面。采用水热法在 200 ℃下实现了 SnO_2纳米棒阵列在 Ni、Ti 片和合金片上的可控生长（棒的直径、长度、阵列密度可控）。以合成的 ZnO 纳米棒阵列为模板，采用液相室温浸泡法合成了多孔 α-Fe_2O_3（Fe_3O_4）顶端封闭的纳米管阵列。实现复杂氧化物（如白钨矿 $CaMoO_4$、$SrMoO_4$、$BaMoO_4$）多层次纳米结构薄膜在 Al(Ti)基底上的低温合成，通过改变反应物浓度可以控制钼酸盐多层纳米片的厚度和薄膜的整体形貌。

(2) 提出了在 Al 基底上低温生长 Zn-Al 水滑石纳米结构薄膜的新途径，Al 既作为薄膜生长的支撑体，又提供反应所需的铝源。室温下通过“双金属基底同时浸泡法”在镀锌的 Fe-Co-Ni 合金上生长了形貌可控的 Zn-Al 水滑石纳米片结构薄膜。在惰性气体中煅烧得到 ZnO/$ZnAl_2O_4$多孔复合纳米片薄膜，研究了该薄膜的锂离子存储性质。

(3) 研究了金属基底上纯 ZnO 针状纳米棒阵列作为锂离子电池负极材料的电化学性能。通过进一步处理后得到碳修饰的 ZnO 纳米棒阵列电极，极大地提高了锂离子的存储能力，尤其是快速充放电下的电池性能明显提高。研究了合金上 SnO_2、碳/SnO_2纳米棒阵列直接用于锂电池负极的充放电性能。系统研究了阵列的结构参数对于电池性能的影响。对多孔 α-Fe_2O_3（碳/α-Fe_2O_3）顶端封闭的纳米管阵列的储锂性能进行了研究。分析了碳颗粒在 Fe_2O_3管壁内部的均匀分布以及中空多孔隙的结构特征对于提高电池循环性能和高倍率下充放电能力的重要作用。

(4) 将 Ti 片上碳修饰的 ZnO 纳米棒阵列直接作为工作电极来固定

酶，构建了首个基于氧化物纳米结构阵列电极的直接电化学生物传感器。在空气中直接加热用 KOH 溶液浸泡过的钨（W）片，合成了亲水性、导电性和生物相容性良好的 $K_{0.33}WO_3$ 纳米片薄膜，研究了该薄膜直接用作电化学葡萄糖传感器的性能。

本书将致力于解决如下三个问题：(1)依据化学反应和晶体结构特性的不同，探索不同氧化物材料在多种柔软金属基底上生长的最佳条件，研究其生长机理。(2)研究金属基底上纳米结构阵列的结构参数（棒的直径、长径比、疏密度等）及成分（表面修饰、与其他材料复合）对电化学（或电学）性能的影响，探索理想的电极结构模型，为实际应用和产品开发提供实验基础。(3)挖掘金属基底上氧化物纳米结构阵列的新应用（如基于直接电化学的生物传感器）。

参考文献

[1]薛增泉，吴全德，李洁. 薄膜物理[M]. 北京：电子工业出版社，1991.

[2]李永军，刘春艳. 有序纳米结构薄膜材料[M]. 北京：化学工业出版社，2005.

[3]马如璋，蒋民华，徐祖雄. 功能材料学概论[M]. 北京：冶金工业出版社，1999.

[4]田民波，刘德令. 薄膜科学与技术手册：上册[M]. 北京：机械工业出版社，1991.

[5]陈光华，邓金祥. 新型电子薄膜材料[M]. 北京：化学工业出版社，2002.

[6]陈国民. 薄膜物理与技术[M]. 南京：东南大学出版社，1993.

[7]何宇亮，陈光华，张仿清. 非晶态半导体物理学[M]. 北京：高等教育出版社，1989.

[8]唐伟忠. 薄膜材料制备原理、技术及应用[M]. 北京：冶金工业出版社，1998.

[9] NISHI N, JITSUNO T, TSUBAKIMOTO K, et al. Two-dimensional multi-lens array with circular aperture spherical lens for flat-top irradiation of inertial confinement fusion target[J]. Optical Review, 2000, 369(3): 216-220.

[10]PATEL N G, PATEL P D, VAISHNAV V S. Indium tin oxide (ITO) thin film gas sensor for detection of methanol at room temperature[J]. Sensors & Actuators B Chemical, 2003, 96(1-2): 180-189.

[11]MALSHE A P, PARK B S, BROWN W D, et al. A review of techniques for polishing and planarizing chemically vapor-deposited (CVD) diamond films and substrates[J]. Diamond and Related Materials, 1999, 8(7): 1198-1213.

[12]陈光华，邓金祥. 纳米薄膜技术与应用[M]. 北京：化学工业出版社，2003.

[13]吴锦雷. 纳米光电功能薄膜[M]. 北京:北京出版社,2003.

[14]赖武彦. 巨磁电阻引发硬盘的高速发展——2007 年诺贝尔物理学奖简介[J]. 自然杂志,2007,29(6):348-352.

[15]SCOTT J F, FAN H J, KAWASAKI S. Terahertz emission from tubular Pb(Zr, Ti)O_3 nanostructures[J]. Nano Letter, 2008, 8: 4404-4409.

[16]张立德,牟季美. 纳米材料和纳米结构[M]. 北京:科学出版社,2005.

[17]KLABUNDE K J. Nanoscale materials in chemistry [M]. New York: John Wiley&Sons, Inc., 2001.

[18] EL-SAYED M A . Some interesting properties of metals confined in time and nanometer space of different shapes [J]. Accounts of Chemical Research, 2001, 34(4): 257-264.

[19]ALIVASATOS A P. Semiconductor clusters, nanocrystals and quantum dots[J]. Science, 1996, 271(5251): 933-937.

[20]FREEMAN R G, GRABAR K C, ALLISON K J. Self-assembled metal colloid monolayers: an approach to SERS substrates [J]. Science, 1995, 267(5204): 1629-1632.

[21]朱裕贞,顾达,黑恩成. 现代基础化学[M]. 北京:化学工业出版社,1998.

[22]郑利民,朱声逾. 简明元素化学[M]. 北京:化学工业出版社,1999.

[23]RYSHKEWITCH E. Oxide ceramics[M]. New York: Academic Press, 1960.

[24]PAN Z W, DAI Z R, WANG Z L. Nanobelts of semiconducting oxides [J]. Science, 2001, 291(5510): 1947-1949.

[25]SAMSONOV G V. The oxide handbook[M]. 2nd ed. New York: IFI/Plenum Data Company, 1982.

[26]JARZEBSKI Z M. Oxide semiconductor[M]. Oxford: Pergamon Press, 1973.

[27]BOULESSTEIX C. Oxide [M]. Switzerland: Trans Tech Publications Ltd., 1998.

[28]DIGGLE J W. Oxides and oxide films (Volume 1) [M]. New York:

Marcel Dekker, Inc. , 1972.

[29]DIGGLE J W. Oxides and oxide films (Volume 3) [M]. New York: Marcel Dekker, Inc. , 1976.

[30]WINGRAVE J A. Oxide surface [M]. New York: Marcel Dekker, 2001.

[31]徐毓龙. 氧化物和化合物半导体基础[M]. 西安:西安电子科技大学出版社,1991.

[32]FANG X S, BANDO Y, GAUTAM U K, et al. Inorganic semiconductor nanostructures and their field-emission applications [J]. Journal of Materials Chemistry, 2008, 18: 509-522.

[33]WANG W Z, ZENG B Q, YANG J, et al. Aligned ultralong ZnO nanobelts and their enhanced field emission [J]. Advanced Materials, 2006, 18(24): 3275-3278.

[34]BANERJEE D, JO S H, REN Z F. Enhanced field emission of ZnO nanowires[J]. Advanced Materials, 2004, 16(22): 2028-2032.

[35]CAO B Q, TENG X M, HEO S H, et al. Different ZnO nanostructures fabricated by a seed-layer assisted electrochemical route and their photoluminescence and field emission properties[J]. The Journal of Physical Chemistry C, 2007, 111(6): 2470-2476.

[36]LEE C J, LEE T J, LYU S C, et al. Field emission from well-aligned zinc oxide nanowires grown at low temperature[J]. Applied Physics Letters, 2002, 81(9): 3648-3650.

[37]WEI A, SUN X W, XU C X, et al. Stable field emission from hydrothermally grown ZnO nanotubes[J]. Applied Physics Letters, 2006, 88(21): 213102.

[38]PARK C J, CHOI D K, YOD J Y, et al. Enhanced field emission properties from well-aligned zinc oxide nanoneedles grown on the Au/Ti/n-Si substrate [J]. Applied Physics Letters, 2007, 90 (8): 2230.

[39]LIU J P, HUANG X T, LI Y Y, et al. Vertically aligned 1D ZnO nanostructures on bulk alloy substrates: direct solution synthesis,

photoluminescence and field emission[J]. The Journal of Physical Chemistry C, 2007, 111(13): 4990-4997.

[40] LI Y B, BANDO Y, GOLBERG D. ZnO nanoneedles with tip surface perturbations: excellent field emitters[J]. Applied Physics Letters, 2004, 84(18): 3603-3605.

[41] CHEN S J, LIU Y C, SHAO C L, et al. Structural and optical properties of uniform ZnO nanosheets[J]. Advanced Materials, 2005, 17(5): 586-590.

[42] ZHAO Q, XU X Y, SONG X F, et al. Enhanced field emission from ZnO nanorods via thermal annealing in oxygen[J]. Applied Physics Letters, 2006, 88(88): 33102.

[43] LIAO L, LI J C, LIU D H, et al. Self-assembly of aligned ZnO nanoscrews: growth, configuration and field emission[J]. Applied Physics Letters, 2005, 86(8): 83106.

[44] HUANG M H, MAO S, FEICK H, et al. Room-temperature ultraviolet nanowire nanolasers[J]. Science, 2001, 292(5523): 1897-1899.

[45] YU D S, CHEN Y J, LI B J, et al. Structural and lasing characteristics of ultrathin hexagonal ZnO nanodisks grown vertically on silicon-on-insulator substrates[J]. Applied Physics Letters, 2007, 91(9):91116.

[46] BAGNALL D M, CHEN Y F, ZHU Z, et al. High temperature excitonic stimulated emission from ZnO epitaxial layers[J]. Applied Physics Letters, 1998, 73(8): 1038-1040.

[47] BAGNALL D M, CHEN Y F, ZHU Z, et al. Optically pumped lasing of ZnO at room temperature[J]. Applied Physics Letters, 1997, 70(17): 2230-2232.

[48] CAO H, ZHAO Y G, HO S T, et al. Random Laser Action in Semiconductor Powder[J]. Physical Review Letters, 1999, 82(11): 2278-2281.

[49] JOHNSON J C, CHOI H J, KNUTSEN K P, et al. Single gallium

nitride nanowire lasers[J]. Nature Materials, 2002, 1(2), 106-110.

[50]KONG Y C, YU D P, ZHANG B, et al. Ultraviolet-emitting ZnO nanowires synthesized by a physical vapor deposition approach [J]. Applied Physics Letters, 2001, 78(4): 407-409.

[51]HAVAM J M. Optical gain and induced absorption from excitonic molecules in ZnO [J]. Solid State Communications, 1978, 26(12): 987-990.

[52]TANG Z K, WONG G K L, YU P, et al. Room-temperature ultraviolet laser emission from self-assembled ZnO microcrystallite thin films [J]. Applied Physics Letters, 1998, 72(25): 3270-3272.

[53]ZOU B S, LIU R B, WANG F F, et al. Lasing mechanism of ZnO nanowires/nanobelts at room temperature [J]. The Journal of Physical Chemistry B, 2006, 110(26): 12865-12873.

[54]ASAHI R, MORIKAWA T, OHWAKI T, et al. Visible-light photocatalysis in nitrogen-doped titanium oxides [J]. Science, 2001, 293(5528): 269-271.

[55]KENNEDY J H, FRESE K W. Photooxidation of water at α-Fe_2O_3 electrodes[J]. Journal of the Electrochemical Society, 1978, 125 (5): 709-714.

[56]VAYSSIERES L, SATHE C, BUTORIN S M, et al. One-dimensional quantum-confinement effect in α-Fe_2O_3 ultrafine nanorod arrays[J]. Advanced Materials, 2005, 17(19): 2320-2323.

[57]VAYSSIERES L, BEERMANN N, LINDQUIST S E, et al. Controlled aqueous chemical growth of oriented three-dimensional crystalline nanorod arrays: application to iron(Ⅲ) oxides [J]. Chemical Materials, 2001, 13(2): 233-235.

[58]FU Y Y, WANG R M, XU J, et al. Synthesis of large arrays of aligned α-Fe_2O_3 nanowires[J]. Chemical Physics Letters, 2003, 379 (3): 373-379.

[59]CHUEH Y L, LAI M W, LIANG J Q, et al. Systematic study of the growth of aligned arrays of α-Fe_2O_3 and Fe_3O_4 nanowires by a

vapor-solid process[J]. Advanced Functional Materials, 2006, 16: 2243-2251.

[60] FAN Z, LU J G. Zinc oxide nanostructures: synthesis and properties[J]. Journal of Nanoscience and Nanotechnology, 2005, 5 (10):1561-1573.

[61] WANG J X, SUN X W, WEI A, et al. Zinc oxide nanocomb biosensor for glucose detection [J]. Applied Physics Letters, 2006, 88(23): 34.

[62]WEI A, SUN X W, WANG J X, et al. Enzymatic glucose biosensor based on ZnO nanorod array grown by hydrothermal decomposition [J]. Applied Physics Letters, 2006, 89(12): 123902.

[63]LIU J P, GUO C X, LI C M, et al. Carbon-decorated ZnO nanowire array: a novel platform for direct electrochemistry of enzymes and biosensing applications [J]. Electrochemistry Communications, 2009, 11(1): 202-205.

[64]YANG J H, LIU G M, LU J, et al. Electrochemical route to the synthesis of ultrathin ZnO nanorod/nanobelt arrays on zinc substrate [J]. Applied Physics Letters, 2007, 90(10): 103109.

[65]CINNSEALACH R, BOSCHLOO G, RAO S N, et al. Coloured electrochromic windows based on nanostructured TiO_2 films modified by adsorbed redox chromophores [J]. Solar Energy Materials and Solar Cells, 1999, 57(2): 107-125.

[66]HAGFELDT A, VLACHOPOULOS N, GRIITZEL M. Fast electrochromic switching with nanocrystalline oxide semiconductor films[J]. Journal of the Electrochemical Society, 1994, 141(7): 82-84.

[67]PETTERSSONA H, GRUSZECKIA T, JOHANSSONA L H, et al. Direct-driven electrochromic displays based on nanocrystalline electrodes[J]. Displays, 2004, 25(5): 223-230.

[68]CHOI S Y, MAMAK M, COOMBS N, et al. Electrochromic performance of viologen modified periodic mesoporous

nanocrystalline anatase electrodes[J]. Nano Letters, 2004, 4(7): 1231-1235.

[69]CUMMINS D, BOSCHLOO G, RYAN M, et al. Ultrafast electrochromic windows based on redox-chromophore modified nanostructured semiconducting and conducting films [J]. The Journal of Physical Chemistry B, 2000, 104(48): 11449-11459.

[70]GUPTA A K, GUPTA M. Synthesis and surface engineering of iron oxide nanoparticles for biomedical applications[J]. Biomaterials, 2005, 26(18): 3995-4021.

[71]SUN X W, WANG J X. Fast switching electrochromic display using a viologen-modified ZnO nanowire array electrode [J]. Nano Letters, 2008, 8(7): 1884-1889.

[72]GREENE L E, LAW M, TAN D H, et al. General route to vertical ZnO nanowire arrays using textured ZnO seeds[J]. Nano Letters, 2005, 5(7): 1231-1236.

[73]LAW M, GREENE L E, JOHNSON J C, et al. Nanowire dye-sensitized solar cells[J]. Nature Materials, 2005, 4(6): 455-459.

[74]PRADHAN B, BATABYAL S K, PAL A J. Vertically aligned ZnO nanowire arrays in rose bengal-based dye-sensitized solar cells [J]. Solar Energy Materials and Solar Cells, 2007, 91(9): 769-773.

[75]BAXTER J B, WALKER A M, VAN OMMERING K, et al. Synthesis and characterization of ZnO nanowires and their integration into dyesensitized solar cells[J]. Nanotechnology, 2006, 17(11): S304-312.

[76]LAW M, GREENE L E, RADENOVIC A, et al. ZnO-Al_2O_3 and ZnO-TiO_2 core-shell nanowire dye-sensitized solar cells [J]. The Journal of Physical Chemistry B, 2006, 110(45): 22652-22663.

[77]MOR G K, SHANKAR K, PAULOSE M, et al. Use of highly-ordered TiO_2 nanotube arrays in dye-sensitized solar cells [J]. Nano Letters, 2006, 6(2): 215-218.

[78]ZHU K, NEALE N R, MIEDANER A, et al. Enhanced charge-

collection efficiencies and light scattering in dye-sensitized solar cells using oriented TiO_2 nanotubes arrays[J]. Nano Letters, 2007, 7(1): 69-74.

[79]WANG W L, LIN H, LI J B, et al. Formation of titania nanoarrays by hydrothermal reaction and their application in photovoltaic cells [J]. Journal of the American Ceramic Society, 2008, 91(2): 628-631.

[80]CHOU T P, ZHANG Q F, FRYXELL G E, et al. Hierarchically structured ZnO film for dye-sensitized solar cells with enhanced energy conversion efficiency[J]. Advanced Materials, 2007, 19(18): 2588-2592.

[81]ZHANG Q F, CHOU T P, RUSSO B, et al. Aggregation of ZnO nanocrystallites for high conversion efficiency in dye-sensitized solar cells[J]. Angewandte Chemie International Edition, 2008, 120(13): 2436-2440.

[82]ZHANG Q F, CHOU T P, RUSSO B, et al. Polydisperse aggregates of ZnO nanocrystallites: a method for energy-conversion-efficiency enhancement in dye-sensitized solar cells [J]. Advanced Functional Materials, 2008, 18(11): 1654-1660.

[83]JEZEQUEL D, GUENOT J, JOUINI N, et al. Submicrometer zinc oxide particles: elaboration in polyol medium and morphological characteristics[J]. Journal of Materials Ressarch, 1995, 10(1): 77-83.

[84]IMACHI N, TAKANO Y, FUJIMOTO H, et al. $LiCoO_2/LiFePO_4$ cathodes in multi-layered structure and the effect on tolerance for battery overcharging[C]. The Electrochemical Society, 2006.

[85]CHAN C K, PENG H, LIU G, et al. High-performance lithium battery anodes using silicon nanowires [J]. Nature Nanotechnology, 2007, 3(1): 31-35.

[86]CHAN C K, ZHANG X F, CUI Y. High capacity Li ion battery

anodes using Ge nanowires [J]. Nano Letters, 2008, 8 (1): 307-309.

[87]LEE K, WANG Y, CAO G Z. Dependence of electrochemical properties of vanadium oxide films on their nanoand microstructures [J]. The Journal of Physical Chemistry B, 2005, 109 (35): 16700-16704.

[88]LIU D W C, ZHANG Q F, XIAO P, et al. Hydrous manganese dioxide nanowall arrays growth and their Li^+ ions intercalation electrochemical properties[J]. Chemistry of Materials, 2008, 20 (4): 1376-1380.

[89]TAKAHASHI K, WANG Y, LEE K, et al. Fabrication and Li^+-intercalation properties of V_2O_5-TiO_2 composite nanorod arrays[J]. Applied Physics A, 2006, 82(1): 27-31.

[90]WANG Y, TAKAHASHI K, SHANG H M, et al. Synthesis and electrochemical properties of vanadium pentoxide nanotube arrays [J]. The Journal of Physical Chemistry B, 2005, 109 (8): 3085-3088.

[91]WANG Y, CAO G Z. Synthesis and electrochemical properties of $InVO_4$ nanotube arrays[J]. Journal of Materials Chemistry, 2007, 17(9): 894-899.

[92]XIAO P, GARCIA B B, GUO Q, et al. TiO_2 nanotube arrays fabricated by anodization in different electrolytes for biosensing[J]. Electrochemistry Communications, 2007, 9(9): 2441-2447.

[93]TAKAHASHI K, WANG Y, CAO G Z. Ni-V_2O_5 · nH_2O core-shell nanocable arrays for enhanced electrochemical intercalation [J]. The Journal of Physical Chemistry B, 2005, 109(1): 48-51.

[94]TABERNA L, MITRA S, POIZOT P, et al. High rate capabilities Fe_3O_4-based Cu nano-architectured electrodes for lithium-ion battery applications[J]. Nature Materials, 2006, 5(7): 567-573.

[95]TARASCON J M, GOZDZ A S, SCHMUTZ C, et al. Performance of Bellcore's plastic rechargeable Li-ion batteries[J]. Solid State

Ionics, 1996, 86-88: 49-54.

[96]MITRA S, POIZOT P, FINKE A, et al. Growth and electrochemical characterization versus lithium of Fe_3O_4 electrodes made by electrodeposition [J]. Advanced Functional Materials, 2006, 16(17): 2281-2287.

[97]DOYLE M, NEWMAN J, REIMERS J. A quick method of measuring the capacity versus discharge rate for a dual lithium-ion insertion cell undergoing cycling [J]. Jounral of Power Sources, 1994, 52(2): 211-216.

[98]CHEN J, DAI Y Y, LUO J, et al. Field emission display device structure based on double-gate driving principle for achieving high brightness using a variety of field emission nanoemitters [J]. Applied Physics Letters, 2007, 90(25): 253105-253108.

[99]BAEK Y H, YONG K J. Controlled growth and characterization of tungsten oxide nanowires using thermal evaporation of WO_3 powder [J]. The Journal of Physical Chemistry C, 2007, 111(13): 1213-1218.

[100]LI Y B, BANDO Y, GOLBERG D. Quasi-aligned single-crystalline $W_{18}O_{49}$ nanotubes and nanowires[J]. Advanced Materials, 2003, 15(15): 1294-1296.

[101]ZHOU J, GONG L, DENG S Z, et al. Growth and field-emission property of tungsten oxide nanotip arrays [J]. Applied Physics Letters, 2005, 87(22): 223108-223111.

[102]LIU J G, ZHANG Z J, ZHAO Y, et al. Tuning the field-emission properties of tungsten oxide nanorods[J]. Small, 2005, 1(3): 310-313.

[103]GHICOV A, ALBU S P, MACAK J M, et al. High-contrast electrochromic switching using transparent lift-off layers of self-organized TiO_2 nanotubes[J]. Small, 2008, 4(8): 1063-1066.

[104]LIU J,CAO G Z, YANG Z G, et al. Oriented nanostructures for energy conversion and storage[J]. Chem Sus Chem, 2008, 1(8-9):

676-697.

[105]MAIER J. Nanoionics: ion transport and electrochemical storage in confined systems[J]. Nature Materials, 2005, 4(1): 805-815.

[106]ARICO A S, BRUCE P, SCROSATI B, et al. Nanostructured materials for advanced energy conversion and storage devices[J]. Nature Materials, 2005, 4(5): 366-377.

[107]TARASCON J M, ARMAND M. Issues and challenges facing rechargeable lithium batteries[J]. Nature, 2001, 414(6861): 359-367.

[108]WANG Y, CAO G Z. Developments in nanostructured cathode materials for high-performance lithium-ion batteries[J]. Advanced Materials, 2008, 20(12): 2251-2269.

[109]WANG Z L, SONG J H. Piezoelectric nanogenerators based on zinc oxide nanowire arrays[J]. Science, 2006, 312(5771): 242-246.

[110]WANG X D, SONG J H, LIU J, et al. Direct-current nanogenerator driven by ultrasonic waves[J]. Science, 2007, 316(5821): 102-105.

[111]QIN Y, WANG X D, WANG Z L. Microfiber-nanowire hybrid structure for energy scavenging[J]. Nature, 2008, 451(7180): 809-813.

[112]YANG R S, QIN Y, DAI L M, et al. Power generation with laterally packaged piezoelectric fine wires[J]. Nature Nanotechnology, 2009, 4(1): 34-39.

[113]VAN DE KROL R, LIANG Y Q, SCHOONMAN J. Solar hydrogen production with nanostructured metal oxides[J]. Journal of Materials Chemistry, 2008, 18(20): 2311-2320.

[114]FENG X J, FENG L, JIN M H, et al. Reversible super-hydrophobicity to super-hydrophilicity transition of aligned ZnO nanorod films[J]. Journal of the American Chemical Society, 2004, 126(1): 62-63.

[115]FENG X J, ZHAI J, JIANG L. The fabrication and switchable superhydrophobicity of TiO_2 nanorod films [J]. Angewandte Chemie International Edition, 2005, 44(32): 5115-5118.

[116]LIU H, FENG L, ZHAI J, et al. Reversible wettability of a chemical vapor deposition prepared ZnO film between superhydrophobicity and superhydrophilicity[J]. Langmuir, 2004, 20(14): 5659-5661.

[117]ZHU W Q, FENG X J, FENG L, et al. UV-Manipulated wettability between superhydrophobicity and superhydrophilicity on a transparent and conductive SnO_2 nanorod film [J]. Chemical Communications, 2006(26): 2753-2755.

[118]WANG S T, FENG X J, YAO J N, et al. Controlling wettability and photochromism in a dual-responsive tungsten oxide film[J]. Angewandte Chemie International Edition, 2006, 45 (8): 1264-1267.

[119]ZHENG M J, ZHANG L D, LI G H, et al. Ordered indium-oxide nanowire arrays and their photoluminescence properties [J]. Applied Physics Letters, 2001, 79(6): 839-841.

[120]GREENE L E, LAW M, GOLDBERGER J, et al. Low-temperature wafer-scale production of ZnO nanowire arrays[J]. Angewandte Chemie International Edition, 2003, 115 (26): 3031-3034.

[121]TIAN Z R, VOIGT J A, LIU J, et al. Complex and oriented ZnO nanostructures[J]. Nature Materials, 2003, 2(12): 821-826.

[122]SOUNART T L, LIU J, VOIGT J A, et al. Sequential nucleation and growth of complex nanostructured films [J]. Advanced Functional Materials, 2006, 16(3): 335-344.

[123]XU S, WEI Y G, KIRKHAM M, et al. Patterned growth of vertically aligned ZnO nanowire arrays on inorganic substrates at low temperature without catalyst [J]. Journal of the American Chemical Society, 2008, 130(45): 14958-14959.

[124] VAYSSIERES L. Growth of arrayed nanorods and nanowires of ZnO from aqueous solutions[J]. Advanced Materials, 2003, 15(5): 464-466.

[125] VAYSSIERES L, KEIS K, HAGFELDT A, et al. Three-dimensional array of highly oriented crystalline ZnO microtubes[J]. Chemistry Materials, 2001, 13(12): 4395-4398.

2 金属基底上 ZnO 阵列的合成及其光致发光及场发射性能

2.1 引　言

由于大面积、高密度的一维半导体纳米结构阵列在光电器件中有潜在应用价值，对其的研究已经引起了人们的广泛兴趣[1,2]。在诸多半导体材料中，ZnO 作为一种无毒的 n 型半导体（$E_g = 3.37$ eV），具有较大的激子结合能（60 MeV）、很好的机械性能和热稳定性，在高效短波光电器件上的应用更是吸引了人们的关注[1]。另一方面，ZnO 纳米线/棒阵列在压电发电机[3]、染料敏化太阳能电池[4]、光子晶体[5]以及超疏水界面[6]等方面有着重要应用。高温技术已经被广泛应用于 ZnO 阵列的制备[7-13]，尽管此方法可以得到高质量的 ZnO，但是成本高，不适合大量生长。与高温技术形成对比的是溶液化学法[14-29]，包括液相法、水热法等。这种方法所需的反应温度低，操作简单，适合大量制备。在所有报道的溶液法中，基于种晶的化学法最为成熟[20-29]。根据这种方法，ZnO 纳米颗粒种晶必须预先沉积到相应的基底上作为 ZnO 纳米线/棒生长的成核点，然而这个过程比较复杂，影响参数过多[30]。所以，通过一步法大规模、低成本实现 ZnO 一维纳米结构阵列在适当基底上的可控合成显得至关重要。正如第 1 章所述，鉴于在许多绝缘体和半导体基底上 ZnO 阵列的合成技术很成熟[29]，并且，现今阵列的实际应用也在极大程度上受到这些特定基底的限制，为了大力开发 ZnO 纳米结构阵列在电化学和电学器件上的潜在用途，在金属导电基底上大规模生长 ZnO 非常有意义。直接生长可以有效实现 ZnO 与金属基底间的优良电学和力学接触[31-33]。

本章我们将报道 ZnO 纳米针、六角纳米棒、铅笔状纳米棒和纳米片阵列在 Fe-Co-Ni 合金、Ni 片、Ti 片等金属基底上的可控合成。值得一提的是，在我们的合成中，基底都是惰性金属（不活泼），不参与 ZnO 生长的反应，这与已经报道过的在 Zn 片上合成 ZnO 阵列是完全不一样的[34,35]。Zn 片上的 ZnO 生长是需要消耗 Zn 基底的，并且要求 ZnO 在不断耗损的基底上成核生长；通常情况下，得到的 ZnO 阵列即便在微米尺寸内也会起伏不平，经常出现多层并分层，ZnO 在基底上的附着力也很弱。因此，为了真正实现 ZnO 阵列在特殊装置器件中的应用价值，在不含 Zn 的金属基底上合成 ZnO 有序结构显得尤为重要。

我们的方法至少具有以下三个方面的优点：首先，ZnO 的生长不受种晶或催化剂的限制，实现了一步生长；其次，金属基底柔软并且容易被裁剪为任意的几何形状，因此可以满足实际多种器件的不同需求，为发展柔软型装置器件打下基础；再次，基于本章 ZnO 的生长机理，可以相信在其他惰性金属（如 Cr、Co、Ta 片）上也可以实现 ZnO 阵列的生长。在讨论了阵列的生长机理和生长动力学过程后，我们进一步研究了这些阵列的光致发光现象，并在国际上首次报道了采用低温液相法制备的生长在金属基底上的 ZnO 纳米结构的场电子发射性能。

2.2 实验部分

2.2.1 试剂和仪器

硝酸锌[$Zn(NO_3)_2 \cdot 6H_2O$，纯度 99%，北京化工厂]；氨水（$NH_3 \cdot H_2O$，25%～28%）；氢氧化钠（NaOH，分析纯，武汉联碱厂）；Fe-Co-Ni 合金片（厚度 0.15 mm，纯度＞99.5%）、Ti 片、Ni 片（厚度 0.25 mm，纯度 99%）；无水乙醇（含量≥99.7%）；蒸馏水。

超声清洗器（KQ-250B 型超声清洗器，昆山市超声仪器有限公司）；磁力加热搅拌器（79-3 型恒温磁力搅拌器，上海司乐仪器有限公司）。

样品结构和物相分析：Y-2000 型 X 射线衍射仪（XRD，α 辐射；λ＝1.5418 Å），管电压和管电流分别为 30 kV 和 20 mA。场发射扫描电子显微镜（SEM，JSM-6700F；5 kV）；透射电子显微镜（TEM 和 HRTEM，JEM-2010FEF；200 kV）。光致发光测试：JY-Labram 分光计（He-Cd 激光

器，光斑2 μm，激发波长 325 nm）。场发射测试在大约 10^{-6} Pa 下进行，阳极材料为 2 mm 圆形 Al 片，阴极为合成的阵列。阴极和阳极间距为 170 μm，电流表为 pA 量级。

2.2.2 实验方法

典型的制备 ZnO 纳米针阵列的方法如下：首先，用无水乙醇和蒸馏水超声清洗 Fe-Co-Ni(Ti、Ni)金属片，并在 40 ℃的烘箱烘干备用。然后配好 200 mL 的 0.035 M(M 代表 mol/L) $Zn(NO_3)_2 \cdot 6H_2O$ 和 0.65 M $NH_3 \cdot H_2O$ 的混合溶液。将干燥好的金属片悬在该溶液里面，在 70 ℃下反应 24 h。反应过程中，始终不断对溶液进行轻微搅拌。通过改变 $NH_3 \cdot H_2O$ 的浓度和反应温度，可以控制 ZnO 一维纳米结构形貌。反应完毕后取出金属片，水洗多次并烘干，可以发现金属片上长了厚厚一层薄膜。

2.3 实验结果与讨论

2.3.1 ZnO 纳米结构阵列的控制合成

首先以 Fe-Co-Ni 基底为例，讨论 ZnO 纳米结构的生长。Fe-Co-Ni 合金基底的元素分析[36,37] EDS 结果和 XRD 结果如图 2-1 所示。

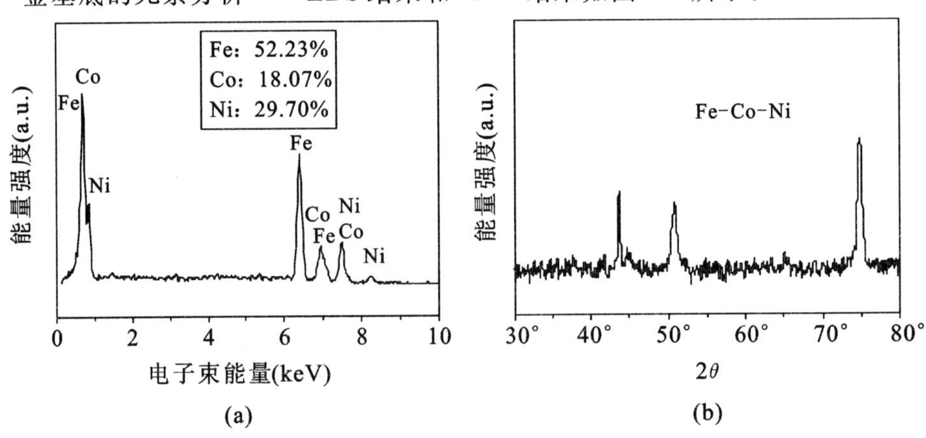

图 2-1　Fe-Co-Ni 合金基地的表征结果

(a)合金基底的 EDS 结果；(b)合金基底的 XRD 结果

图 2-2(a)是 0.65 M 氨水、70 ℃的实验条件下在合金基底上得到产物的低倍 SEM 照片(样品 1),不难看到均匀的阵列结构。右上角的元素分析结果表明所得到的物质为 ZnO,左下角的是实验得到的 ZnO 阵列的光学照片(靠右的为合成前的基底),ZnO 阵列可以大面积地生长在 Fe-Co-Ni基底上(大约 10×10 cm^2)。图 2-2(b)是阵列的放大照片,表明所得到的一维纳米结构为针状。ZnO 纳米针的顶端直径大约为 50 nm(插图)。由图 2-2(c)的阵列截面图可以看出 ZnO 纳米针的长度大约为 5.5 μm。图 2-2(d)的 XRD 分析进一步证明了产物成分为 ZnO(JCPDS 卡片号:36-1451),并且非常高的(002)峰表明 ZnO 纳米针是沿着 c 轴垂直于基底取向生长的。对比图 2-1(b)可以得出标有黑方块的峰来源于合金基底。我们进一步指出,合金基底柔软,容易被弯曲,见图 2-2(e)的光学照片。ZnO 阵列不会因为基底弯曲而发生龟裂,表现出很强的附着力。因此,生长在其上的 ZnO 阵列在柔软型光电器件上有着潜在应用价值。

实验发现,ZnO 阵列的形貌强烈依赖于前驱溶液中氨水的浓度。图 2-3(a)和(b)是在 0.55 M 氨水的条件下得到的阵列的照片,可以看到此时的 ZnO 呈六角纳米棒状(样品 2)。规则的六边形横截面(插图)与 ZnO 的晶体结构相关。这些纳米棒的直径大约为 90 nm,其平均长度与纳米针的相差不大。继续降低前驱溶液中氨水的浓度至 0.42 M,产物将变成铅笔形的较短纳米棒[样品 3,见图 2-3(c)和(d)]。短棒的直径和长度分别为约 120 nm 和 500 nm。进一步进行实验,结果显示反应体系的温度对 ZnO 纳米结构也有着重要影响。比如,在 0.42 M 的氨水、60 ℃的实验条件下,得到顶端不规则的纳米棒(样品 4),如图 2-3(e)和(f)所示。上述三种条件下阵列的 XRD 结果见图 2-4,证明了这三种一维纳米结构阵列都是取向生长的。综上所述,我们可以通过简单改变前驱溶液中氨水的浓度来有效控制 ZnO 一维纳米结构,实现它们在合金基底上的大面积均匀生长。

为了进一步了解 ZnO 纳米针和六角纳米棒的结构,对样品 1 和样品 2 做了 TEM 测试。图 2-5(a)和(b)分别为纳米针的低倍和高倍电镜照片;图 2-5(c)和(d)分别为六角纳米棒的低倍和高倍电镜照片。结合相应的电子衍射图案(插图)可以得出,ZnO 纳米针和六角纳米棒均为单晶结构,并且长度方向为[0001]方向。

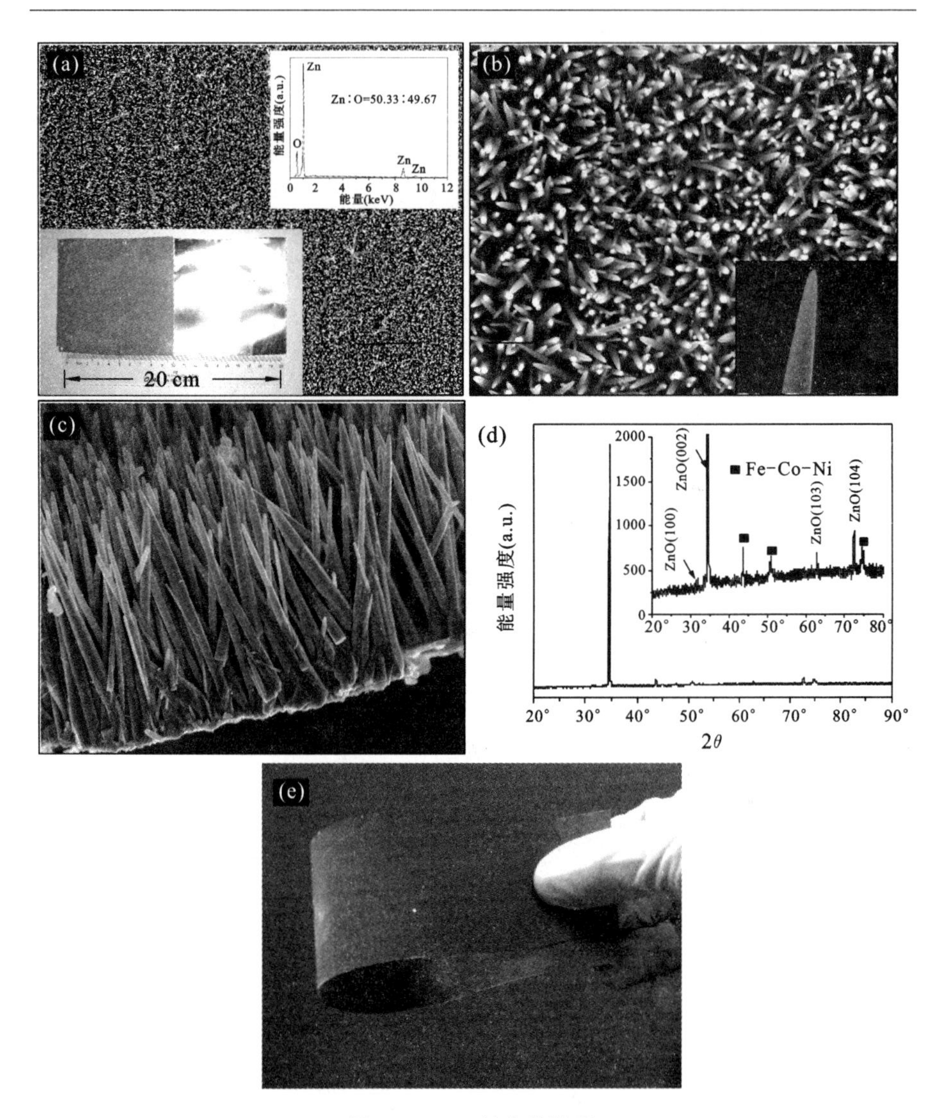

图 2-2 ZnO 纳米针阵列

(a)ZnO 的低倍 SEM 照片;(b)ZnO 的高倍 SEM 照片;(c)ZnO 阵列的截面 SEM 照片;
(d)ZnO 阵列的 XRD 结果;(e)大面积可弯曲基底上 ZnO 阵列的光学照片

2.3.2 生长机理及动力学过程

在我们的实验中,生长 ZnO 阵列的过程可以归纳为异相成核和取向

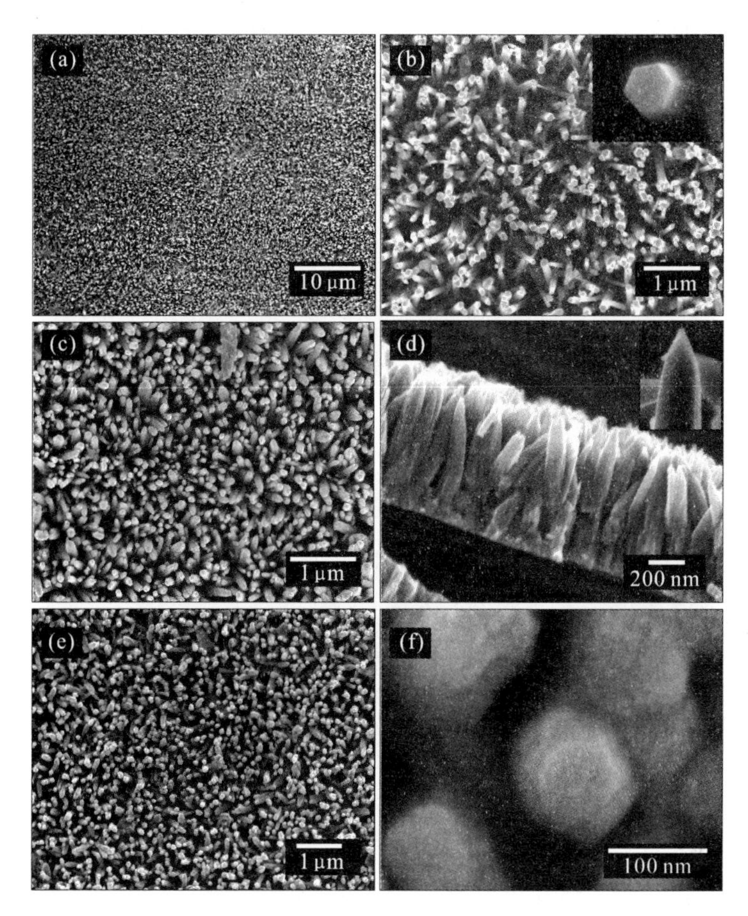

图 2-3　不同实验条件下 ZnO 纳米结构阵列的 SEM 照片

(a)、(b)在 0.55 M 氨水，70 ℃条件下的生长结果；(c)、(d)在 0.42 M 氨水，70 ℃条件下的生长结果；(e)、(f)在 0.42 M 氨水，60 ℃条件下的生长结果

生长两个阶段[38-40]，化学反应过程非常简单。众所周知，ZnO 是极性晶体，从其晶体结构上来看，ZnO 是由一系列 Zn^{2+} 和 O^{2-} 组成的配位四面体沿着 c 轴的方向堆叠而成，见图 2-6[38,39,41]；展现出富含 O^{2-} 的负极性面和富含 Zn^{2+} 的正极性面。先前的文献[39]报道，在溶液反应体系中，ZnO 晶体不同晶面的生长速度遵循如下顺序：$V_{(0001)} > V_{(10\text{-}11)} > V_{(10\text{-}10)} > V_{(000\text{-}1)}$。因此，最稳定的 ZnO 晶体结构应为长度方向沿着 c 轴的、截面为六边形的棱柱；棱柱的外表面为六个等价的晶面$\{10\bar{1}0\}$，分别为$(10\bar{1}0)$，$(1\bar{1}00)$，

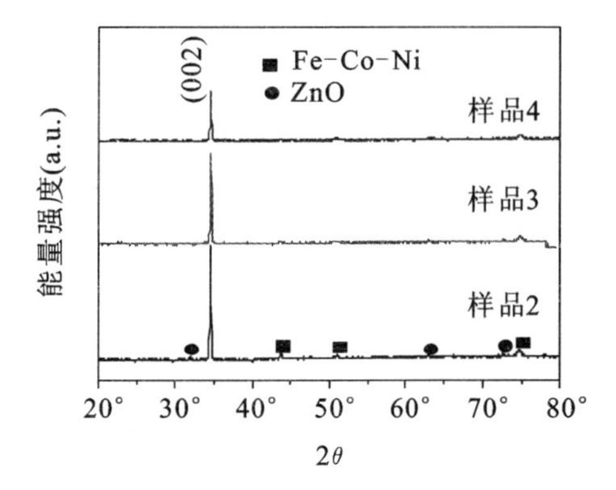

图 2-4 阵列样品 2、3、4 的 XRD 结果

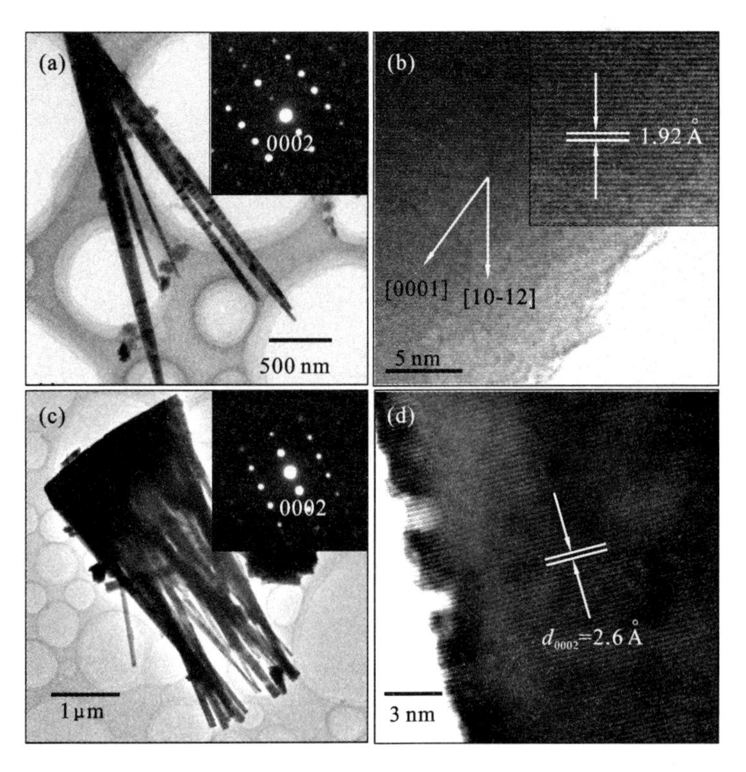

图 2-5 ZnO 纳米针和六角纳米棒的 TEM 表征

(a)、(b)ZnO 纳米针的 TEM 和 HRTEM 照片；

(c)、(d)ZnO 六角纳米棒的 TEM 和 HRTEM 照片

注：(a)、(c)中插图为相应的电子衍射图；(b)中的插图为相应的高分辨晶格条纹图

$(0\bar{1}10)$,$(\bar{1}010)$,$(\bar{1}100)$和$(01\bar{1}0)$,正如图 2-3(b)所观察到的那样。另一方面,晶面的生长速率越快,该晶面消失得也就越快。所以,(0001),$\{10\bar{1}1\}$和$\{10\bar{1}0\}$三组晶面的生长速率将对 ZnO 晶体的最终长径比和形貌有决定性作用。而生长速率往往都强烈依赖于实验中的化学和物理环境。图 2-2 中得到尖的纳米针说明在碱性较大的条件下,(0001)晶面生长最快。当氨水浓度较低的时候,碱性相应减少,某些$\{10\bar{1}1\}$晶面生长速度较小,但是(0001)晶面还是相对生长较快,则可得到铅笔状 ZnO 纳米棒。

以上分析可以解释 ZnO 生长成为不同一维纳米结构的原因。

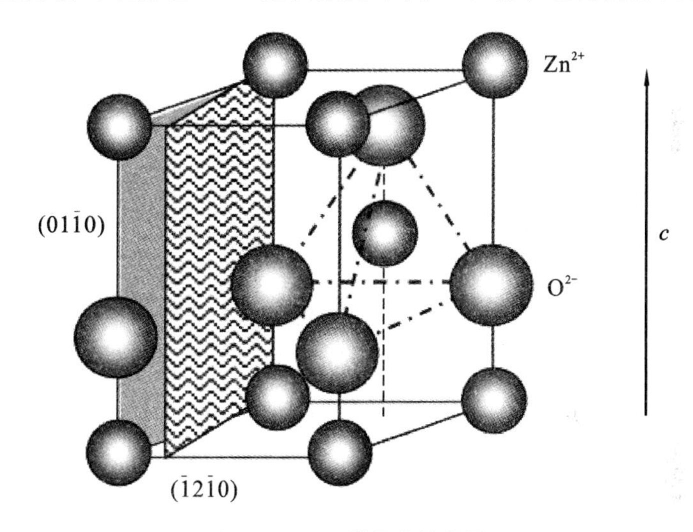

图 2-6 ZnO 的晶体结构图

下面将进一步研究 ZnO 纳米结构在合金基底上成核生长的动力学过程。值得说明的是,尽管晶体生长动力学过程很重要,但是关于这方面的报道却很少。我们在此以 0.65 M 氨水、70 ℃条件下生长 ZnO 为例进行研究。我们根据一系列实验结果绘出了 ZnO 纳米针的平均长度随着反应时间变化的曲线,如图 2-7所示。从该曲线上可以看到,ZnO 在最初的 5 h 生长得最快,并且此段时间内 ZnO 的平均长度和反应时间呈很好的线性关系:$Y=-0.12417+0.92567X$。这条直线的斜率 0.92567 μm/h 反映的是在最初 5 h 内纳米针生长的速率。在图 2-7 中,当我们把纳米针的长度推到零的时候,对应着一个反应时间 8 min。这个重要的数据反映的就是 ZnO 在金属基底上成核的时间。为了更好地了解生长过程，我们分别收集了不同反应时间后 ZnO 在基底上的 SEM 照片。图 2-8(a)和(b)所示的是反应 0 min 和 8 min 后的金属片上的形貌。可见，在 ZnO 未沉积之前，基底表面有很明显的纳米级的粗糙度，与以前报道[32]的相似，这种合金表面的粗糙度大约为 10 nm。形成对比的是，当反应发生了 8 min 后，基底上面覆盖着一层颗粒膜，颗粒的尺寸为 5～20 nm。XRD 结果显示大部分纳米颗粒都是 c 轴取向生长在基底上面的。XRD 中 ZnO 的 (002)峰相对于标准粉末样品的谱图有明显增强，见图 2-8(b)中的插图。结合上述的实验结果和分析，这些纳米颗粒的形成可以认为是 ZnO 的成核过程。有纳米级粗糙度的金属基底为 ZnO 的成核提供了很好的场所，因为在粗糙的地方成核自由能最小。在 0.65 M氨水、70 ℃情况下和在 0.55 M 氨水、70 ℃ 情况下反应 30 min 后的 ZnO 晶体形貌分别在图 2-8(c)和(d)中给出。可见成核完毕后，ZnO 在早期的生长过程中遵循"聚结生长"机理[23,40]，也就是说，小的晶体通过取向连接再进一步融合生长为大的晶体；并且 30 min 后的纳米结构顶部形貌和 24 h 后的一样。经过足够长的时间生长，融合的纳米针和纳米棒开始相互挤撞，不断变长，这种普遍的物理现象导致 ZnO 纳米结构的最终择优取向生长。

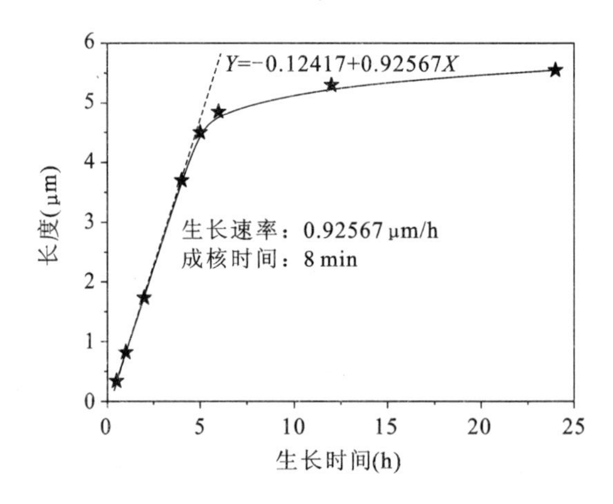

图 2-7 ZnO 纳米针的平均长度随着反应时间的变化关系

图 2-8 不同反应时间得到的样品的 SEM 照片

(a)0 min,样品 1;(b)8 min,样品 1;(c)30 min,样品 1;(d)30 min,样品 2

ZnO 阵列的形成与基底的表面性质(粗糙度、表面化学等)有着直接的联系。对比实验表明,当多晶的 Fe-Co-Ni 合金基底被单晶 Si 片取代后,在 Si 片的表面仅能得到一些随机分散的 ZnO 纳米棒。在此情况下,由于 Si 片高度光滑(粗糙度仅约 0.08 nm)[32],不利于高密度成核,ZnO 晶体稀疏地在基底上成核并在各个方向自由地生长,得不到有序的阵列结构,见图 2-9(a)和(b)。当然,ZnO 和 Si 片间的晶格不匹配也是导致随机生长的一个因素。另外,光滑的非晶玻璃基底也不能用来生长 ZnO 阵列。值得强调的是,不是所有金属都适合我们的制备过程。只有那些不活泼的、具有化学稳定性的金属基底才适合,其中包括各种不同的合金,如 Ti、Ni、Cr、Co 片等。像 Al 这样活泼的金属就不能用于制备 ZnO 阵列,但是可以用来合成其他新型纳米结构[42]。在第 4 章中,我们将具体讨论这个问题。图 2-9(c)～图 2-9(f)显示的是 ZnO 纳米针阵列生长在 Ti、Ni 片上的低倍和高倍 SEM 照片(实验条件:0.65 M 氨水,70 ℃)。相应的 XRD 和截面分析结果见插图,可以看到所得的阵列形貌与在合金基底上的没有明显区别。

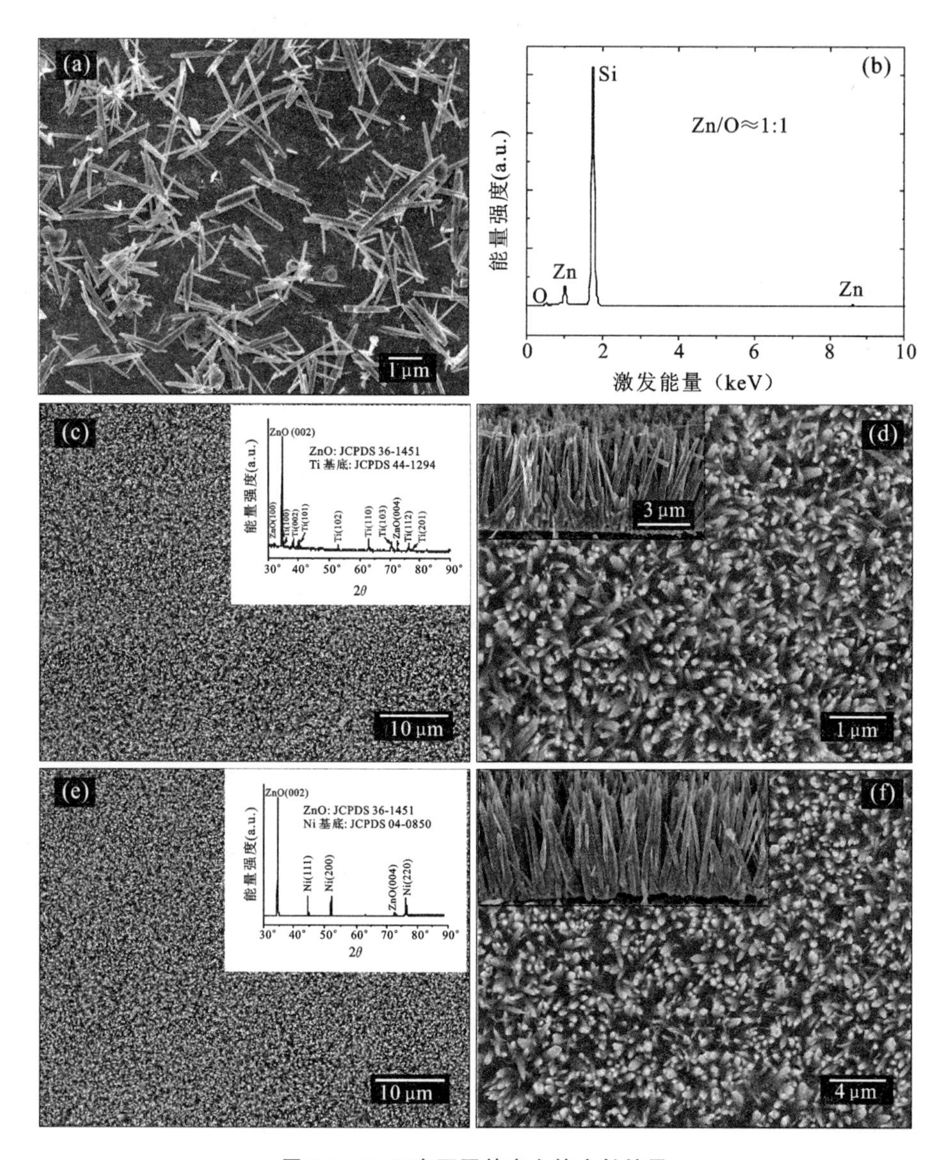

图 2-9　ZnO 在不同基底上的生长结果

(a)Si 片上生长的随机分布 ZnO 纳米棒;(b)Si 片上 ZnO 的 EDS 元素分析;
(c)、(d)Ti 片上 ZnO 阵列的 SEM 照片;(e)、(f)Ni 片上 ZnO 阵列的 SEM 照片

因此,适当的表面粗糙度和强的化学稳定性是选择基底材料时需要考虑的两大因素。实验结果表明,本章中的方法具有普遍性,可以实现

ZnO 纳米阵列在不同柔软惰性金属基底上的合成，为其在不同方面的应用打下基础。

2.3.3 ZnO 阵列光致发光比较分析

所谓光致发光，是指半导体材料在光的照射下被激发到高能级激发态的电子重新跃迁到低能级被空位俘获而发光的微观过程。从微观机制上分析，电子跃迁可分成两类：非辐射跃迁和辐射跃迁。当能级间距很小时，电子跃迁可通过非辐射性级联过程发射声子，此种情况下是不能发光的。只有当能级间距足够大时，才有可能发射光子，实现能级跃迁，产生发光现象。我们下面所要讨论的发光都是与电子跃迁的微观过程密切相连的。电子跃迁又分为本征跃迁和非本征跃迁。导带的电子跃迁到价带，与价带空穴复合，伴随着光子发射，称为本征跃迁，发光现象称为本征发光。而电子从导带跃迁到由杂质或者缺陷造成的附加能级，或附加能级上的电子跃迁到价带，或电子在杂质能级间的跃迁，都可以引起发光，这种跃迁称为非本征跃迁，发光现象称为非本征发光，如各种缺陷造成的发光[43]。

光致发光谱是在室温下通过 325 nm 紫外激光器激发样品后收集得到的。我们系统地研究了 ZnO 纳米针阵列、六角纳米棒阵列和铅笔状纳米棒阵列（样品 1～样品 3）的光致发光性能，结果见图 2-10。在图 2-10(a)中，三个阵列样品都展现出类似的光致发光谱图。可以观察到两个典型的发射峰，一个尖峰在 382 nm 附近，一个强度较低的宽峰在 550 nm 附近。根据以前大量的文献[10-13,27]报道，382 nm 的紫外发光是来源于本征激子发光，而 550 nm 的绿色发光是材料制备过程中引入的缺陷所致。普遍认为，ZnO 的绿色发光是源于 ZnO 纳米结构氧空位中的电子与光生空穴之间的复合[10-13,27,42]。人们通常用 382 nm 与 550 nm 峰的强度比（$I_{uv}:I_{vs}$）来反映 ZnO 的光学质量，而在很多发光器件的应用中，往往希望可见光发射尽可能地弱。由此可以发现，ZnO 纳米针阵列的光学质量最好，其次为六角纳米棒状的，最差的为铅笔状的。导致这种不同的光学特征的原因是三种样品里面氧缺陷的差异。随着制备过程中氨水浓度的增加，ZnO 的光学质量不断提高。在我们的液相制备过程中，ZnO 的生长单元为 $[Zn(OH)_4]^{2-}$，生长单元是由前驱溶液中的 Zn^{2+} 和 OH^- 反应得到，并且 OH^- 来源于氨水。ZnO 的生长过程其实就是连续不断地在 ZnO 核上加上含氧的生长单元，故而 ZnO 中的氧其实间接地来源于氨水。基于以上分析，更多的氨水浓度会为 ZnO 的生长提供更多的氧元素。当氨水的量较少时，氧缺陷更容易在 ZnO 晶体中存在，导致光学质量较差。

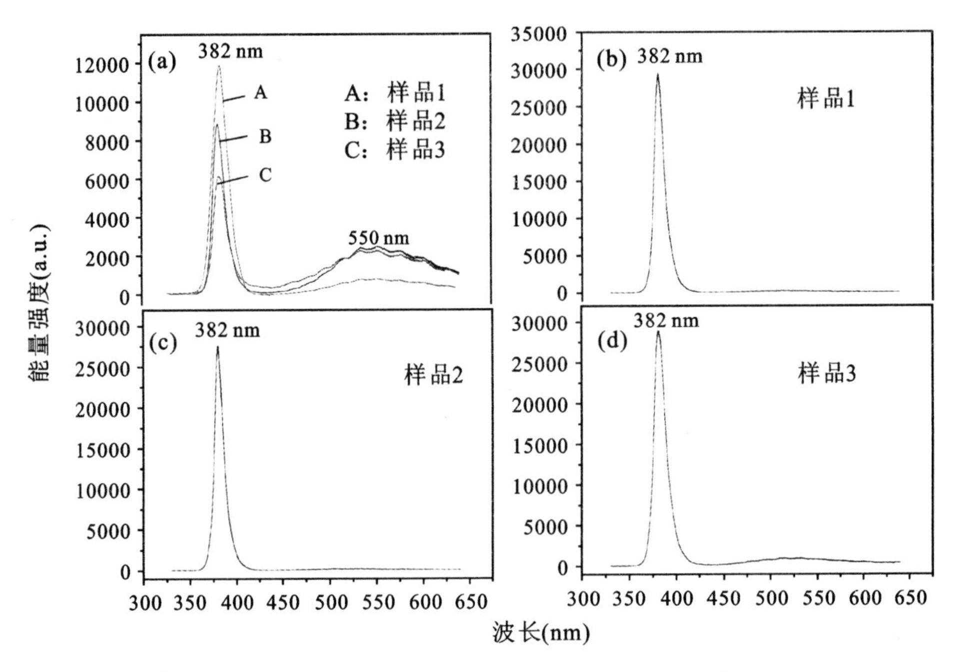

图 2-10 不同条件下 ZnO 纳米阵列的光致发光谱

(a)三种 ZnO 纳米阵列的光致发光谱；(b)退火后的 ZnO 纳米针阵列的光致发光谱；(c)退火后的 ZnO 六角纳米棒阵列的光致发光谱；(d)退火后的 ZnO 铅笔状阵列的光致发光谱

氧缺陷的存在可以通过一些后处理(如热退火)来消除，下面进一步研究在适当退火后 ZnO 阵列的光致发光性质。图 2-10(b)～图 2-10(d)显示的是 ZnO 纳米针阵列、六角纳米棒阵列和铅笔状阵列在空气中 400 ℃退火 5 h 后的光致发光光谱。可以看到，退火后三种阵列的光学质量都明显提高，纳米针和六角纳米棒阵列的绿光发射完全消失，铅笔状纳米棒阵列的绿色发光相对于紫外发光也几乎可以忽略不计。并且，三个样品的紫外发光强度相对于退火前也有明显提高。空气中的退火过程明显消除了液相制备的 ZnO 结构中的氧空位，大大提高了晶体质量。这种退火处理也成为改变 ZnO 光学性能和晶体质量的一个有效途径。

2.3.4 ZnO阵列场电子发射应用

直接在金属基底上生长ZnO纳米阵列可以便于材料与外电路的连接，因此，这些阵列在场发射、气敏、生物传感器等器件中有着潜在应用价值。作为初步测试，我们在本章中将对ZnO样品1、样品2和样品3的阴极场电子发射性能进行测试。图2-11(a)所示的是三个样品的发射电流密度-电场强度(*J*-*E*)变化曲线。在场发射中，一般定义开启电场为得到10 $\mu A/cm^2$的场发射电流密度时的场强。从图2-11(a)中可以得出ZnO纳米针、六角纳米棒和铅笔状的纳米棒阵列的开启场强大小分别为4.2 V/μm、6.4 V/μm和7.5 V/μm。另外，对于这三个样品，得到1 mA/cm^2的电流密度(工业上可用的电子发射电流密度标准)所需要的电场强度分别为7.2 V/μm、8.2 V/μm和11.3 V/μm。因此，纳米针阵列的场发射性能优于六角纳米棒阵列和铅笔状纳米棒阵列的场发射性能。ZnO纳米针阵列高的发射电流密度和低的开启场强主要源于其顶部的纳米针尖和大的长径比。这两个结构参数会导致发射尖端具有高的局部场强，减小了场电子发射的势垒，从而增大了电子的发射电流密度。六角纳米棒不具备锋利的发射尖端，铅笔状的纳米棒没有较大的长径比，这些都是导致其较差的场发射性能的主要原因。通过比较可以发现，我们的ZnO纳米针阵列的开启场强(4.2 V/μm)比以前报道的在Si片上生长的ZnO纳米线(6 V/μm)[44]、非晶碳上的ZnO纳米线-纳米柱复杂结构(6.9 V/μm)[45]、Ga掺杂的ZnO薄膜上的ZnO纳米针(20 V/μm)[46]的开启场强都要低，和已报道的ZnO纳米锯(3.6 V/μm)[47]、铅笔状的ZnO(3.7 V/μm)[45]以及其他优良的场电子发射材料[如碳纳米管(1.5～4.5 V/μm)[48]、AlN纳米针(4.7 V/μm)[49]]的相近。

我们一般用简化的Fowler-Nordheim(FN)方程来描述场电子发射过程[48]：

$$\ln(J/E^2)=\ln(A\beta^2/\phi)+(-B\phi^{3/2}/\beta)(1/E)$$

式中，J是场发射电流密度；E是施加电场；ϕ是发射材料的功函数；β是场增强因子；A和B是常数，分别为1.56×10^{-10} A V^{-2} eV和6.83×10^3 V $eV^{-3/2}$ μm^{-1}。

图2-11(b)所示的是由图2-11(a)得到的三个样品的FN关系曲线。

可以看到，三个样品的 $\ln(J/E^2)$-$1/E$ 曲线在高电场下均显示出粗略的线性关系，说明场发射电流均为电子在外场下穿过材料表面势垒所致。对于 ZnO 材料，其功函数为 5.3 eV[44-46]，结合 FN 关系的斜率，可以计算出纳米针、六角纳米棒、铅笔状纳米棒的场增强因子分别为 2350、792 和 1144。场增强因子与材料发射端的曲率半径明显有很大关系，发射尖端曲率半径越大，一般情况下增强因子会越大。对于纳米针阵列，增强因子 2350 已经足够大，能满足实际的场发射应用要求。

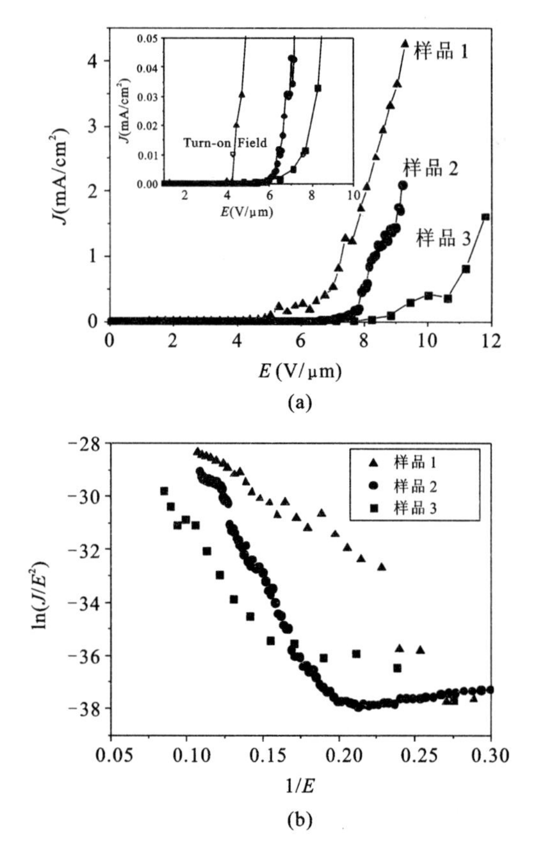

图 2-11 三个 ZnO 样品的测试结果

(a)场发射的 J-E 曲线；(b)场发射的 Fowler-Nordheim(FN)关系曲线

我们实现了在不同惰性金属基底(Fe-Co-Ni、Ti、Ni 等)上低温生长多种 ZnO 一维纳米结构阵列，并且将它们直接用于场电子发射装置。特别是纳米针阵列显现出低的开启场强、大的增强因子，可以与许多高温制备的 ZnO 纳米结构相比拟。良好的场电子发射性能结合金属基底的柔软、可随意剪裁性,使得 ZnO 纳米针阵列结构在柔软型场发射器件方面有着重要的应用。

最后需要指出的是,不仅一维 ZnO 纳米结构可以在金属基底上生长,二维甚至三维的 ZnO 纳米结构也可以通过适当改变实验条件而合成出来。比如,图 2-12 所示是合金片上生成的 ZnO 纳米片阵列 SEM 照片和相应的 XRD 结果,该 ZnO 结构是在 200 mL 0.035 M $Zn(NO_3)_2$ 和 0.3 M NaOH 混合溶液中 75 ℃下反应 24 h 制备的。

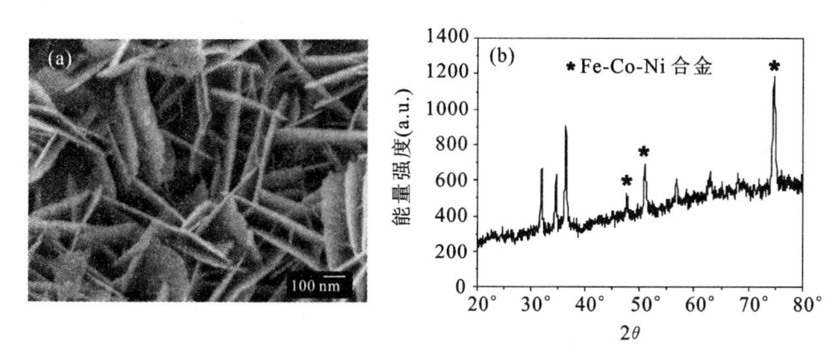

图 2-12 ZnO 纳米片阵列在 Fe-Co-Ni 合金基底上的 SEM 照片和 XRD 结果

(a)SEM 照片;(b)XRD 结果

2.4 本章小结

(1) 通过调节前驱溶液的碱度和反应温度,首次报道了 ZnO 纳米针、六角纳米棒、铅笔状纳米棒和纳米片阵列在 Fe-Co-Ni 合金、Ni 片、Ti 片等柔软金属基底上的大面积可控合成。

(2) 利用 XRD、TEM、SEM 等手段对生成的纳米阵列进行了系统的结构和成分分析,研究了生长机制与生长动力学过程。

(3) 比较研究了阵列的光致发光性能和在场电子发射器件上的应用,分析了阵列的缺陷对发光性能的影响,研究了阵列结构对场发射性能的调节。

参 考 文 献

[1]HUANG M, MAO S, FEICK H, et al. Room-temperature ultraviolet nanowire nanolasers[J]. Science, 2001, 292(5523): 1897-1899.

[2]DUAN X, HUANG Y, AGARWAI R, et al. Single-nanowire electrically driven lasers[J]. Nature, 2003, 421(6920): 241-245.

[3]WANG Z L, SONG J H. Piezoelectric nanogenerators based on zinc oxide nanowire arrays[J]. Science, 2006, 312(5771): 242-246.

[4]LAW M, GREENE L E, JOHNSON J C, et al. Nanowire dye-sensitized solar cells[J]. Nature Materials, 2005, 4(6): 455-459.

[5]WANG X D, NEFF C, GRAUGNARD E, et al. Photonic crystals fabricated using patterned nanorod arrays[J]. Advanced Materials, 2005, 17(17): 2103-2106.

[6]FENG X, FENG L, JIN M, et al. Reversible super-hydrophobicity to super-hydrophilicity transition of aligned ZnO nanorod films [J]. American Chemical Society, 2004, 126(1): 62-63.

[7]PARK W I, YI G C, KIM M, et al. ZnO nanoneedles grown vertically on Si substrates by non-catalytic vapor-phase epitaxy[J]. Advanced Materials, 2002, 14(24): 1841-1843.

[8]WU J J, LIU S C. Low-temperature growth of well-aligned ZnO nanorods by chemical vapor deposition [J]. Advanced Materials, 2002, 14(3): 215-218.

[9]PAN Z W, DAI Z R, WANG Z L. Nanobelts of semiconducting oxides[J]. Science, 2001, 291(5510): 1947-1949.

[10]YANG J L, AN S J, PARK W I, et al. Photocatalysis using ZnO thin films and nanoneedles grown by metal-organic chemical vapor deposition[J]. Advanced Materials, 2004,16(18):1661-1664.

[11]SHEN G Z, BANDO Y, LIU B D, et al. Characterization and field-emission properties of vertically aligned ZnO nanonails and

nanopencils fabricated by a modified thermal-evaporation process [J]. Advanced Functional Materials, 2006, 16(3): 410-416.

[12] HAN X H, WANG G Z, ZHOU L, et al. Crystal orientation-ordered ZnO nanorod bundles on hexagonal heads of ZnO microcones: epitaxial growth and self-attraction [J]. Chemical Communications, 2006(2): 212-214.

[13] XU X Y, ZHANG H Z, ZHAO Q, et al. Patterned growth of ZnO nanorod arrays on a large-area stainless steel grid[J]. The Journal of Physical Chemistry B, 2005, 109(5): 1699-1702.

[14] KONENKAMP R, BOEDECKER K, LUX-STEINER M C, et al. Thin film semiconductor deposition on free-standing ZnO columns [J]. Applied Physics Letters, 2000, 77(16): 2575-2577.

[15] LI Y, MENG G W, ZHANG L D, et al. Ordered semiconductor ZnO nanowire arrays and their photoluminescence properties[J]. Applied Physics Letters, 2000, 76(15): 2011-2013.

[16] CAO B Q, LI Y, DUAN G T, et al. Growth of ZnO nanoneedle arrays with strong ultraviolet emissions by an electrochemical deposition method[J]. Crystal Growth & Design, 2006, 6(5): 1091-1095.

[17] KOH Y W, LIN M, TAN C K, et al. Self-assembly and selected area growth of zinc oxide nanorods on any surface promoted by an aluminum precoat[J]. The Journal of Physical Chemistry B, 2004, 108(31): 11419-11425.

[18] HSU J W P, TIAN Z R, SIMMONS N C, et al. Directed spatial organization of zinc oxide nanorods[J]. Nano Letters, 2005, 5(1): 83-86.

[19] TAK Y, YONG K. Controlled growth of well-aligned ZnO nanorod array using a novel solution method[J]. The Journal of Physical Chemistry B, 2005, 109(41): 19263-19269.

[20] TIAN Z R, VOIGT J A, LIU J, et al. Complex and oriented ZnO nanostructures[J]. Nature Materials, 2003, 2(12): 821-826.

[21] GREENE L E, LAW M, GOLDBERGER J, et al. Low-temperature

wafer-scale production of ZnO nanowire arrays[J]. Angewandte Chemie International Edition, 2003, 115(26): 3139-3142.

[22]VAYSSIERES L, KEIS K, HAGFELDT A, et al. Three-dimensional array of highly oriented crystalline ZnO microtubes[J]. Chemical Materials, 2001, 13(12): 4395-4398.

[23]VAYSSIERES L. Growth of arrayed nanorods and nanowires of ZnO from aqueous solutions[J]. Advanced Materials, 2003, 15(5): 464-466.

[24]LI Q C, KUMAR V, LI Y, et al. Fabrication of ZnO nanorods and nanotubes in aqueous solutions[J]. Chemical Materials, 2005, 17(5): 1001-1006.

[25]SUN Y, FUGE G M, FOX N A, et al. Synthesis of aligned arrays of ultrathin ZnO nanotubes on a Si wafer coated with a thin ZnO film [J]. Advanced Materials, 2005, 17(20): 2477-2481.

[26]ZHANG H, YANG D, MA X, et al. Synthesis and field emission characteristics of bilayered ZnO nanorod array prepared by chemical reaction[J]. The Journal of Physical Chemistry B, 2005, 109(36): 17055-17059.

[27]KU C H, WU J J. Aqueous solution route to high-aspect-ratio zinc oxide nanostructures on indium tin oxide substrates[J]. The Journal Physical Chemistry B, 2006, 110(26):12981-12985.

[28] TONG Y H, LIU Y C, DONG L, et al. Growth of ZnO nanostructures with different morphologies by using hydrothermal technique[J]. The Journal of Physical Chemistry B, 2006, 110(41): 20263-20267.

[29]GREENE L E, LAW M, TAN D H, et al. General route to vertical ZnO nanowire arrays using textured ZnO seeds[J]. Nano Letters, 2005, 5(7): 1231-1236.

[30] YU H, ZHANG Z, HAN M, et al. A general low-temperature route for large-scale fabrication of highly oriented ZnO nanorod/nanotube arrays[J]. Journal of the American Chemistry Society, 2005, 127(8): 2378-2379.

[31]LIU J P, HUANG X T, LI Y Y, et al. Vertically aligned 1D ZnO nanostructures on bulk alloy substrates: direct solution synthesis, photoluminescence and field emission[J]. The Journal of Physical Chemistry C, 2007, 111(13): 4990-4997.

[32] HIRAOKA T, YAMADA T, HATA K, et al. Synthesis of singleand double-walled carbon nanotube forests on conducting metal foils[J]. Journal of the American Chemistry Society, 2006, 128(41): 13338-13339.

[33]CHUEH Y L, LAI M W, LIANG J Q, et al. Systematic study of the growth of aligned arrays of α-Fe_2O_3 and Fe_3O_4 nanowires by a vapor-solid process[J]. Advanced Functional Materials, 2006, 16(17): 2243-2251.

[34]WU X, BAI H, LI C, et al. Controlled one-step fabrication of highly oriented ZnO nanoneedle/nanorods arrays at near room temperature[J]. Chemical Communication, 2006(15): 1655-1657.

[35]LU C H, QI L M, YANG J H, et al. Hydrothermal growth of large-scale micropatterned arrays of ultralong ZnO nanowires and nanobelts on zinc substrate[J]. Chemical Communication, 2006(33): 3551-3553.

[36]YAN M L, LI X Z, GAO L, et al. Fabrication of nonepitaxially grown double-layered FePt:C/FeCoNi thin films for perpendicular recording[J]. Applied Physics Letters, 2003, 83(16): 3332-3334.

[37]LIU X M, HUANG F, ZANGARI G, et al. Mechanical properties of soft, electrodeposited Fe-Co-Ni films for magnetic recording heads[J]. IEEE Transactions on Magnetics, 2002, 38(5): 2231-2233.

[38]LIU B, ZENG H C. Hydrothermal synthesis of ZnO nanorods in the diameter regime of 50 nm[J]. Journal of the American Chemistry Society, 2003, 125(15): 4430-4431.

[39]ZHANG H, YANG D, JI Y, et al. Low temperature synthesis of flowerlike ZnO nanostructures by cetyltrimethylammonium bromide-assisted hydrothermal process [J]. The Journal of Physical Chemistry B, 2004, 108(13): 3955-3958.

[40]LIU J P, HUANG X T, SULIEMAN K M, et al. Solution-based growth and optical properties of self-assembled monocrystalline ZnO ellipsoids[J]. The Journal of Physical Chemistry B, 2006, 110(22): 10612-10618.

[41]LAUDIES R A, BALLMAN A A. Hydrothermal synthesis of zinc oxide and zinc sulfide[J]. The Journal of Physical Chemistry B, 1960, 64(5): 688-691.

[42]LIU J P, HUANG X T, LI Y Y, et al. Facile and large-scale production of ZnO/Zn-Al layered double hydroxide hierarchical heterostructures[J]. The Journal of Physical Chemistry B, 2006, 110(43): 21865-21872.

[43]张立德,解思深. 纳米材料和纳米结构——国家重大基础研究项目新进展[M]. 北京:化学工业出版社,2004.

[44]LEE C J, LEE T J, LYU S C, et al. Field emission from well-aligned zinc oxide nanowires grown at low temperature[J]. Applied Physics Letters, 2002, 81(19): 3648-3650.

[45]YANG Y H, WANG B, XU N S, et al. Field emission of one-dimensional micro-and nanostructures of zinc oxide[J]. Applied Physics Letters, 2006, 89(4): 43108.

[46]TSENG YK, HUANG C J, CHENG HM, et al. Characterization and field-emission properties of needle-like zinc oxide nanowires grown vertically on conductive zinc oxide films[J]. Advanced Functional Materials, 2003, 13(110): 811-814.

[47]LIAO L, LI J C, LIU D H, et al. Self-assembly of aligned ZnO nanoscrews: growth, configuration and field emission[J]. Applied Physics Letters, 2005, 86(8): 83106.

[48]BONARD J M, SALVETAT J P, STOCKLI T, et al. Field emission properties of multiwalled carbon nanotubes[J]. Applied Physics Letters, 1998, 73(1): 7-15.

[49]TANG Y B, CONG H T, CHEN Z G, et al. An array of Eiffel-tower-shape AlN nanotips and its field emission properties[J]. Applied Physics Letters, 2005, 86(23): 233104-233106.

3 金属基底上合成 SnO_2 纳米棒、α-Fe_2O_3 纳米管阵列和白钨矿钼酸盐薄膜

3.1 引　　言

半导体氧化物纳米结构具有特殊的光学、电学和化学性质，在纳米器件方面有潜在应用价值，已经引起了人们的广泛关注。半导体的尺寸和形貌强烈影响着它们在催化、太阳能电池、光发射二极管、生物标记等方面的应用[1-7]。作为一种稳定的宽带半导体材料，SnO_2 具有 3.6 eV 的带隙[8]，因此它在可见光区域是透明的，可以用来作为透明导电电极材料和抗反射涂层材料[9]。另外，SnO_2 被广泛用于气体传感器[10-13]、晶体管[14-16]、锂电池及太阳能电池等领域[17-25]。关于其纳米结构的合成已经有很多报道，主要的合成方法为溶胶-凝胶法、水热法、化学沉积法、磁控溅射和微波辐射等。然而，相对于纳米颗粒，关于制备一维 SnO_2 纳米结构的报道却比较少。到目前为止，SnO_2 纳米棒的合成手段主要有：微乳法[26,27]、氧化还原法[28]、热分解锡的草酸盐[29]、热蒸发[30]、激光烧蚀[31]、VLS 气相催化生长[32]和氧化锡金属[33,34]等。但是，关于直接合成 SnO_2 纳米阵列的报道迄今为止只有几篇[35-38]。并且，在关于 SnO_2 纳米棒阵列的几篇报道中，所有的都是 SnO_2 纳米棒阵列生长在玻璃、Si 片上或者 AAO 模板里面，迄今为止没有发现系统地研究 SnO_2 纳米棒阵列在金属基底上的生长过程的相关报道。Zhao[38]和 Zhang[39]等人利用 AAO 模板结合其他物理化学方法分别报道了 SnO_2 纳米棒阵列的制备，然而正如我们在第 1 章提到的一样，AAO 模板制备工艺复杂，面积小，易碎，不适合于经济地大面积合成。并且，去掉模板后得到的产物其实是局部有阵列趋势的粉体。Liu[35,36]等人报道了在高温（大于 1000 ℃）下生长 SnO_2 管状阵列的方法，但是此反应条件非常苛刻，生长的阵列也不均匀。

Vayssieres[37]等人报道了在玻璃上合成纳米棒阵列，但是没有对纳米棒直径、长径比和阵列疏密度的控制进行研究。

类似于 SnO_2，氧化铁也是一种重要的功能氧化物，在生物和工业上有着巨大的应用前景[40-42]。氧化铁有四种存在相[43]：赤铁矿（α-Fe_2O_3），β-Fe_2O_3，γ-Fe_2O_3，ξ-Fe_2O_3。磁性的 γ-Fe_2O_3 已经被广泛应用于信息存储、磁制冷、生物加工、可控药物传输和磁流体等方面。α-Fe_2O_3 则是在一般环境下最为稳定的相，其带隙为 1.9～2.2 eV（取决于结晶度和制备方法）。在有氧空位存在的情况下，α-Fe_2O_3 通常是 n 型半导体。但是，如果对其进行掺杂，由于其具有较小的带隙，α-Fe_2O_3 也可以变成 p 型半导体。α-Fe_2O_3 在光催化去污和分解水制氢[44-47]、传感器[48-50]、锂离子电池[48,49,51-52]等方面有着广泛应用，它也是制备 γ-Fe_2O_3 的极好原材料。由于其优异的物理化学性质，人们投入了大量的精力来合成 α-Fe_2O_3 的纳米结构。例如，Matijevic 等人[53]报道了通过水解 Fe^{3+} 来制备 α-Fe_2O_3 纳米颗粒；Kallay[54]和 Sugimoto[55]等人通过溶胶-凝胶法实现了对 α-Fe_2O_3 纳米粒子的尺寸和形状控制。关于一维 α-Fe_2O_3 纳米结构，如纳米棒、纳米线、纳米带、纳米管，都有过相关报道[56-60]。但是，氧化铁（包括不同相）纳米管阵列未见报道。事实上，大面积氧化铁纳米线、纳米棒和纳米带阵列的报道本身就很少[48,58,59,61-64]，合成手段主要可分为三种：(1)在氧气或者空气中在 500～800 ℃的条件下直接氧化纯铁片[59,62]；(2)真空（10^{-2}～10^{-3}大气压）裂解 β-FeOOH 纳米线[58,63]；(3)以 Fe_3O_4 粉末作为靶材，利用脉冲激光沉积生长[56-60]。利用 AAO 模板[48]得到的氧化铁也由于合成手段的极大局限性而没有得到推广应用。

在本章中，首先实现 SnO_2 纳米棒阵列在 Fe-Co-Ni 合金、Ni 片上的水热合成，讨论一维生长机理。通过改变前驱液中反应物（$SnCl_4 \cdot 5H_2O$ 和 NaOH）的量，可以有效调节生成的纳米棒的直径、长径比以及纳米棒阵列的疏密度，从而为研究阵列的结构特征与实际装置应用性能的关系提供了条件。其次，我们将以第 2 章合成的 ZnO 纳米针阵列为模板，利用室温浸泡法结合退火处理大面积制备均匀 α-Fe_2O_3 顶端封闭的多孔纳米管阵列，并对阵列生长的关键因素进行了研究。再次，将浸泡后的阵列在氢气的气氛中退火，还可以得到形貌和尺寸相当的 Fe_3O_4 纳米管阵列。最后，我们成功地在金属衬底上实现了铁的氧化物纳米管合成，为第 5 章研究 α-Fe_2O_3 的锂电池应用奠定了基础。

3.2 实验部分

3.2.1 试剂和仪器

四氯化锡($SnCl_4 \cdot 5H_2O$,纯度≥99.0%,国药集团化学试剂有限公司);硝酸铁[$Fe(NO_3)_3 \cdot 9H_2O$,纯度 98.5%,天津市福晨化学试剂厂];氢氧化钠(NaOH 分析纯,武汉联碱厂);Fe-Co-Ni 合金片(厚度 0.15 mm,纯度>99.5%)、Ni 片(0.25 mm,纯度 99%);无水乙醇(含量≥99.7%);蒸馏水。

DF-101S 集成式恒温加热磁力搅拌器(上海东玺制冷仪器设备有限公司);超声清洗器(KQ-250B 型超声清洗器,昆山市超声仪器有限公司)。

样品测试仪器:Y-2000 型 X 射线衍射仪(XRD,Cu Kα 辐射;λ=1.5418 Å),管电压和管电流分别为 30 kV 和 20 mA。场发射扫描电子显微镜(SEM,JSM-6700F;5 kV);透射电子显微镜(TEM 和 HRTEM,JEM-2010FEF;200 kV,附带 X 射线能谱 EDS 和电子能量损失谱 EELS 分析);拉曼光谱(Witech CRM200, 532 nm);氮气吸附-脱附曲线和比表面积测试仪(Micromeritics Tristar 3000,77.35 K)。

3.2.2 制备 SnO_2 纳米棒阵列

在金属基底上制备 SnO_2 纳米棒阵列的典型实验过程如下:首先,将 1.753 g $SnCl_4 \cdot 5H_2O$ 和 3.000 g NaOH 依次加入并溶解在一个装有 50 mL蒸馏水的烧杯里。经 20 min 磁力搅拌后,可以得到透明的 $Sn(OH)_6^{2-}$ 溶液。将此溶液直接转入 80 mL 容积的聚四氟乙烯内胆的高压釜里面,同时将一片 Fe-Co-Ni 合金紧靠着釜壁置入(合金的背面用胶布黏上,阻止 SnO_2 在此面生长)。拧紧高压釜,让其在 200 ℃的油浴下反应 24 h,并在整个过程中保持轻微的磁力搅拌。反应完毕后,自然冷却至室温。取出合金片,用酒精和蒸馏水清洗数次,最后在烘箱中用 60 ℃烘干。通过改变前驱溶液的碱度和反应物浓度,可以得到不同结构的 SnO_2 纳米棒阵列。其他四个样品的制备过程同上,具体配方如下:样品1,3.5 g

$SnCl_4 \cdot 5H_2O$ 和 1.5 g NaOH；样品 2，3.5 g $SnCl_4 \cdot 5H_2O$ 和 3.0 g NaOH；样品 3，3.5 g $SnCl_4 \cdot 5H_2O$ 和 6.0 g NaOH；样品 4，1.17 g $SnCl_4 \cdot 5H_2O$和 2.0 g NaOH。

在 Ni 片上合成 SnO_2 纳米棒阵列的过程也完全同上。

3.2.3 制备 α-Fe_2O_3 纳米管阵列

ZnO 纳米针阵列的制备见第 2 章。首先，将一定量的(0.12 g 或 0.27 g) $Fe(NO_3)_3 \cdot 9H_2O$ 溶于 50 mL 蒸馏水中配成溶液。其次，将 Fe-Co-Ni 合金上生长的 ZnO 阵列静置于该溶液中，室温下保持 10 h。最后，将浸泡后的基片取出，在空气中干燥后，进一步置于管式炉中，在 450 ℃氩气中退火5 h，即可得到 α-Fe_2O_3 纳米管阵列。另外，将浸泡后的基片在 450 ℃氢气中退火 5 h 可以得到 Fe_3O_4 纳米管阵列。

3.3 实验结果与讨论

3.3.1 SnO_2 纳米棒阵列的结构和成分分析

典型的 SnO_2 纳米棒阵列是在 Fe-Co-Ni 基底上生长的。在碱性条件下水热后，金属基底的光泽完全消失，基片上生长了一层厚厚的氧化物薄膜。图 3-1(a)是在一个大约 40 cm^2 大的基片上生长的阵列薄膜的光学照片，可以看到所得到的薄膜宏观上很均匀(实验条件：1.753 g $SnCl_4 \cdot 5H_2O$ 和 3.000 g NaOH)。更重要的是，长满阵列的基片在高度弯曲的情况下不会发生薄膜的脱落或松散，意味着阵列与基底间有着良好的机械接触；同时这种阵列有着高度的柔软性，在柔软型电子器件应用方面有诱人的前景。图 3-1(b)和(c)分别是 SnO_2 阵列的顶部和倾斜的 SEM 照片，从图中可以看到，有序阵列生长得非常均匀。从单个的纳米棒放大图[图 3-1(b)插图]中可以观察到纳米棒正方形的横截面。图 3-1(d)是 SnO_2 纳米棒阵列大面积的截面照片，插图是截面照片的放大图，阵列结构清晰可见。结合图 3-1(b)和(d)，得出纳米棒的直径和长度分别为 60 nm和 670 nm。图 3-1(e)是纳米棒阵列的 XRD 结果，除了来自合金基底的几个峰(标记* 的)外，其余的衍射峰都可以准确地标定为金红石结构

的 SnO_2(JCPDS 卡号:41-1445)。如同在金属基底上生长 ZnO 纳米棒阵列一样,SnO_2 纳米棒阵列也可以有效地在其他金属基底(如 Ni 片、Ti 片)上生长。许多重复实验的结果表明,在相同的反应条件下,在溶液中放置不同的金属基底,均能够得到结构完全类似的阵列。在图 3-1(e)中我们也给出了生长在 Ni 片上的 SnO_2 纳米棒阵列的 XRD 结果。经实验发现,不管用什么金属基底生长阵列,在所得到的 XRD 结果中,(002)峰与(110)峰的强度比值相对于标准谱图的结果,都是明显增强的。这是由于纳米棒是垂直于基底取向生长的。

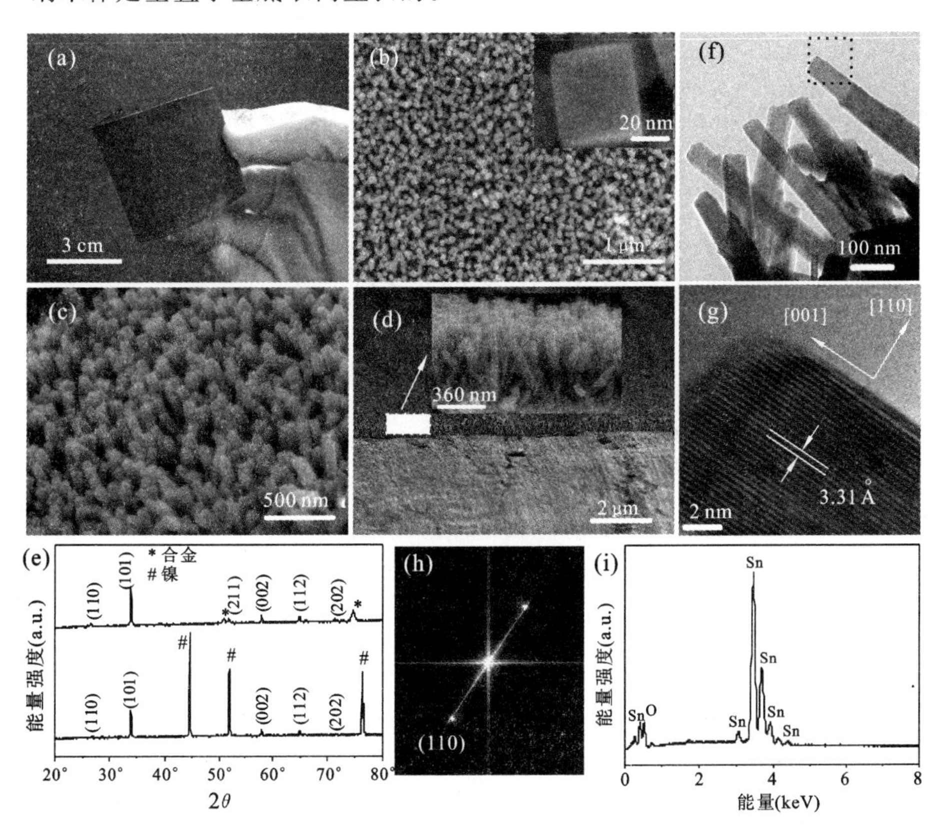

图 3-1 SnO_2 纳米棒阵列的结构和成分分析

(a)大面积 SnO_2 纳米棒阵列的光学照片;(b)、(c)阵列的顶部和倾斜的 SEM 照片;
(d)阵列的横截面 SEM 照片;(e)合金(上)和镍(下)基底上纳米棒阵列的 XRD 结果;
(f)、(g)低倍和高倍 TEM 照片;(h)高倍照片的傅里叶变换;(i)样品的 EDS 结果

进一步利用透射电镜对 SnO_2 纳米棒的晶体结构进行表征。图 3-1(f)为几根纳米棒的低倍 TEM 照片。TEM 所观察到的纳米棒的直径与 SEM 相符合。高倍 TEM(HRTEM)结果显示纳米棒均为单晶结构。观察到的晶面间距为 3.31 Å,与 SnO_2(110)面间距相符合,由此可以判断纳米棒的生长方向为[001],并且纳米棒{110}四个面暴露在外。图 3-1(h)是与 HRTEM 对应的傅里叶变换图案。图 3-1(i)是纳米棒的 EDS 元素分析结果,可以看到纳米棒由 Sn 和 O 两种元素组成,两元素的原子比近似为0.34∶0.66,在误差范围内与标准化学剂量比相符合。

3.3.2 SnO_2 纳米棒阵列的生长机制

SnO_2 纳米棒阵列的形成同样经历了异相成核和生长的过程。从图 3-1(d)放大的截面底部也可以观察到很薄一层颗粒膜,这说明了 SnO_2 的生长与第 2 章报道的 ZnO[65] 的生长类似。这些薄层膜将作为纳米棒生长的种晶,在早期的生长过程中原位出现在金属基片上。在我们的实验体系下,四氯化锡和氢氧化钠反应首先得到的是澄清的 $Sn(OH)_6^{2-}$,正如实验过程所观察到的一样。之后,在 200 ℃的水热环境下,$Sn(OH)_6^{2-}$ 逐渐分解,释放大量自由的 OH^- 和水分子[22]。在有纳米级粗糙度的金属表面上缓慢成核,从热力学和动力学的角度考虑,成核过程将会促使 SnO_2 沿着 c 轴方向高度取向生长,形成阵列。关于 SnO_2 的 c 轴生长机理,可以从其晶体结构出发来分析[37]。从晶体学的角度看,SnO_2 属于点群 $4/mmm$和空间群 $P4_2/mnm(D_{4h}^{14})$,其中锡原子和氧原子分别位于 $2a$ 和 $4f$ 的位置。SnO_2 晶胞包含两个锡原子和四个氧原子。每个锡原子位于六个氧原子中间,形成一个规则的八面体结构。每个氧原子被三个锡原子包围着,形成了一个等边三角形。SnO_2 典型的晶格参数为:$a=4.737$ Å,$c=3.186$ Å,$a:c=1:0.672$。晶体结构分析显示(110)面为表面能最低的晶面,因此热力学上最为稳定。不同晶面的表面能顺序如下:(110)<(100)<(101)<(001)。正是(001)晶面高的表面能和低的原子堆积密度,使得 SnO_2 晶体容易长成 c 轴拉长的棱柱状,并且最为

稳定的(110)晶面容易暴露，使得棒状晶体的横截面为正方形[35,36]，如图 3-2所示。

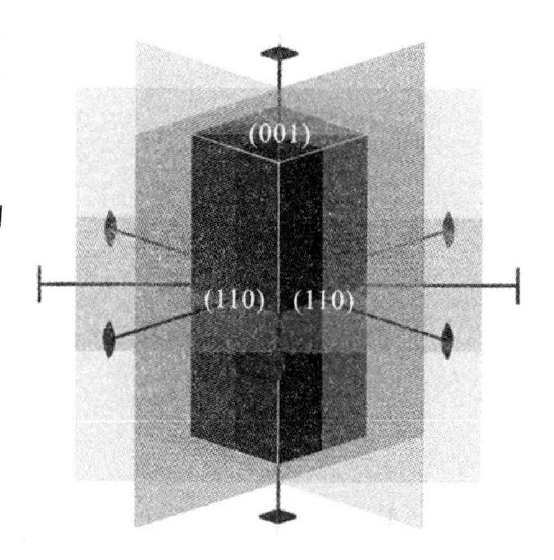

图 3-2 基于晶体结构对称性和表面能考虑得到的 SnO_2 纳米棒生长行为

3.3.3 SnO_2 纳米棒阵列的结构参数控制

经实验发现，通过改变前驱溶液的碱度和反应物浓度，SnO_2 纳米棒的直径、长度、阵列的疏密度都可以得到有效的控制。另外，四个典型的实验条件下得到的阵列被分别命名，具体的实验配方见本章实验部分。图 3-3(a)和(b)分别为样品 1 的低倍和高倍 SEM 照片；图 3-3(c)和(d)分别为样品 2 的低倍和高倍 SEM 照片；图 3-3(e)和(f)分别为样品 3 的低倍和高倍 SEM 照片；图 3-3(g)和(h)分别为样品 4 的低倍和高倍 SEM 照片。另外，图 3-4(a)～图 3-4(d)分别是样品 1～样品 4 的横截面 SEM 照片。可以看到，样品 1～样品 4 中纳米棒的平均直径和长度分别为 105 nm、190 nm，110 nm、590 nm，130 nm、1.1 μm，20 nm、220 nm。综合地看，样品 3 和样品 4 中纳米棒具有较大的长径比，并且对应的阵列比样品 1 和样品 2 的都生长得稀疏，尤其是样品 4 具有最大的纳米棒长径比和稀疏度。从以上电镜结果结合制备条件不难得出，在 Sn^{4+} 浓度一定的情况下，增加 NaOH 的用量能够加快 SnO_2 纳米棒沿着 c 轴的异向生长，而棒直径的变化不是很明显，因此最终得到较大长径比的纳米棒。另一方面，当 Sn^{4+} 和 NaOH 物质的量之比保持不变，增加前驱溶液浓度，将导致成核浓度和 OH^- 浓度增大，所以一般情况下就会使得生长的纳米棒同时具有较大的直径和长度。以上生长规律与以前报道的控制生长粉末状的 SnO_2 纳米棒有诸多类似之处[26]。

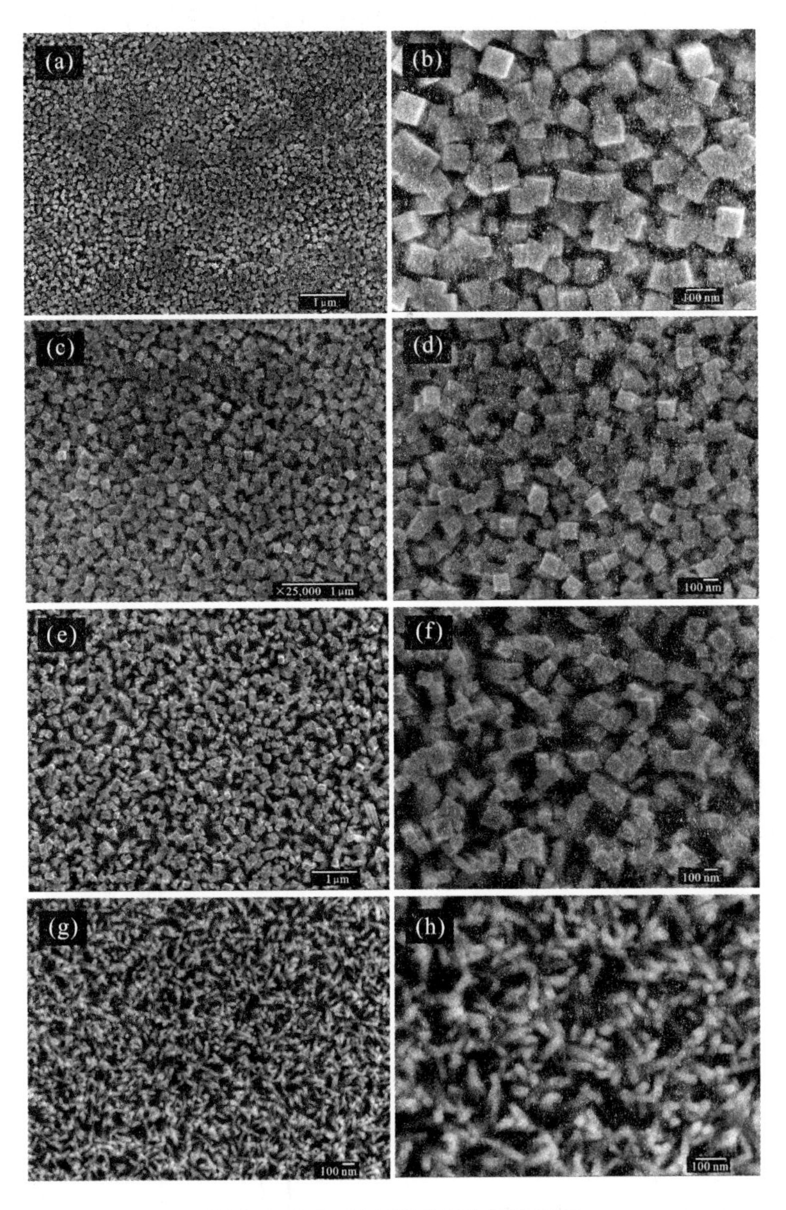

图 3-3　SnO_2 纳米棒阵列的结构形貌

(a)、(b)样品 1 的低倍和高倍 SEM 图片;(c)、(d)样品 2 的低倍和高倍 SEM 图片;(e)、(f)样品 3 的低倍和高倍 SEM 图片;(g)、(h)样品 4 的低倍和高倍 SEM 图片

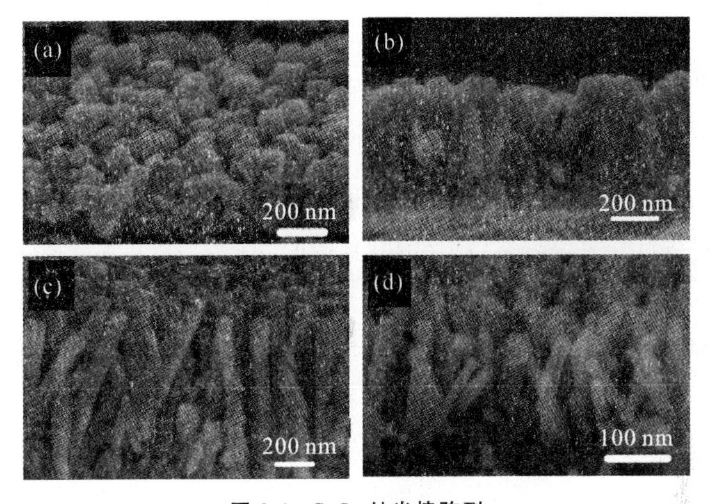

图 3-4 SnO_2 纳米棒阵列

(a)～(d)样品 1～样品 4 阵列的横截面 SEM 照片

3.3.4 α-Fe_2O_3 纳米管阵列的结构、成分分析以及生长机理

图 3-5(a)和(b)是 ZnO 阵列模板在含有 0.27 g $Fe(NO_3)_3 \cdot 9H_2O$ 的溶液中经室温浸泡并退火处理后得到的 α-Fe_2O_3 纳米管阵列的低倍和高倍 SEM 照片。所得到的棒状阵列犹如 ZnO 阵列一般非常均匀整齐，棒的平均直径增加到约 260 nm。图 3-5(c)是单根纳米棒的 SEM 照片，从中可以清楚地看到纳米棒实际上是由很多尺寸小于 10 nm 的颗粒聚集而成的，这与后面的 TEM 观察结果相符。图 3-5(d)是典型的阵列倾斜 SEM 照片。这种均匀有序的棒状阵列的成分可以通过拉曼光谱和元素分析来确定，其中拉曼光谱如图 3-6 所示。可以观察到位于 224 cm^{-1}、292 cm^{-1}、409 cm^{-1}、499 cm^{-1}、612 cm^{-1} 和 1315 cm^{-1} 处几个明显的峰位。此结果与以往报道的晶体 α-Fe_2O_3 纳米结构完全吻合[66]。元素分析证明此纳米棒仅含 Fe 和 O 两种元素，因此，在最后得到的阵列中 ZnO 已经不再存在。为了进一步研究 α-Fe_2O_3 纳米棒的结构，我们对样品进行了 TEM 分析，其结果见图 3-7。非常有趣的是，从 SEM 照片中所观察到的纳米棒实际上是顶端封闭的纳米管，管壁的厚度为 50～100 nm。数根纳米管的电子衍射结果显示了纳米管是由诸多单晶纳米颗粒组成的多晶结构。另外，TEM 结果还说明此纳米管是多孔的，孔来源于无数小晶粒之间的间隙。

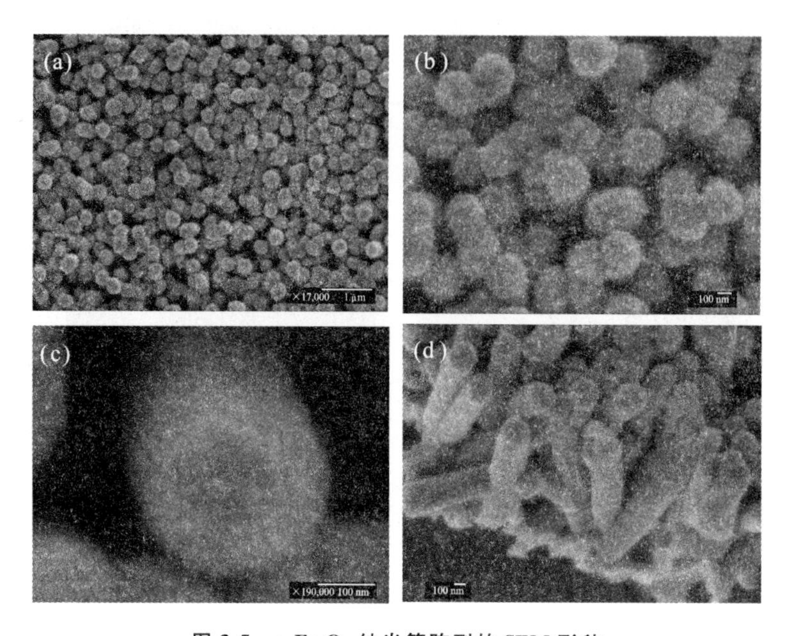

图 3-5 α-Fe_2O_3 纳米管阵列的 SEM 形貌

(a)、(b)α-Fe_2O_3 纳米管阵列的低倍和高倍 SEM 照片；
(c)单根纳米管的 SEM 照片；(d)阵列的倾斜 SEM 照片

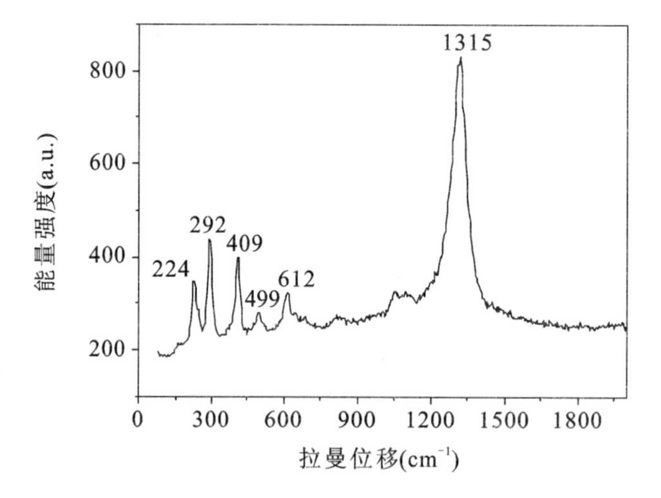

图 3-6 α-Fe_2O_3 纳米管阵列的拉曼光谱

α-Fe_2O_3 纳米管阵列的形成主要是依靠 ZnO 阵列的模板作用。原位生长管状阵列的过程分析如下：由于硝酸铁在水溶液中会发生水解，生成

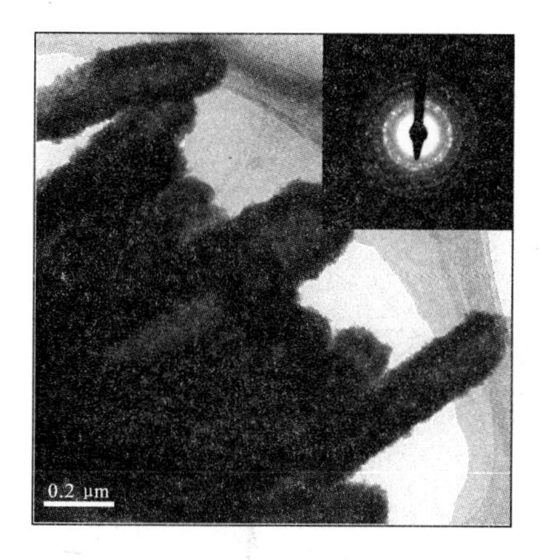

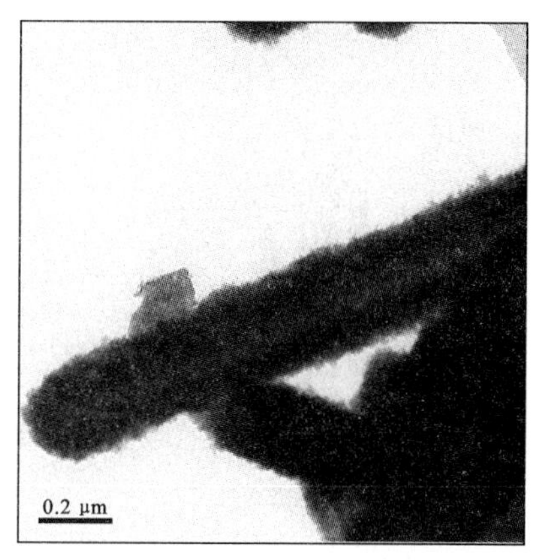

图 3-7　α-Fe_2O_3 纳米管的 TEM 照片

铁的氢氧化物沉淀，所以当生长在 Fe-Co-Ni 合金基底上的 ZnO 阵列浸渍在硝酸铁水溶液中时，每根 ZnO 纳米棒都会充当微小的衬底供铁的氢氧化物依附；与此同时，由于硝酸铁水解会产生 H^+，当铁的氢氧化物附着在 ZnO 上之后，内部的 ZnO 模板将被 H^+ 所消耗，这种消耗也会加快硝酸铁的水解，使得铁的氢氧化物能够很快地依附成形。因此，充分反应后 ZnO 被完全消耗，得到的产物在 450 ℃氩气中退火足够长时间，铁的氢氧化物分解变成 α-Fe_2O_3 并同时成核，最后形成了顶端封闭的多孔纳米管阵列。形成过程如图 3-8 所示，我们称这种原位生长 α-Fe_2O_3 纳米管阵列的方法为“牺牲模板加速水解法”。我们提出的这种方法可以有效地将铁的氧化物纳米结构阵列转移到金属基底上面，解决了直接合成的困难。值得一提的是，我们所用的模板(ZnO 阵列)可以在 α-Fe_2O_3 生长的过程中原位去除，不需要后续的处理，这也是与一般模板法(如利用 AAO 模板[48])所不同的。

通过进一步实验发现，改变前驱溶液中硝酸铁的含量可以改变纳米管阵列的形貌。一个典型的对比实验为：当前驱溶液中硝酸铁的含量为 0.12 g 时，得到的阵列结构如图 3-9 所示。主要的区别在于组成纳米管的单元不再是颗粒，而是非常薄的小片(见图 3-9 中的插图)。但阵列依然规则有序。

另外，需要指出的是，即使我们使用的模板不是规则的 ZnO 阵列，或者不是阵列而是随机的 ZnO 纳米结构薄膜，以上的浸泡法依然适用，同样可以得到与模板几何结构类似的 α-Fe_2O_3 纳米结构薄膜。图 3-10(a)是以

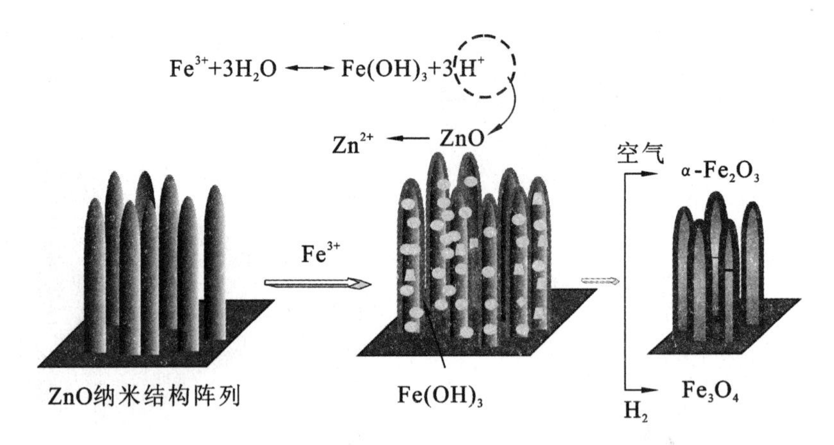

图 3-8 α-Fe_2O_3(Fe_3O_4)纳米管阵列的形成机理

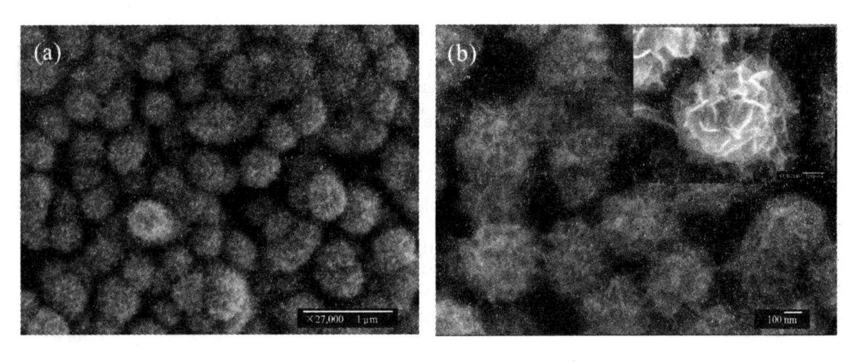

图 3-9 前驱体为 0.12 g $Fe(NO_3)_3 \cdot 9H_2O$ 时得到的 α-Fe_2O_3 纳米管阵列的 SEM 照片

取向较差的 ZnO 阵列为模板制得的 α-Fe_2O_3 纳米管薄膜。图 3-10(b)～图 3-10(d)则是以随机稀疏的 ZnO 纳米棒薄膜为模板得到的 α-Fe_2O_3 结构薄膜。可见,大多数所得到的氧化铁依然为顶端封闭的管状结构。综上所述,首先,我们可以根据实际应用的需要,选择适当结构的 ZnO 薄膜为模板来合成特定结构参数和形貌的、生长在金属基底上的 α-Fe_2O_3 薄膜。其次,利用不同金属基底上生长的 ZnO 为模板,可以将 α-Fe_2O_3 纳米管转移到不同金属基底上(不作详细讨论)。

再次,我们发现,将浸泡后的样品在氢气的还原气氛中退火,则可以得到与 α-Fe_2O_3 形貌相似的顶端封闭的 Fe_3O_4 纳米管阵列,其典型的 XRD 谱图见图 3-11。可以看到,除了两个峰来自合金基底外,其他三个衍射峰分别与 Fe_3O_4 的(220)、(311)和(400)对应(JCPDS 卡号:65-3107)。

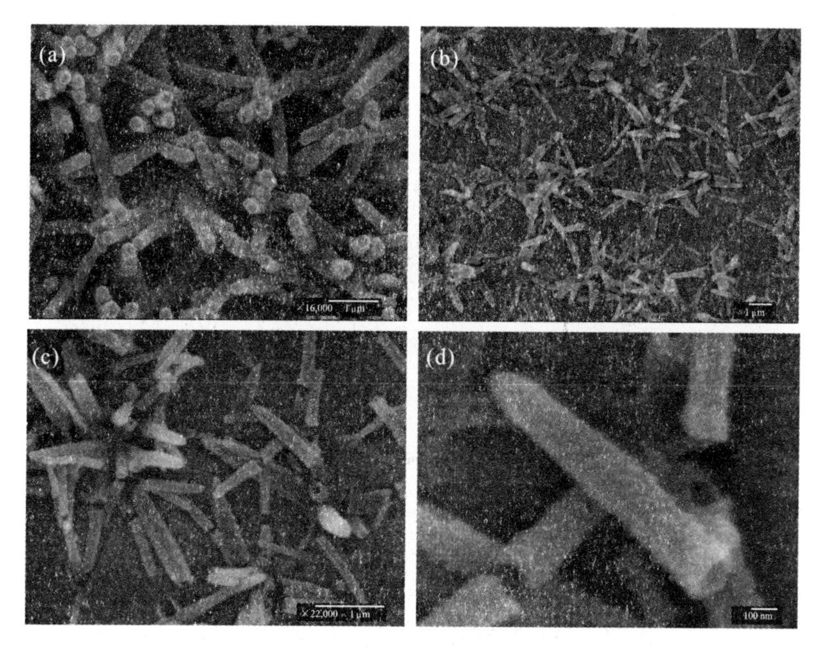

图 3-10 用模板法制备得到的 α-Fe_2O_3 纳米管薄膜

(a)以取向较差的 ZnO 阵列为模板制得的 α-Fe_2O_3 纳米管薄膜；

(b)～(d)以随机稀疏的 ZnO 纳米棒薄膜为模板得到的 α-Fe_2O_3 结构薄膜

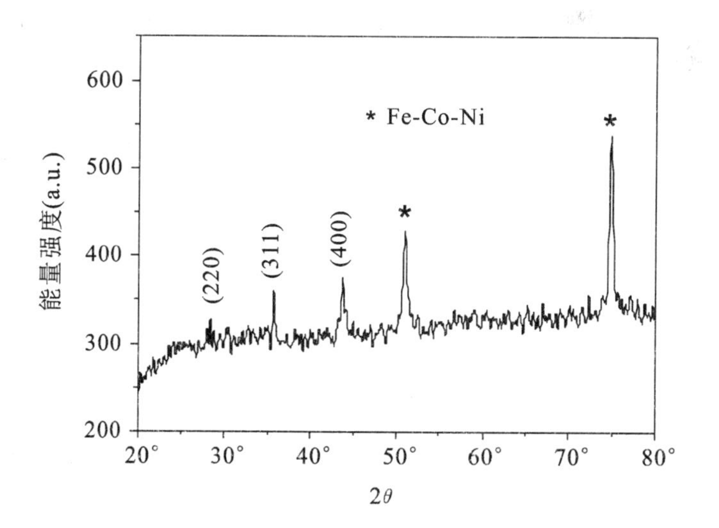

图 3-11 Fe_3O_4 纳米管阵列的 XRD 结果

3.4 多元氧化物薄膜在金属基底上的合成

在第2章和本章的前面我们依次讨论了ZnO一维、二维纳米结构，SnO_2纳米棒和α-Fe_2O_3(Fe_3O_4)纳米管阵列在不同的金属基底(如Fe-Co-Ni合金、Ti片、Ni片)上的低温制备。这些材料都是二元氧化物，作为在金属基底上合成纳米结构薄膜/阵列的一个重要延伸，我们接下来讨论在金属基底上制备多元氧化物薄膜的一个例子：在Al片和Ti片上合成白钨矿金属钼酸盐$XMoO_4$(X=Ca、Sr、Ba)复杂分层次纳米片薄膜。此工作证明了复杂氧化物纳米结构薄膜在金属衬底上直接制备的可行性。下一章，我们将讨论一种二元氧化物/三元氧化物复合结构($ZnO/ZnAl_2O_4$)的薄膜制备。

金属钼酸盐是矿物材料中一个重要的组成部分，在发光材料、光学纤维、湿敏传感器、磁性材料、离子导体和催化剂等领域有着广泛的应用[67-73]。二价阳离子半径相对较大的金属钼酸盐，如$CaMoO_4$、$SrMoO_4$和$BaMoO_4$都是以白钨矿结构存在[71]，这些现象引起了化学家浓厚的兴趣[72-79]。已经报道过的制备钼酸盐的方法主要有Czochralski晶体生长法[72]、燃烧法[74]、电化学沉积法[73]和水热法[75-78]，但是这些方法成本高、耗能大。作为另一种选择，液相溶液法所需的反应温度更低，易于规模化，用来制备白钨矿结构材料效果更佳[80-84]。利用此法，人们通过缩氨酸-诱导沉淀制备了晶体$CaMoO_4$微米颗粒[82]；利用微乳液合成了$CaMoO_4$花状介晶[83]。$BaMoO_4$纳米带和羽毛状结构也在阴阳离子反相微乳液中被成功合成[84]。在所有这些报道中，有机聚合物都被用来辅助控制钼酸盐的结构。与其他重要矿物材料(如金属钨酸盐和碳酸钙)相比，简单的无聚合物辅助制备的金属钼酸盐的分层次结构未见报道。然而，钼酸盐有序新型薄膜的合成在理论基础和技术应用方面都有重要的意义。

本节中，我们用一种常用的低温液相法制备一系列白钨矿钼酸盐($SrMoO_4$、$CaMoO_4$、$BaMoO_4$)结构有序薄膜。得到的钼酸盐薄膜是由多层纳米片相互交错组合而成的，具有很好的结构层次性。最后，我们对薄膜的光致发光性质进行了测试和讨论。

3.4.1 钼酸盐薄膜的制备与表征

所有的实验药品都为分析纯并购自上海化学试剂有限公司，使用前无须纯化。典型实验过程如下：将经过酒精和水超声预处理的 Al 片（$30\times30\times0.15$ mm^3，纯度$>99.0\%$）悬在 150 mL 含有 0.001 mol $(NH_4)_6Mo_7O_{24}$和0.007 mol $Sr(NO_3)_2$［或者 $Ba(NO_3)_2$、$CaCl_2$］的溶液中，然后将溶液密封，轻微搅拌，使其在 50 ℃下反应 24 h。钼酸盐在 Ti 片上的生长过程类似，直接将 Al 片换成 Ti 片即可。

使用下列仪器对样品进行表征：Y-2000 型 X 射线衍射仪（XRD，α 辐射；$\lambda=1.5418$ Å），管电压和管电流分别为 30 kV 和 20 mA。场发射扫描电子显微镜（SEM，JSM-6700F；5 kV，带有 EDS 能谱分析）；透射电子显微镜（TEM 和 HRTEM，JEM-2010FEF；200 kV）；NICOLET NEXUS470 红外光谱仪；JY-Labram 分光计（He-Cd 激光器，光斑 2 μm，激发波长 325nm）。

3.4.2 结果与讨论

在 150 mL 溶液中温和反应 24 h 后，可以在 Al 片上观察到大面积有序钼酸盐分层次结构［图 3-12(a)］。$SrMoO_4$ 多层纳米片相互交联形成有序薄膜并与金属基片垂直。多层片的平均厚度大约为 620 nm，有着自然弯曲的边沿。在图 3-12(b)的放大照片中可以看到，多层片之间交错紧密（见圆圈处），同时，单层片的厚度为 25～30 nm；单层片之间也不是平行排列的，而是互相啮合，形成诸多“X”状图案。这些相互交联的多层片结构与珠母贝分层次结构和层状磷酸钙结构非常相似[85,86]。后来，我们用 $CaCl_2$ 或者$Ba(NO_3)_2$替代 $Sr(NO_3)_2$ 进行实验，分别得到了 $CaMoO_4$ 和 $BaMoO_4$ 的多层片薄膜［图 3-12(c)和(d)］，它们的结构与 $SrMoO_4$ 薄膜结构非常类似。图 3-13(a)和(b)显示的是 $SrMoO_4$ 薄膜的 XRD（JCPDS 卡号：85-0809）和 EDS 元素分析结果，证明了白钨矿的 $SrMoO_4$ 结构。图 3-13(c)和(d)分别给出了 $CaMoO_4$ 和 $BaMoO_4$ 薄膜的 XRD，证实了薄膜的成分；所有 Al 的峰都来源于基片。此外，图 3-14 红外光谱（FTIR）分析也

证明了 MoO_4^{2-} 中Mo—O伸展振动模式[$F_2(\nu_3)$反对称伸展振动]的存在。

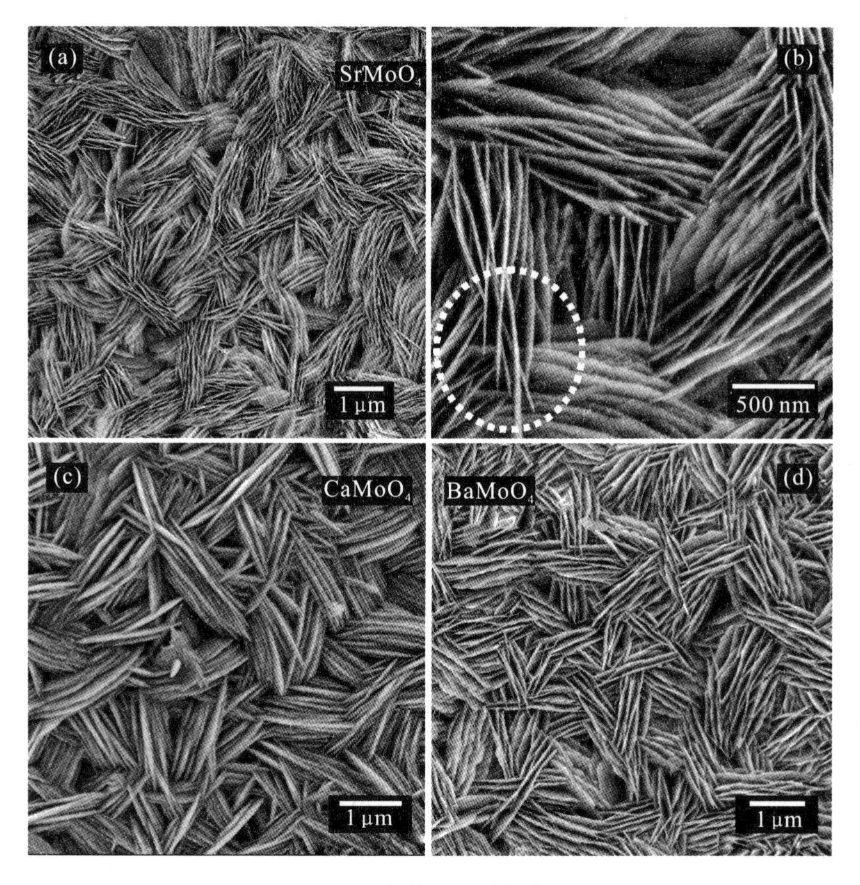

图 3-12　制备的钼酸盐薄膜形貌

(a)、(b)$SrMoO_4$ 薄膜的 SEM 照片；(c)、(d)$CaMoO_4$ 和 $BaMoO_4$ 薄膜的 SEM 照片

钼酸盐多层片薄膜在 Al 片上的形成经历异相成核和生长的过程。我们能够在同样体系下合成一系列白钨矿钼酸盐，说明了实验方法的普适性。有趣的是，实验发现白钨矿钼酸盐的多层片厚度可以通过调节反应液的体积(反应物绝对质量不变)来控制。我们以 $SrMoO_4$ 为例来说明这个问题，图 3-15(a)～图 3-15(c)是不同反应液体积下得到的分层次薄膜的 SEM 照片。当溶液的体积为 200 mL 时，多层片的厚度减小到大约 425 nm，薄膜变得更为柔软。但是，当溶液的体积减小到 100 mL 时，生成

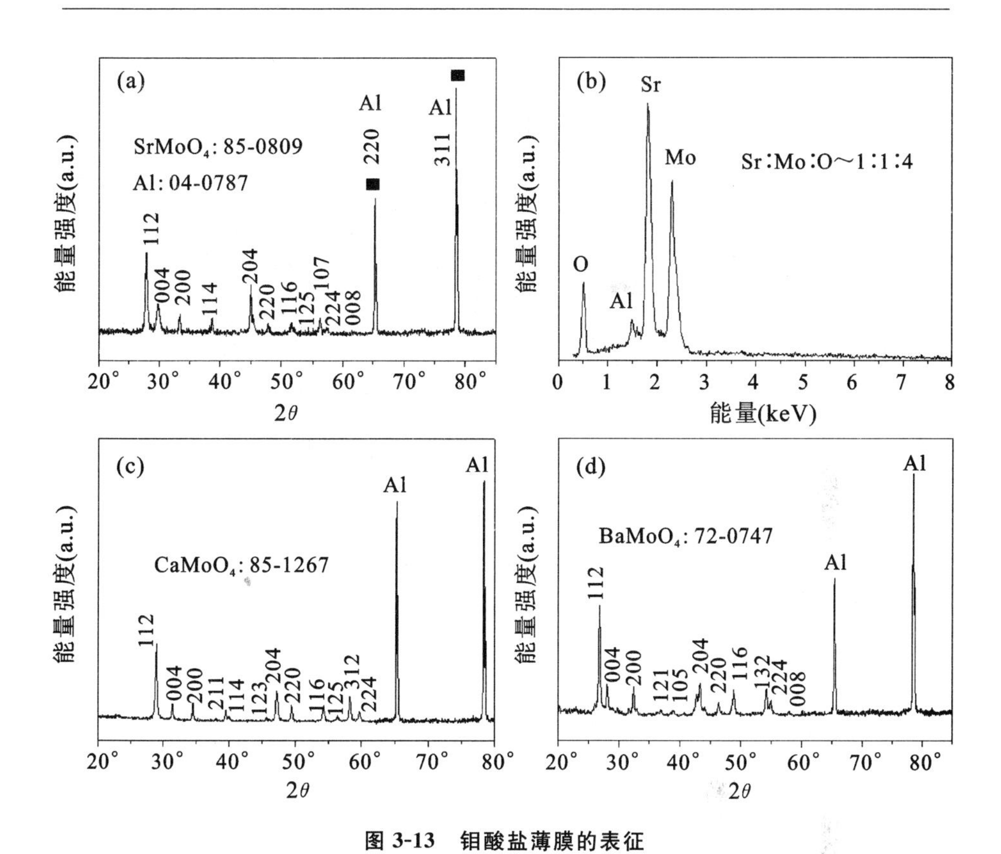

图 3-13 钼酸盐薄膜的表征

(a)$SrMoO_4$ 薄膜的 XRD;(b)$SrMoO_4$ 薄膜的 EDS;(c)$CaMoO_4$ 薄膜的 XRD;(d)$BaMoO_4$ 薄膜的 XRD

了厚度大约为1.45 μm的多层纳米片相互交联形成的薄膜;当体积进一步减小到 50 mL 时,多层结构变成了球状,平均尺寸大约为 1.82 μm。综合地讲,较小的溶液体积有益于形成较厚的多层片结构,其生长动力学数据见图 3-15(d)。

为了研究 $SrMoO_4$ 分层次结构薄膜的进化过程,我们对早期反应产物的形貌进行了 SEM 观察。图 3-16(a)～图 3-16(c)所示的是在 150 mL 溶液体积下反应 8 h 得到的薄膜的 SEM 照片。可见早期的多层片很稀少地附在 Al 基底表面,并且纳米片的平均厚度较 24 h 反应后的要薄。同时,我们还可以看到垂直于基底的多层片与基底之间存在很多平躺着的多层片[图 3-16(b)]。竖直的多层片实际上是“站”在平躺着的多层片上

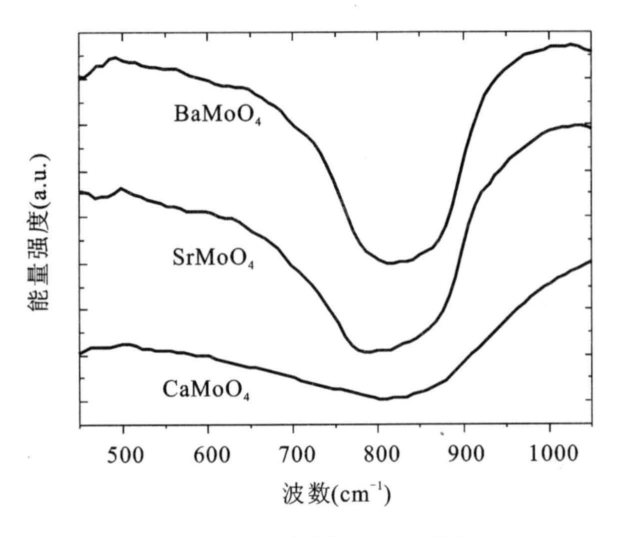

图 3-14　三种薄膜的 FTIR 光谱

注：对于 $CaMoO_4$、$SrMoO_4$ 和 $BaMoO_4$，观察到的峰位分别在 824 cm^{-1}、800 cm^{-1}和 821 cm^{-1}附近；阳离子的大小对于振动峰的位置有一定影响

面的，而不是直接长在基底上。图 3-16(c)放大的 SEM 图片显示平躺着的多层片也是由很多细小鳞片组成的，与竖直的多层片类似。这些鳞片的大小范围为几十纳米到 100 nm。此特征可以进一步通过 TEM 照片反映出，见图 3-16(d)。图 3-16(d)插图中单个多层纳米片的 SAED 结果说明了 $SrMoO_4$ 的四角相单晶结构(白钨矿)，同时也暗示着每层纳米片都是由小鳞片取向连接而成，进一步可以得出多层片的二维面为(002)。单个小鳞片的 HRTEM 结果在图 3-16(e)和(f)中给出，可以观察到的晶面间距为 2.7 Å，对应于 $SrMoO_4$ 晶体的(200)面。在图 3-16(a)中，我们可以找出四类未发育完全的多层片结构，它们的放大照片见图 3-17(a)～图 3-17(d)。从这些照片中可以想象分层次薄膜的生长是从单个多层片到少数多层片聚集再到高密度相互交联多层片的过程。

基于上述实验结果，我们认为分层次结构薄膜的形成可以细分为如下几个步骤：(1)无数细小的鳞片组成单层的纳米片；(2)单层片不断组装变成平躺的或者竖直的多层片；(3)这些多层片相互作用最终形成具有高复杂性和层次性的薄膜。取向连接和紧接着的晶化过程在第一步组装中

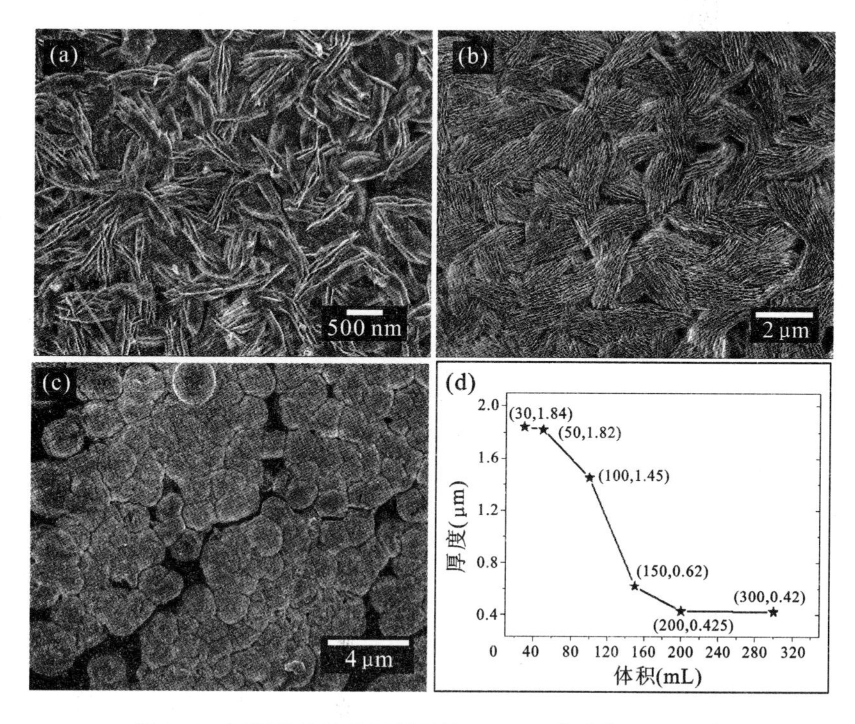

图 3-15 不同溶液体积下得到的 $SrMoO_4$ 薄膜的 SEM 照片

(a)溶液体积为 200 mL;(b)溶液体积为 100 mL;

(c)溶液体积为 50 mL;(d)多层片厚度随着反应液体积的变化曲线

起着最重要的作用,小鳞片在层平面的聚集可以有效地降低体系自由能。人们已经发现这种机制可以用来解释很多由纳米结构单元构成的复杂的纳米/微米体系[77,78,87-89]。至于多层片结构的形成,连续的堆积是根本的原因,类似于很多生物矿化过程[90]。多层片的厚度可以由反应时间来控制的事实也说明了这种"连续堆积"的合理性。另外,多层片的厚度还可以通过调节反应溶液体积(反应物浓度)来决定,因为不同浓度下的组装驱动力是不同的。在高浓度的溶液中,由于短时间内达到超饱和,早期生成的小鳞片的量会更多,导致组装成的单层片增多,最终形成厚的多层片薄膜。以前的研究表明[85,86,90],分层次结构的产生一般源于特殊的晶体-有机物相互作用和扩散。然而,我们的实验中并没涉及有机物。因此,我们认为无机物本身的晶体结构特征和细致的相互作用是形成分层次结构

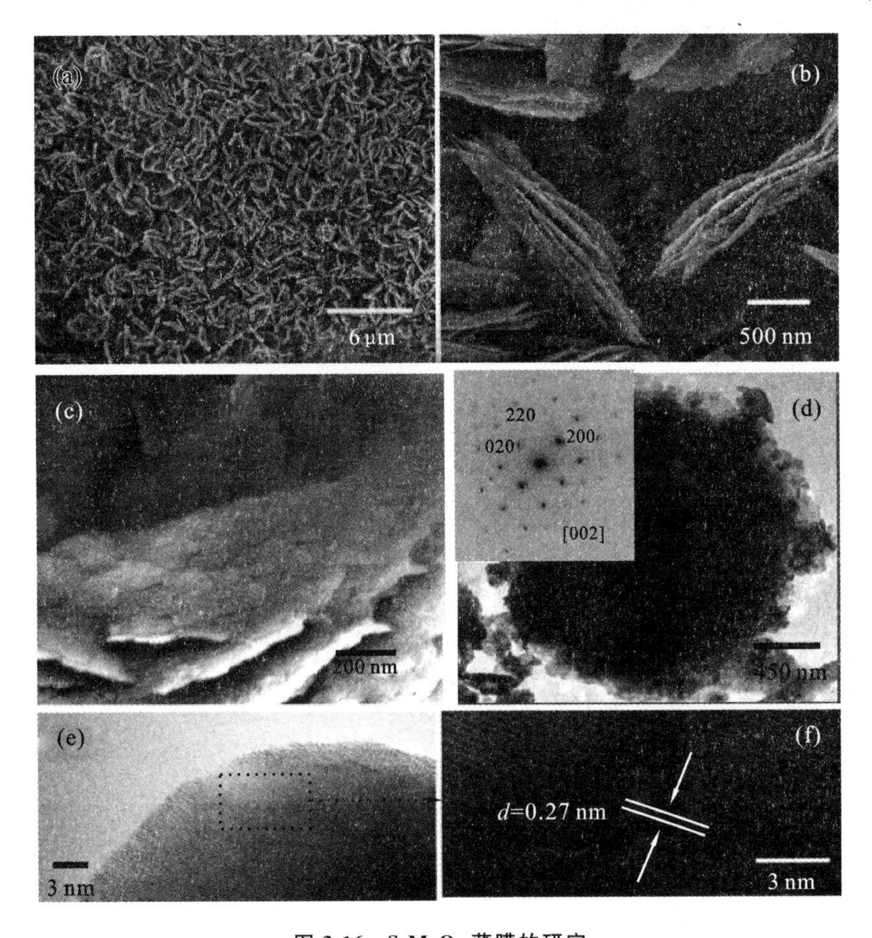

图 3-16 $SrMoO_4$ 薄膜的研究

(a)～(c)在 150 mL 溶液体积下反应 8 h 得到的薄膜的 SEM 照片；
(d)单个多层片的 TEM 照片，插图为对应的 SAED；(e)、(f)单个鳞片的 HRTEM 照片

的根本因素。目前，尽管形成有序相互交联的多层纳米片薄膜的机理还不是很清楚，但是我们必须强调金属基底对于形成有序薄膜的重要性。基底的存在至少可以限制组装在二维平面内进行。无 Al 基底的情况下，同相成核得到的粉末是由分散的或者无序聚集的多层片组成的，见图 3-17(e)。另外，经实验发现，当用玻璃、硅片和聚合物基底来代替金属 Al 片时，同样的条件下得到的都是很稀疏的多层片结构，无法形成致密的薄膜；工业上的 Fe-Co-Ni 合金基底由于明显的副反应，也不能用来生

长钼酸盐分层次纳米片薄膜。白钨矿钼酸盐对 Al 片的附着力也明显比在玻璃和 Si 片上的强，在 30 min 的超声作用下白钨矿钼酸盐也不会从 Al 片上脱落。

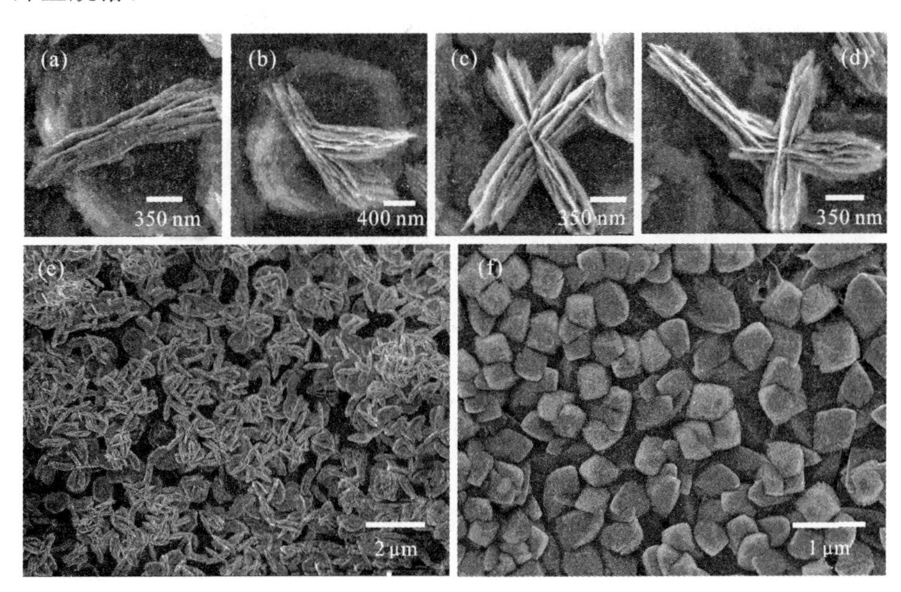

图 3-17　不同条件下得到的分层次薄膜

(a)～(d)在 150 mL 溶液体积下反应 8 h 得到的薄膜中四个典型多层片的 SEM 照片；
(e)无 Al 基底在 200 mL 溶液中得到的粉末；(f)碱性溶液中 Al 片上生长的 $SrMoO_4$ 结构

除了反应液体积(反应物浓度)和反应时间之外，形成分层次结构薄膜还明显受到溶液 pH 值的影响。在以上的实验中，溶液基本是呈中性的。如果是在酸性或者碱性条件下进行实验[75-77,80,81]，Al 基底会立即与 H^+ 或 OH^- 发生副反应。另外，得到的薄膜的形貌也会发生巨大的变化。比如，当氨水加入溶液中后，得到的将是拉长的多面体钼酸盐结构，没有明显的层次性[图 3-17(f)]。这些多面体沿着[001]方向拉长，暴露的面为{101}和{111}[78]，与前面讨论的纳米片有着完全不同的晶体生长异向性。这说明溶液 pH 值对于白钨矿钼酸盐晶面的化学势和相对生长速率有着巨大影响[69]。此外，需要指出的是，适当降低反应温度对于形成分层次结构薄膜的影响并不大，在这种情况下，可以通过增加反应物浓度或者延长反应时间来得到有序致密的薄膜。

白钨矿金属钼酸盐属于 $I4_1/a$ 空间群，与金属钨酸盐有着类似的结构，存在光致发光现象。进一步，我们初步研究了三种钼酸盐薄膜(150 mL溶液下得到)的光致发光性质，所有的发射谱图都用 325 nm 的 He-Cd 激光器激发得到，结果见图 3-18。$SrMoO_4$、$CaMoO_4$ 和 $BaMoO_4$ 分层次薄膜分别发射位于 490 nm、504 nm 和 530 nm 的可见光。此结果与以前报道的类似，发光的来源可以归结为 MoO_4^{2-} 中电子的跃迁[80-83]。并且需要指出的是，三种材料中阳离子半径的不同，可能影响到 MoO_4^{2-} 中电子跃迁过程，从而导致不同的发射峰位和发射强度。直接生长的光学钼酸盐薄膜在可见光光源应用方面有重要的实际意义。

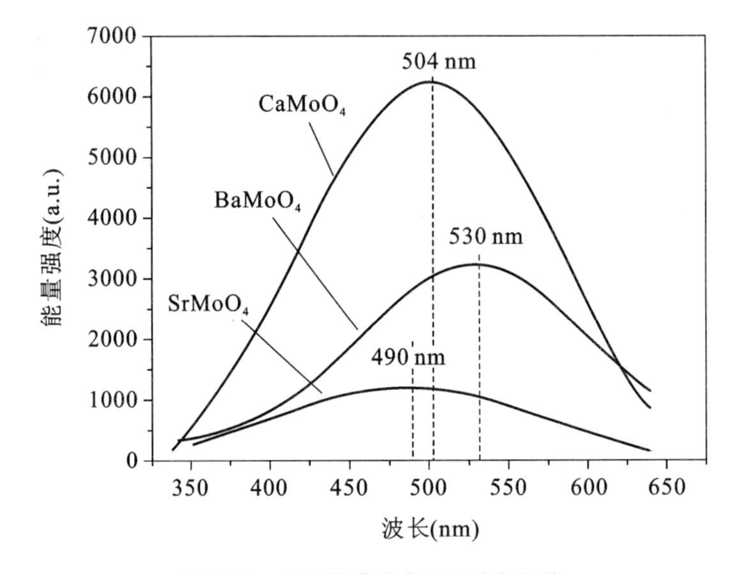

图 3-18 三种薄膜的典型光致发光谱

除了 Al 片外，其他金属(如 Ti)也可以用来生长白钨矿钼酸盐薄膜。图 3-19是生长在 Ti 片上的典型 $CaMoO_4$ 多层次结构薄膜的不同倍率的 SEM 照片。图 3-20 给出了薄膜的 XRD 结果，除了来自 Ti 基底的峰(标记 * 所示)外，其他的都可以归结为白钨矿的 $CaMoO_4$(JCPDS 卡号:85-1267)。

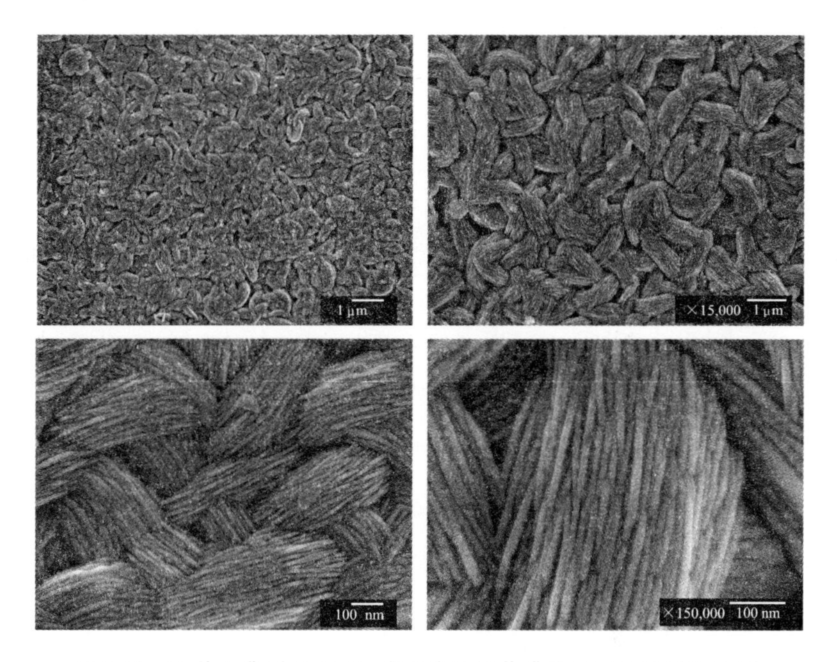

图 3-19 Ti 片上典型 $CaMoO_4$ 多层次结构薄膜的不同倍率 SEM 照片

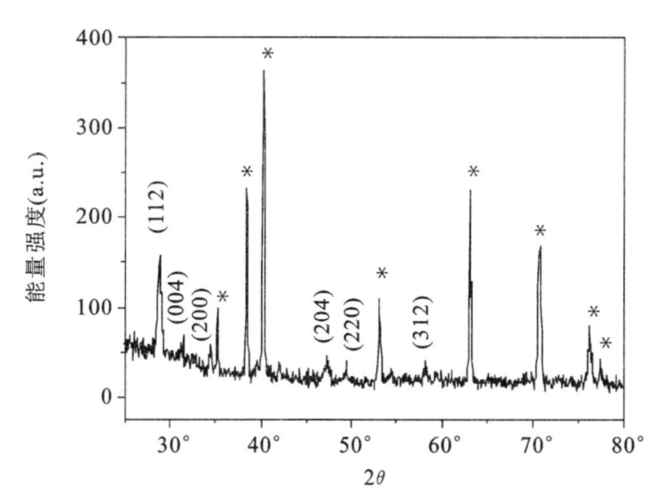

图 3-20 Ti 片上生长的 $CaMoO_4$ 薄膜的 XRD 结果

3.5 本章小结

(1) 在 Fe-Co-Ni 合金和 Ni 片上水热合成了 SnO_2 纳米棒阵列，讨论了一维生长机理。通过改变前驱液中反应物的量以及溶液的碱度来控制所得到的纳米棒的直径、长度以及阵列的疏密度。

(2) 以第 2 章金属基底上合成的 ZnO 纳米针阵列为模板，利用室温浸泡法结合退火处理大面积制备均匀的、顶端封闭的多孔 α-Fe_2O_3 纳米管阵列，发现即使使用的模板不是规则的 ZnO 阵列，或者不是阵列而是随机杂乱的 ZnO 纳米结构薄膜，以上的浸泡法仍然适用于合成与模板几何结构类似的 α-Fe_2O_3 纳米结构薄膜，证明了此法的普适性。另外，将浸泡后的阵列在氢气的气氛中退火，得到了与 α-Fe_2O_3 形貌和尺寸相当的 Fe_3O_4 纳米管阵列。

(3) 为了说明多元氧化物在金属基底上生长的可能性，我们讨论了白钨矿钼酸盐 $XMoO_4$(X＝Ca、Sr、Ba)有序分层次纳米片结构薄膜在 Al 片和 Ti 片上的低温合成。通过控制反应时间和反应物浓度可以有效控制多层纳米片的厚度。所得的钼酸盐纳米结构薄膜具有在紫外光激发下发射可见光的能力，是潜在的可见光薄膜光源。

参考文献

[1]HUANG M H, MAO S, FEICK H, et al. Room-temperature ultraviolet nanowire nanolasers[J]. Science, 2001, 292(40): 1897-1899.

[2]ZHAO Q X, WILLANDER M, MORJAN R E, et al. Optical recombination of ZnO nanowires grown on sapphire and Si substrates [J]. Applied Physics Letters, 2003, 83(1): 165-167.

[3]CHEN Y J, CAO M S, WANG T H, et al. Microwave absorption properties of the ZnO nanowire-polyester composites[J]. Applied Physics Letters, 2004, 84(17): 3367-3369.

[4]HEO Y W, TIEN L C, KWON Y, et al. Depletion-mode ZnO nanowire field-effect transistor[J]. Applied Physics Letters, 2004, 85 (12): 2274-2276.

[5]WAN Q, LI Q H, CHEN Y J, et al. Fabrication and ethanol sensing characteristics of ZnO nanowire gas sensors[J]. Applied Physics Letters, 2004, 84(18): 3654-3656.

[6]COMINI E, FAGLIA G, SBERVEGLIERI G, et al. Stable and highly sensitive gas sensors based on semiconducting oxide nanobelts [J]. Applied Physics Letters, 2002, 81(10): 1869-1871.

[7]CHEN Y J, LI Q H, LIANG Y X, et al. Field-emission from long SnO_2 nanobelt arrays[J]. Applied Physics Letters, 2004, 85(23): 5682-5684.

[8]MINAMI T. New n-type transparent conducting oxides[J]. MRS Bulletin/August, 2000, 25: 38-44.

[9]ELANGOVAN E, RAMAMURTHI K, OPTOELECTRON J. Optoelectronic properties of spray deposited SnO_2: F thin films for window materials in solar cells[J]. Advanced Materials, 2003, 5(1): 45-54.

[10]SHIMIZU Y, HYODO T, EGASHIRA M. Mesoporous

semiconducting oxides for gas sensor application[J]. Journal of the European Ceramic Society, 2004, 24(6): 1389-1398.

[11]SU C O M, LI S, DRAVID V P. Miniaturized chemical multiplexed sensor array[J]. Journal of the American Chemical Society, 2003, 125(33): 9930-9931.

[12]LAW M, KIND H, MESSER B, et al. Photochemical sensing of NO_2 with SnO_2 nanoribbon nanosensors at room temperature[J]. Angewandte Chemie International Edition, 2002, 41 (13): 2405-2408.

[13]HARRISON P G, WILLET M J. The mechanism of operation of tin (Ⅳ) oxide carbon monoxide sensors[J]. Nature, 1988, 62(3): 442-443.

[14]YANG H G, ZENG H C. Self-construction of hollow SnO_2 octahedra based on two-dimensional aggregation of nanocrystallites [J]. Angewandte Chemie, 2004, 116(44): 6056-6059.

[15]TATSUYAMA C, ICHIMURA S. Electrical and optical properties of GaSe-SnO_2 heterojunctions [J]. Japanese Journal of Applied Physics, 1976, 15(5): 843-847.

[16]PRESLEY R E, MUNSEE C L, PARK C H, et al. Tin oxide transparent thin-film transistors[J]. Journal of Physics D, 2004, 37 (20): 2810-2813.

[17]NAYRAL C, VIALA E, FAU P, et al. Synthesis of tin and tin oxide nanoparticles of low size dispersity for application in gas sensing [J]. Chemistry-A European Journal, 2000, 6 (22): 4082-4090.

[18]MONREDON S D, CELLOT A, RIBOT F, et al. Synthesis and characterization of crystalline tin oxide nanoparticles[J]. Journal of Materials Chemistry, 2002, 12(8): 2396-2400.

[19]PARK N, KANG M G, RYU K S, et al. Photovoltaic characteristics of dye-sensitized surface-modified nanocrystalline SnO_2 solar cells[J]. Journal of Photochemistry and Photobiology A,

2004, 161(2): 105-110.

[20]BENKO G, MYLLYPERKIO P, PAN J, et al. Photoinduced electron injection from Ru (dcbpy) 2 (NCS) 2 to SnO_2 and TiO_2 nanocrystalline films[J]. Journal of the American Chemical Society, 2003, 125(5): 1118-1119.

[21]HASOBE T, IMAHORI H, KAMAT P V, et al. Quaternary self-organization of porphyrin and fullerene units by clusterization with gold nanoparticles on SnO_2 electrodes for organic solar cells[J]. Journal of the American Chemical Society, 2003, 125(49): 14962-14963.

[22]BAUER C, BOSCHLOO G, MUKHTAR E, et al. Ultrafast studies of electron injection in Ru dye sensitized SnO_2 nanocrystalline thin film[J]. International Journal of Photoenergy, 2002, 4(1): 17-20.

[23]GRAETZEL M. Photoelectrochemical cells[J]. Nature, 2001, 414 (6861): 338-344.

[24]BUENO P R, LEITE E R, GIRALDI T R, et al. Nanostructured Li ion insertion electrodes. 2. Tin dioxide nanocrystalline layers and discussion on "nanoscale effect" [J]. The Journal of Physical Chemistry B, 2003, 107(34): 8878-8883.

[25]LI N, MARTIN C R, SCROSATI B. A high-rate, high-capacity, nanostructured tin oxide electrode [J]. Electrochemical and Solid-State Letters, 1999,3(7): 316-318.

[26]ZHANG D F, SUN L D, YIN J L, et al. Low-temperature fabrication of highly crystalline SnO_2 nanorods [J]. Advanced Materials, 2003, 15(12): 1022-1025.

[27]LIU Y, ZHENG C, WANG W, et al. Synthesis and characterization of rutile SnO_2 nanorods[J]. Advanced Materials, 2001, 13(24): 1883-1887.

[28]LIU Y, ZHENG C, WANG W, et al. Production of SnO_2 nanorods by redox reaction[J]. Journal of Crystal Growth, 2001, 233(1):

8-12.

[29]XU C, XU G, LIU Y, et al. Preparation and characterization of SnO_2 nanorods by thermal decomposition of SnC_2O_4 precursor[J]. Scripta Materialia, 2002, 46(11): 789-794.

[30]WANG W, XU C, WANG X, et al. Preparation of SnO_2 nanorods by annealing SnO_2 powder in NaCl flux[J]. Journal of Materials Chemistry, 2002, 12(6): 1922-1925.

[31]LIU Z, ZHANG D, HAN S, et al. Laser ablation synthesis and electron transport studies of tin oxide nanowires[J]. Advanced Materials, 2003, 15(20): 1754-1757.

[32]CHEN Y, CUI X, ZHANG K, et al. Bulk-quantity synthesis and self-catalytic VLS growth of SnO_2 nanowires by lower-temperature evaporation[J]. Chemical Physics Letters, 2003, 369(1-2): 16-20.

[33]KOLMAKOV A, ZHANG Y, MOSKOVITS M. Topotactic thermal oxidation of Sn nanowires: intermediate suboxides and core shell metastable structures[J]. Nano Letters, 2003, 3(8): 1125-1129.

[34]JIAN J K, CHEN X L, XU T, et al. Synthesis, morphologies and raman-scattering spectra of crystalline stannic oxide nanowires[J]. Applied Physics A, 2002, 75(6): 695-697.

[35]LIU Y, DONG J, LIU M L. Well-aligned "Nano-Box-Beams" of SnO_2[J]. Advanced Materials, 2004, 16(4): 353-356.

[36]LIU Y, LIU M L. Growth of aligned square-shaped SnO_2 tube arrays[J]. Advanced Functional Materials, 2005, 15(1): 57-62.

[37]VAYSSIERES L, GRAETZEL M. Highly ordered SnO_2 nanorod arrays from controlled aqueous growth[J]. Angewandte Chemie International Edition, 2004, 43(28): 3666-3670.

[38]ZHAO N H, WANG G J, HUANG Y, et al. Preparation of nanowire arrays of amorphous carbon nanotube-coated single crystal SnO_2[J]. Chemistry of Materials, 2008, 20(20): 2612-2614.

[39]ZHENG M, LI G, ZHANG X, et al. Fabrication and structural

characterization of large-scale uniform SnO_2 nanowire array embedded in anodic alumina membrane[J]. Chemistry of Materials, 2001, 13(11): 3859-3861.

[40] ZHANG J L, WANG Y, JI H, et al. Magnetic nanocomposite catalysts with high activity and selectivity for selective hydrogenation of ortho-chloronitrobenzene[J]. Journal of Catalysis, 2005, 229(1): 114-118.

[41] SHEKHAH O, RANKE W, SCHULE A, et al. Styrene synthesis: high conversion over unpromoted iron oxide catalysts under practical working conditions[J]. Angewandte Chemie International Edition, 2003, 42(46): 5760-5763.

[42] BROWN A S C, HARGREAVES J S J, RIJNIERSCE B. A study of the structural and catalytic effects of sulfation on iron oxide catalysts prepared from goethite and ferrihydrite precursors for methane oxidation[J]. Catalysis Letters, 1998, 53(1): 7-13.

[43] CORNELL R M, SCHWERTMANN U. The iron oxide[M]. Weinheim: Wiley-VCH, 1996.

[44] LI P, MISER D E, RABIEI S, et al. The removal of carbon monoxide by iron oxide nanoparticles[J]. Applied Catalysis B, 2003, 43(2): 151-162.

[45] OLIVEIRA L C A, PETKOWICZ D I, SMANIOTTO A, et al. Magnetic zeolites: a new adsorbent for removal of metallic contaminants from water[J]. Water Research, 2004, 38(17): 3699-3704.

[46] LAI C H, CHEN C Y. Removal of metal ions and humic acid from water by iron-coated filter media[J]. Chemosphere, 2001, 44(44): 1177-1184.

[47] ONYANGO M S, KOJIMA Y, MATSUDA H, et al. Adsorption kinetics of arsenic removal from groundwater by iron-modified zeolite [J]. Journal of Chemical Engineering of Japan, 2003, 36(12): 1516-1522.

[48]CHEN J, XU L N, LI W Y, et al. α-Fe_2O_3 nanotubes in gas sensor and lithium-ion battery applications[J]. Advanced Materials, 2005, 17(5): 582-586.

[49]WU C Z, YIN P, ZHU X, et al. Synthesis of hematite (α-Fe_2O_3) nanorods: diameter-size and shape effects on their applications in magnetism, lithium ion battery and gas sensors[J]. Journal of Physical Chemistry B, 2006, 110(36): 17806-17812.

[50]GOU X L, WANG G X, PARK J, et al. Monodisperse hematite porous nanospheres: synthesis, characterization and applications for gas sensors[J]. Nanotechnology, 2008, 19(12): 7.

[51]ZENG S Y, TANG K B, LI T W, et al. Facile route for the fabrication of porous hematite nanoflowers: its synthesis, growth mechanism, application in the lithium ion battery and magnetic and photocatalytic properties[J]. The Journal of Physical Chemistry C, 2008, 112(13): 4836-4843.

[52]ZENG S Y, TANG K B, LI T W, et al. Hematite hollow spindles and microspheres: selective synthesis, growth mechanisms and application in lithium ion battery and water treatment[J]. The Journal of Physical Chemistry C, 2007, 111(28): 10217-10225.

[53]OZAKI M, KRATOHVIL S, MATIJEVIC E. Formation of monodispersed spindle-type hematite particles[J]. Journal of Colloid Interface Science, 1984, 102(1): 146-151.

[54]KALLAY N, FISCHER I, MATIJEVIC E. A method for continuous preparation of uniform colloidal hematite particles[J]. Colloids and Surfaces, 1985, 13(13): 145-149.

[55]SUGIMOTO T, SAKATA K. Preparation of monodisperse pseudocubic α-Fe_2O_3 particles from condensed ferric hydroxide gel [J]. Journal of Colloid and Interface Science, 1992, 152(2): 587-590.

[56]VAYSSIERES L, BEERMANN N, STENERIC L, et al. Controlled aqueous chemical growth of oriented three-dimensional crystalline

nanorod arrays: application to iron (Ⅲ) oxides[J]. Chemistry of Materials, 2001, 13(2): 233-235.

[57]FU Y Y, CHEN J, ZHANG H. Synthesis of Fe_2O_3 nanowires by oxidation of iron[J]. Chemical Physics Letters, 2001, 350(5): 491-494.

[58]XIONG Y J, LI Z Q, LI X X, et al. Thermally stable hematite hollow nanowires[J]. Inorganic Chemistry, 2004, 43(21): 6540-6542.

[59]WEN X G, WANG S H, DING Y, et al. Controlled growth of large-area, uniform, vertically aligned arrays of α-Fe_2O_3 nanobelts and nanowires[J]. The Journal of Physical Chemical B, 2005, 109(1): 215-220.

[60]LIU Z Q, ZHANG D H, HAN S, et al. Single crystalline magnetite nanotubes[J]. Journal of the American Chemistry Society, 2005, 127(1): 6-7.

[61]SUN Z, YUAN H, LIU Z, et al. A highly efficient chemical sensor material for H_2S: α-Fe_2O_3 nanotubes fabricated using carbon nanotube[J]. Templates Advanced Materials, 2005, 17(24): 2997-3001.

[62]FU Y Y, WANG R M, XU J, et al. Synthesis of large arrays of aligned α-Fe_2O_3 nanowires[J]. Chemical Physics Letters, 2003, 379(3-4): 373-379.

[63]WANG X, CHEN X, GAO L, et al. Synthesis of β-FeOOH and α-Fe_2O_3 nanorods and electrochemical properties of β-FeOOH[J]. Journal of Materials Chemistry, 2004, 14(5): 905-907.

[64]MORBER J R, DING Y, HALUSKA M S, et al. PLD-assisted VLS growth of aligned ferrite nanorods, nanowires and nanobelts-synthesis and properties[J]. The Journal of Physics Chemistry B, 2006, 110(43): 21672-21679.

[65]LIU J, HUANG X, LI Y, et al. Vertically aligned 1D ZnO nanostructures on bulk alloy substrates: direct solution synthesis,

photoluminescence and field emission[J]. The Journal of Physics Chemistry C, 2007, 111(13): 4990-4997.

[66]YU T, ZHU Y W, XU X J, et al. Substrate-friendly synthesis of metal oxide nanostructures using a hotplat[J]. Small, 2006, 2(1): 80-84.

[67]CHAMBERLAND B L, KAFALAS J A, GOODENOUGH J B. Characterization of chromium manganese oxide ($MnCrO_3$) and chromium(Ⅲ) manganate[J]. Inorganic Chemistry, 1977, 8(12): 44-46.

[68]GROENINK J A, HAKFOORT C, BLASSE G. The luminescence of calcium molybdate[J]. Physica Status Solidi A, 1979, 54(54): 329-336.

[69]YU S H, LIU B, MO M S, et al. General synthesis of single-crystal tungstate nanorods/nanowires: a facile, low-temperature solution approach[J]. Advanced Functional Materials, 2003, 13(8): 639-647.

[70]SAITO N, SONOYAMA N, SAKATA T. Analysis of the excitation and emission spectra of tungstates and molybdate[J]. Bulletin Chemical Society Japan, 1996, 69(8): 2191-2194.

[71]HYDE B G, ANDERSSON S. Inorganic crystal structures[M]. New York: Wiley, 1989.

[72]PORTO S P S, SCOTT J F. Raman spectra of $CaWO_4$, $SrWO_4$, $CaMoO_4$, and $SrMoO_4$[J]. Physical Review, 1967, 157(3): 716-719.

[73]ZHANG Y, HOLZWARTH N A W, WILLIAMS R T. Electronic band structures of the scheelite materials $CaMoO_4$, $CaWO_4$, $PbMoO_4$ and $PbWO_4$[J]. Physical Review B, 1998, 57:12738-12750.

[74]YANG P, YAO G Q, LIN J H. Photoluminescence and combustion synthesis of $CaMoO_4$ doped with Pb^{2+}[J]. Inorganic Chemistry Communications, 2004, 7(3): 389-391.

[75]CUI X, YU S H, LI L, et al. Selective synthesis and

characterization of single-crystal silver molybdate/tungstate nanowires by a hydrothermal process[J]. Chemistry A European Journal, 2004, 10(1): 218-223.

[76]ZHANG Y, YANG F, YANG J, et al. Synthesis of crystalline $SrMoO_4$ nanowires from polyoxometalates [J]. Solid State Communications, 2005, 133(12): 759-763.

[77]CHENG Y, WANG Y, CHEN D, et al. Evolution of single crystalline dendrites from nanoparticles through oriented attachment [J]. The Journal of Physics Chemistry B, 2005, 109(2): 794-798.

[78]GONG Q, QIAN X, CAO H, et al. Novel shape evolution of $BaMoO_4$ microcrystals[J]. The Journal of Physics Chemistry B, 2006, 110(39): 19295-19299.

[79]XU Y, JIANG D, BU W, et al. Hydrothermal synthesis of highly ordered micropompon of lanthanum molybdate nanoflake [J]. Chemistry Letters, 2005, 34(7): 978-979.

[80]CHEN D, TANG K B, LI F Q, et al. A simple aqueous mineralization process to synthesize tetragonal molybdate microcrystallites[J]. Crystal Growth Design, 2006, 6(1): 247-252.

[81]DINESH R, FUJIWARA T, WATANABE T, et al. Solution synthesis of crystallized AMO_4 (A=Ba, Sr, Ca; M=W, Mo) film at room temperature[J]. Journal of Materials Science, 2006, 41(5): 1541-1546.

[82]AHMAD G, DICKERSON M B, CHURCH B C, et al. Rapid, room-temperature formation of crystalline calcium molybdate phosphor microparticles via peptide-induced precipitation [J]. Advanced Materials, 2006, 18(13): 1759-1763.

[83]GONG Q, QIAN X F, MA X D, et al. Large-scale fabrication of novel hierarchical 3D $CaMoO_4$ and SrMoO4 mesocrystals via a microemulsion-mediated route[J]. Crystal Growth Design, 2006, 6 (8): 1821-1825.

[84]SHI H T, QI L M, MA J M, et al. Architectural control of

hierarchical nanobelt superstructures in catanionic reverse micelles [J]. Advanced Functional Materials, 2005, 15(3): 442-450.

[85]OAKI Y, IMAI H. The hierarchical architecture of nacre and its mimetic material[J]. Angewandte Chemie International Edition, 2005, 44(40): 6571-6575.

[86]IMAI H, TATARA S, FURUICHI K, et al. Formation of calcium phosphate having a hierarchically laminated architecture through periodic precipitation in organic gel[J]. Chemical Communications, 2003,15(15): 1952-1953.

[87]PENN R L, BANFIELD J F. Imperfect oriented attachment: dislocation generation in defect-free nanocrystals[J]. Science, 1998, 281(5319): 969-971.

[88]TANG Z, KOTOV N A, GIERSIG M. Spontaneous organization of single CdTe nanoparticles into luminescent nanowires[J]. Science, 2002, 297(5579): 237-240.

[89]LIU J P, HUANG X T, SULIEMAN K M, et al. Solution-based growth and optical properties of self-assembled monocrystalline ZnO ellipsoids[J]. The Journal of Physical Chemistry B, 2006, 110(22): 10612-10618.

[90]THACHEPAN S, LI M, DAVIS S A, et al. Additive-mediated crystallization of complex calcium carbonate superstructures in reverse microemulsions[J]. Chemistry of Materials, 2006, 18(15): 3557-3561.

合金基底上水滑石纳米/微米结构薄膜及由其衍生的复合氧化物薄膜

4.1 引　　言

双金属氢氧化物(LDH)又称水滑石或者阴离子黏土,是一类典型的层状结构材料[1-4]。这种材料的化学式可以写为$[M^{II}_{1-x}M^{III}_{x}(OH)_2]^{x+}[A^{m-}]_{x/m}\cdot nH_2O$,其中$M^{II}$和$M^{III}$分别代表二价和三价的金属阳离子(二价阳离子可以为$Zn^{2+}$、$Mg^{2+}$、$Cu^{2+}$、$Ni^{2+}$等;三价阳离子可以为$Al^{3+}$、$Cr^{3+}$、$Co^{3+}$等),$A^{m-}$为夹层的阴离子(可以为$Cl^-$、$OH^-$、${CO_3}^{2-}$、$NO_3^-$等),下标中的$x$是指金属元素的含量变化。LDH的层板具有水镁石$Mg(OH)_2$的正八面体结构,可以看作是类水镁石层中间的$M^{II}$部分地被$M^{III}$取代,形成了$M^{II}$与$M^{III}$位于中心的复合氢氧化物八面体。$M^{II}$部分地被$M^{III}$取代,导致层板上正电荷的积累,这些正电荷被位于层间的A^{m-}中和,使LDH结构整体保持电中性。一直以来,LDH由于其在催化[1-4]、酸吸收[5,6]、阴离子交换[7-10]、电化学生物传感器[11,12]和作为药物/基因载体[13-15]等方面的应用前景,引起了人们的广泛关注。到目前为止,人们投入了大量的精力发展制备粉末状LDH的方法,其中主要包括共沉淀法和水热技术[16-22]。LDH薄膜的合成在近年来也逐渐引起了研究者的兴趣,因为大面积均匀的LDH薄膜在诸多实际应用,如电极、化学生物传感器、功能化涂层和薄膜催化中有着传统粉末无法替代的地位[11,12,23-25]。另外,为了表征的方便,合成薄膜形态的LDH也是非常有意义的[26]。在已经发展成熟的LDH薄膜制备技术中,最普遍的一个就是将预先合成的LDH胶体通过不同手段转移到固态基底上[硅、非晶玻璃、ITO、各种各样的电极(如Au和Pt)][26-33]。其中一个典型的例子就是Jung及其合作者在2003年报道的：将单层的LDH纳米晶固定在Si基底上，并且使得LDH的c轴都很好地垂直于基底的表面[32,33]。该小组随后还利用有机酸辅助的层-层组装技术在Si片上实现了多层取向LDH薄膜[34]。最近，有研究者通过直接在玻璃器皿中干燥LDH胶体的方法[35]和聚苯乙烯胶体晶体模板法[36]获得了厘米尺度的取向LDH自支撑膜。近年来，尽管关于LDH薄膜的文献有很多，但是直接在固态基底上生长LDH薄膜的报道却几乎没有。

在本章中，我们首先报道一种全新的制备LDH薄膜的方法，即一步在金属Al片上生长大面积LDH薄膜[37]。此方法证实了直接在衬底上大规模生长LDH薄膜的可能性。制备过程简单、温和，无须有机物或者表面活性剂辅助。在生长过程中，Al基底悬在充满Zn^{2+}的碱性水溶液中，既作为Al源的供应者（溶液中不需要加入Al盐），又是LDH薄膜的固态支撑体。用这种方法制备的LDH薄膜对Al基底有着良好的附着力，薄膜表现出较强的机械稳定性[37,38]。接着，我们还将此方法推广到“双金属基底”的情况[39]，也就是在合成LDH过程中，溶液里无须直接加入M^{II}和M^{III}的金属盐，形成LDH所需的二价和三价离子全部来源于浸泡在溶液中的两个金属基底。在此节中，我们将重点讨论LDH在二价金属基底上的形成。作为两个例子，我们分别在Zn片和Cu片基底上成功合成了Zn-Al LDH薄膜和Cu-Al LDH薄膜，并且通过调节反应液中氨水的浓度可以灵活地控制LDH的尺寸和形貌。在本章最后，结合现今成熟的物理蒸镀技术，我们将“双金属基底同时浸泡”的方法应用到镀有Zn的合金基底上，在合金基底上成功制备了Zn-Al LDH纳米/微米片薄膜。原则上来说，这种方法具有普适性，镀有诸多二价金属（Zn、Mg、Cu、Ni等）的惰性金属基底都可用来生长对应的LDH薄膜。更重要的是，以Zn-Al LDH为例，我们通过进一步煅烧LDH薄膜可以在合金基底上得到$ZnO/ZnAl_2O_4$多孔纳米片薄膜。每个片都是由ZnO和尖晶石$ZnAl_2O_4$纳米颗粒复合组装而成，并且由于Zn-Al LDH特殊的晶体结构，煅烧后$ZnAl_2O_4$能够原位且非常均匀地分布于ZnO纳米颗粒的基体中（用其他方法是无法做到的）。这种特殊的复合氧化物纳米结构薄膜在气体传感器和锂离子电池等方面有着重要的应用。

4.2 实验部分

4.2.1 试剂和仪器

硝酸锌[$Zn(NO_3)_2 \cdot 6H_2O$，纯度 99%，北京化工厂]；氨水($NH_3 \cdot H_2O$，25%～28%)；无水碳酸钠(Na_2CO_3，纯度≥99.8%，上海虹光化工厂)；Zn 片($30 \times 30 \times 0.25\ mm^3$，纯度>99.0%)；Fe-Co-Ni 合金片($30 \times 30 \times 0.15\ mm^3$，纯度>99.5%)；Al 片($30 \times 30 \times 0.15\ mm^3$，纯度>99.0%)；Cu 片($30 \times 30 \times 0.25\ mm^3$，纯度 99.0%)；无水乙醇(含量≥99.7%)；蒸馏水。

磁力加热搅拌器(79-3 型恒温磁力搅拌器，上海司乐仪器有限公司)；超声清洗器(KQ-250B 型超声清洗器，昆山市超声仪器有限公司)；DM-450A型真空镀膜机。

Y-2000 型 X 射线衍射仪(XRD，Cu Kα 辐射；$\lambda = 1.5418$ Å)，管电压和管电流分别为 30 kV 和 20 mA；场发射扫描电子显微镜(SEM，JSM-6700F；5 kV)；透射电子显微镜(TEM 和 HRTEM，JEM-2010FEF；200 kV，附带 X 射线能谱 EDS)；SDT600 热失重和微分热重分析仪；NICOLET NEXUS470 红外光谱仪。

4.2.2 Al 基底上 Zn-Al LDH 薄膜的制备

Al 基底在使用前利用无水乙醇和去离子水分别清洗多次。典型地，首先配好 150 mL 含有0.065 M $Zn(NO_3)_2$ 和 0.015 M Na_2CO_3 的溶液，然后将 Al 片悬在该溶液中，轻轻搅拌。再将 50 mL 1.83 M的氨水逐滴地加入上述溶液中，最后，保持溶液在 60 ℃反应 5 h；反应完毕后，可以在 Al 片上得到均匀的 Zn-Al LDH 薄膜。

4.2.3 Zn(Cu)二价金属基底上 Zn(Cu)-Al LDH 薄膜的制备

主要采用“双金属基底同时浸泡法”，在制备过程中，将反应温度进一步降到室温(大约 25 ℃)。具体地，将 Zn 片(或 Cu 片)与 Al 片同时悬在

200 mL 含有 0.0168 M Na_2CO_3 和氨水(浓度可调)的溶液中,温和搅拌,使其反应3 d。反应完成后,将金属片取出,用蒸馏水清洗数次,在 60 ℃烘箱中烘干,即可得到生长在 Zn 片上的 Zn-Al LDH 和生长在 Cu 片上的 Cu-Al LDH 薄膜。通过改变氨水的浓度来调节 LDH 的尺寸和形貌。

4.2.4 合金基底上 Zn-Al LDH 薄膜及其衍生复合氧化物薄膜的制备

在上述"双金属基底同时浸泡"过程中,保持其他条件不变,将 Zn 片换成镀有大约 3 μm 厚 Zn 膜的合金基底,反应完毕后,即可在合金上得到 Zn-Al LDH 薄膜。我们在氨水浓度分别为 C_a=0.28 M和 C_a=0.50 M 两种条件下进行了实验研究。将所得到的 LDH 薄膜在氩气气氛中高温(500~800 ℃)煅烧便可得到 $ZnO/ZnAl_2O_4$ 多孔纳米片薄膜。

4.3 产物成分、形貌和结构分析及生长机理

4.3.1 Al 片上的 Zn-Al LDH 薄膜

图 4-1(a)所示的是在 Al 片上生长的 LDH 薄膜的 SEM 照片。可见薄膜是由许多纳米片状结构相互交错而成的。纳米片的厚度和侧部尺寸分别为 100 nm 左右和 3~4 m。图 4-1(b)所示的 XRD 分析结果表明纳米片的成分为 $Zn_6Al_2(OH)_{16}CO_3 \cdot 4H_2O$(JCPDS 卡号:38-0486;空间群:$R\bar{3}m$,$a$=3.076 Å, c=22.80 Å),是典型的 LDH 成分。其中标有圆点的峰均来源于 Al 基底。

为了进一步确定 LDH 的成分和结构,我们进行了热失重和微分热重分析实验,结果如图 4-2 所示。在热失重曲线中,可以看到随着温度的升高,主要存在两步失重;在微分热重分析曲线中,对应于这两步失重的温度分别为 130 ℃和 237 ℃。从 LDH 结构上考虑,130 ℃的吸热反应应该对应于 LDH 中的水分子的失重[40]。紧接着在 237 ℃处的吸热反应一直延续到大约 350 ℃,则对应着热分解过程,此过程主要包括失去阴离子 CO_3^{2-} 和 OH^-,最终导致 LDH 层状结构的坍塌[40,41]。我们还发现连续的热失重现

象在 350 ℃之后依然存在，这可能是由于 LDH 失去 CO_3^{2-} 和 OH^- 后产生的气体并没有立刻逸出，而是受限于分解得到的氧化物样品孔隙内，最后缓慢释放[41]。根据热失重数据，可以得出水分子的失重大约为 8.0%，失去 CO_3^{2-} 和 OH^- 的部分占 25.4%，这与通过 $Zn_6Al_2(OH)_{16}CO_3 \cdot 4H_2O$ 分子式算出来的结果（分别为 8.5% 和 22.2%）吻合得非常好。

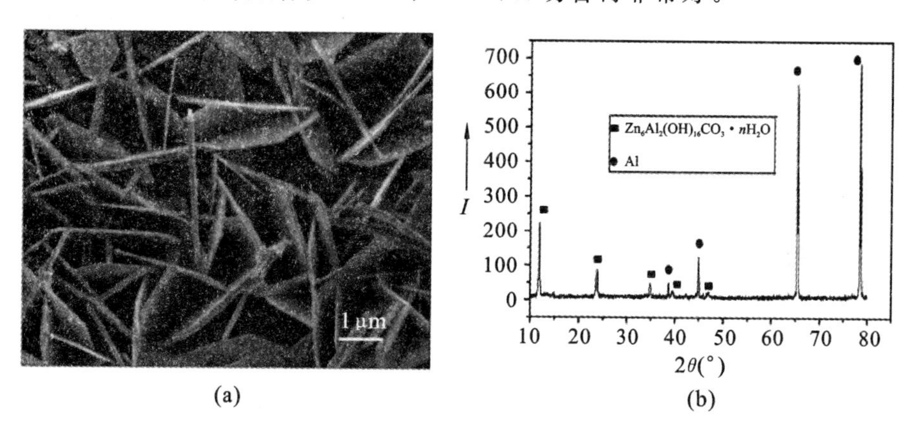

图 4-1　Al 片上的 Zn-Al LDH 薄膜

(a) Al 片上 Zn-Al LDH 薄膜的 SEM 照片；(b) 对应的 XRD 结果

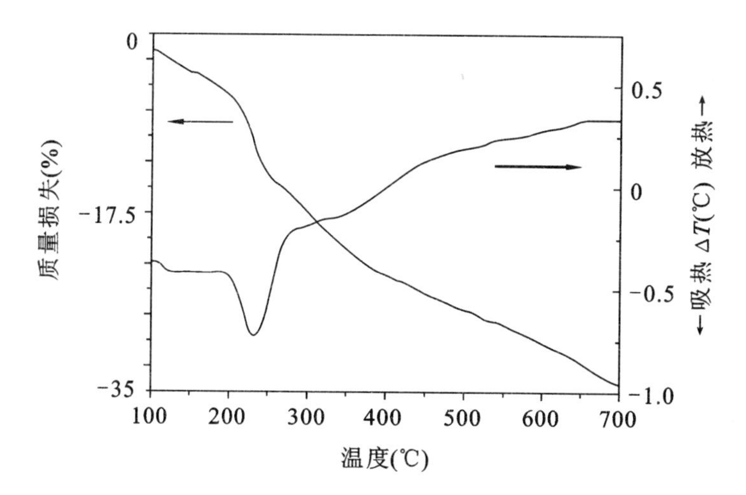

图 4-2　LDH 薄膜的热失重和微分热重分析曲线

LDH 薄膜在 Al 片上的生长涉及以下的化学反应过程：

$$2Al + 2OH^- + 6H_2O = 2Al(OH)_4^- + 3H_2\uparrow \quad (4\text{-}1)$$

$$Zn^{2+} + 4OH^- = [Zn(OH)_4]^{2-} \tag{4-2}$$

$$Al(OH)_4^- + [Zn(OH)_4]^{2-} + CO_3^{2-} + H_2O \longrightarrow \text{Zn-Al LDH} \tag{4-3}$$

我们认为，Al 片表面预先溶解是 LDH 薄膜进一步在 Al 片上成核生长的前提条件。Al 片首先与碱性溶液中的 OH^- 反应生成了大量的 $Al(OH)_4^-$［反应 1，见式(4-1)］，与此同时，反应 2［见式(4-2)］将促使大量 $[Zn(OH)_4]^{2-}$ 的生成。紧接着，在溶液与 Al 基底的界面处，$Al(OH)_4^-$、$[Zn(OH)_4]^{2-}$ 和 CO_3^{2-} 相遇，就直接促使了 Zn-Al LDH 薄膜的成核和生长，生长过程中 LDH 晶体之间相互挤压和影响，最终长成了相互交错的纳米片薄膜［反应 3，见式(4-3)］。LDH 生长为片状是由其内在的晶体结构决定的，垂直于片的二维面方向即为 c 轴方向。

4.3.2　Zn(Cu)片上的 Zn(Cu)-Al LDH 薄膜

"双金属基底同时浸泡法"的反应体系如图 4-3 所示。主要的反应式如下：

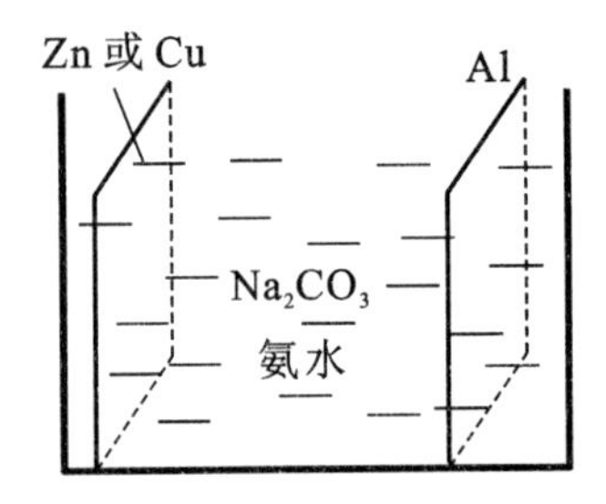

图 4-3　"双金属基底同时浸泡法"的反应体系

$$NH_3 \cdot H_2O \longrightarrow NH_4^+ + OH^-$$

$$2M + O_2 + 2H_2O \longrightarrow 2M^{2+} + 4OH^- \text{（M 为 Zn 箔或 Cu 箔）}$$

$$M^{2+} + 4OH^- \longrightarrow [M(OH)_4]^{2-}$$

$$2Al + 2OH^- + 6H_2O \longrightarrow 2Al(OH)_4^- + 3H_2\uparrow$$

$$Al(OH)_4^- + [M(OH)_4]^{2-} + CO_3^{2-} + H_2O \longrightarrow \text{M-Al LDH}$$

图 4-4(a)是氨水浓度 $C_a = 0.06$ M 情况下在 Zn 片上得到的 LDH 薄膜的 XRD 结果。位于 11.83°、23.67°和 34.88°的三个较宽的峰与斜方六面体 Zn-Al LDH 材料的 XRD 结果相吻合(JCPDS 卡号：48-1026)，分别对应于 LDH 的(003)、(006)和(012)平面。(003)和(006)衍射峰的出现直接反

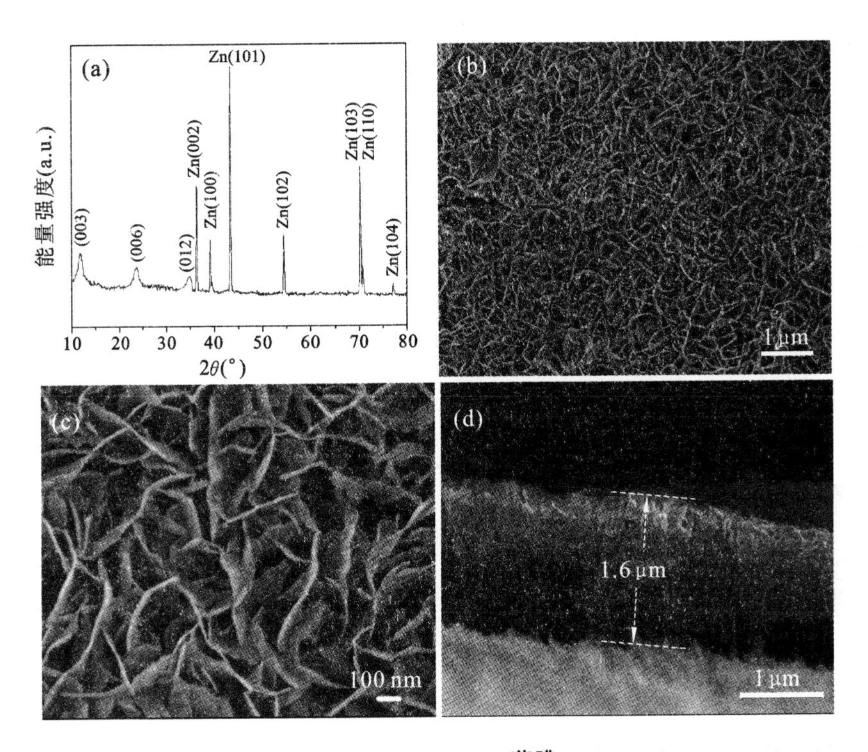

图 4-4 Zn-Al LDH 薄膜

(a)XRD 结果；(b)、(c)SEM 顶部照片；(d)SEM 横截面照片

映了 LDH 材料的层状结构[37]。其他几个较强的峰主要来源于 Zn 片基底(JCPDS 卡号：04-0831)。从图 4-5 中可以看到 Zn-Al LDH 材料的红外光谱(FTIR 光谱)，位于 1355 cm^{-1} 处的峰源于 CO_3^{2-} 的振动，与自由的 CO_3^{2-}(大约在 1415 cm^{-1} 处)相比，此峰略有蓝移，主要是 CO_3^{2-} 被约束在 LDH 夹层结构中的缘故[38]。这一结果也证明了 LDH 中 CO_3^{2-} 的存在，因此，我们所得到的产物为 Zn-Al-CO_3^{2-} LDH。在 FTIR 谱中，3429 cm^{-1} 处的峰源于夹层水分子的 O—H 伸缩振动和存在氢键的羟基官能组，3080 cm^{-1} 处的肩峰表明夹层中的水分子与 CO_3^{2-} 是以氢键结合的。另外，500～800 cm^{-1} 间的峰位主要来自于 Zn—O、Zn—O—Zn 和 O—Zn—O 的晶格振动。元素分析显示 LDH 中的 Zn/Al 原子比大约为 1.284，结合热重分析，可以得出 LDH 的具体分子式为 $Zn_{0.56}Al_{0.44}(OH)_2(CO_3)_{0.22}\cdot 0.51H_2O$。Zn-Al-$CO_3^{2-}$ LDH 薄膜的 SEM 顶部照片如图 4-4(b)和(c)所

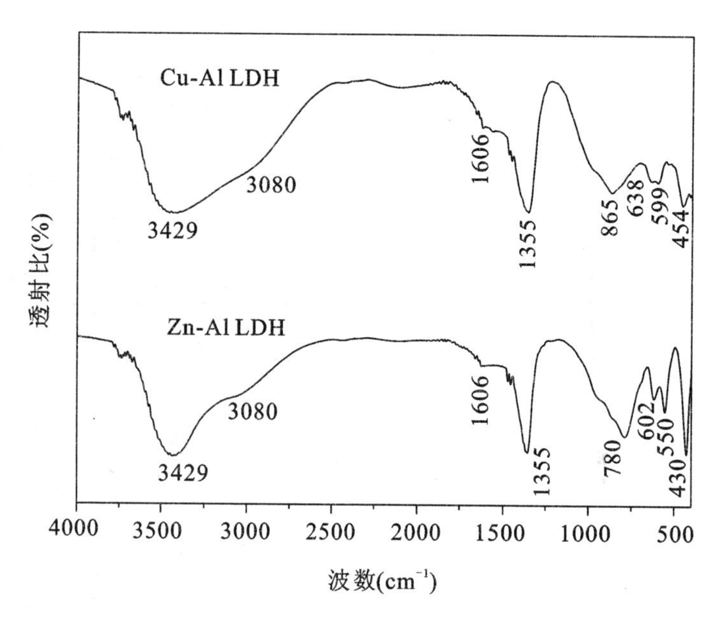

图 4-5 LDH 薄膜的红外光谱

示。薄膜能够大面积地均匀生长，主要是由于许多纳米薄片错综相连。纳米片的厚度和侧面尺寸分别为 10～20 nm 和300～600 nm，并且可以看到大多数纳米片的 *ab* 平面都与 Zn 基底相互垂直，形成了网状的整体结构。图 4-4(d)是 LDH 薄膜典型的横截面照片，可以得到此薄膜的厚度大约为 1.6 μm。

经实验发现，通过改变氨水浓度(C_a)可以控制 LDH 结构的尺寸和形状。图 4-6(a)～图 4-6(f)所示的是在不同的 C_a 下得到的 LDH 薄膜的 SEM 照片。这些条件下生成的 LDH 晶体的结构数据全部归纳在表 4-1 中。基于以上结果，可以得出如下结论：一般情况下，高的氨水浓度会导致较大的纳米片厚度；相反，低的或者中等浓度的氨水条件下生长的 LDH 薄膜较薄。LDH 结构的侧面尺寸与氨水浓度的关系相对来说较为复杂。在浓度相对较高的氨水(0.32～0.50 M)中，增加氨水浓度将使得侧面尺寸变小；但是在浓度相对较低的氨水(0.10～0.32 M)中，增加氨水浓度可以使侧面尺寸变大。不过，当氨水浓度很低(≤0.10 M)时，较低的氨水浓度升高也会导致侧面尺寸减小，比如，C_a=0.10 M 情况下得到的 LDH 片厚度大约为35 nm，但是侧面尺寸却只有 220～500 nm，比在 C_a=0.06 M 条

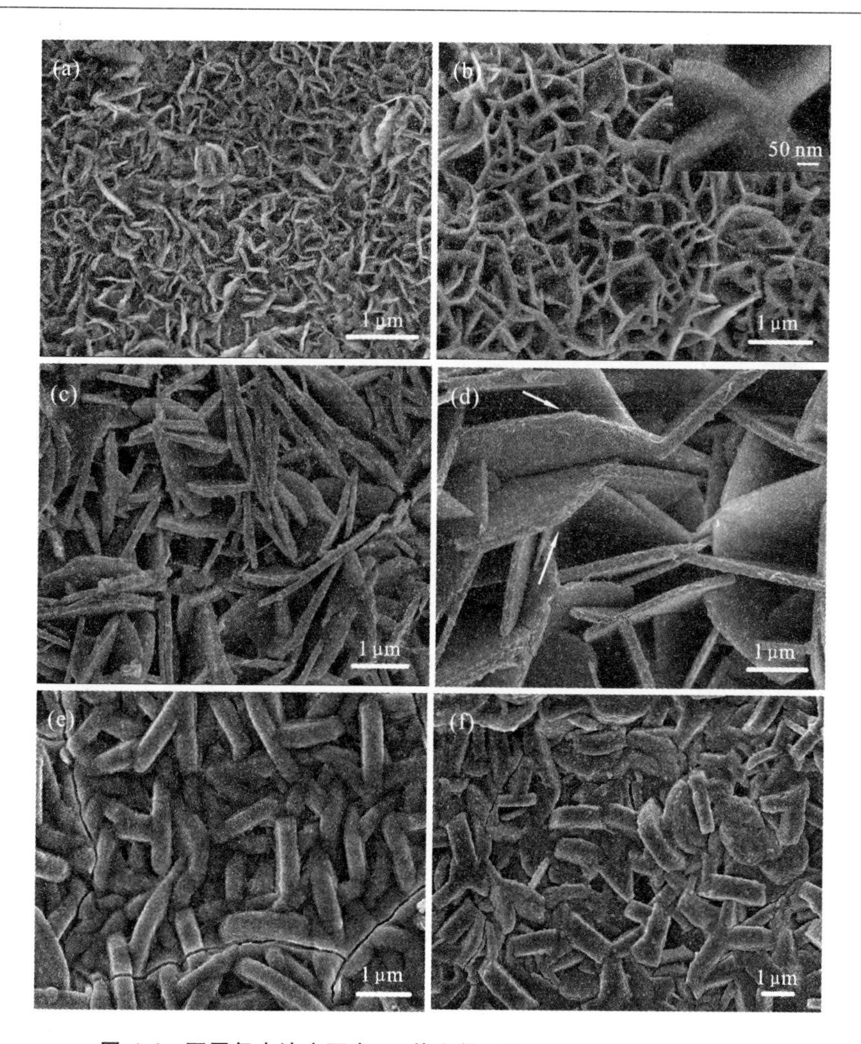

图 4-6 不同氨水浓度下在 Zn 片上得到的 LDH 薄膜的 SEM 照片

(a)C_a=0.10 M;(b)C_a=0.15 M;(c)C_a=0.28 M;(d)C_a=0.32 M;(e)C_a=0.41 M;(f)C_a=0.50 M

件下得到的略小(300～600 nm)。我们进一步发现,随着氨水浓度的不断增加,LDH 的结构由弯曲柔软的薄片变成盘状,最后变为碟状。在 C_a= 0.32 M 时,我们可以得到厚度为 125～240 nm、侧面尺寸为4～5 μm 的六边形 LDH 纳米盘。六边形盘状结构的生成是遵循 LDH 材料晶体结构的自然结果。当 C_a增加到 0.50 M 时,得到的是很厚的碟状结构。图 4-7 所示的是不同氨水浓度下生成的 LDH 薄膜的 XRD 结果。除了一些来自于

Zn片基底的峰之外，其他的位于(003)、(006)、(012)、(018)的峰都与LDH材料相对应。

表 4-1 不同的氨水浓度(C_a)下得到的 LDH 晶体的尺寸数据

样品序号	C_a(M)	样品厚度	侧面尺寸
A	0.06	10～20 nm	300～600 nm
B	0.10	大约 35 nm	220～500 nm
C	0.15	大约 60 nm	500 nm～1 μm
D	0.28	100～180 nm	2～3.2 μm
E	0.32	125～240 nm	4～5 μm
F	0.41	300～450 nm	3～4.5 μm
G	0.50	大约 600 nm	大约 2.5 μm

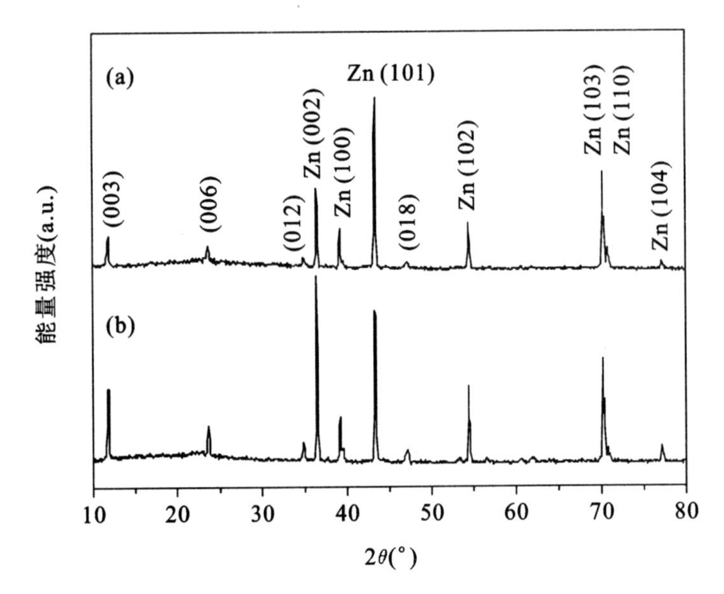

图 4-7 Zn片上得到的 LDH 薄膜的 XRD 结果

(a)C_a=0.28 M;(b)C_a=0.50 M

在 LDH 的生长过程中，金属阳离子的浓度和溶液的 pH 值是起着决定性作用的因素[16,20]。通常，相对低的金属离子浓度和碱度可以使超饱和度较低，因此使得成核速度变慢，最终有利于形成较大尺寸、大纵横比的 LDH 晶体。在我们的实验中，氨水有着两个主要作用。首先是与金属基底反应，释放金属离子；其次，氨水使溶液呈碱性并进一步调节溶液的 pH 值。所以上述两个决定 LDH 生长的关键因素在我们实验中都与 C_a 有着密切的关系。只有选择适当的 C_a，两个决定性因素才可能同时有效控制，得到理想的实验产物。在我们的“双金属同时浸泡”实验中，通过碱性腐蚀从金属表面大量释放 Zn^{2+} 和 Al^{3+} 是 LDH 生长的第一步；接着就是形成$[Zn(OH)_4]^{2-}$ 和 $Al(OH)_4^-$，以及在轻微的搅拌作用下，这两种离子扩散并混合均匀。当 $Al(OH)_4^-$ 到达 Zn 片基底表面时，将会很快地与$[Zn(OH)_4]^{2-}$ 和 CO_3^{2-} 反应，形成 Zn-Al-CO_3^{2-} LDH 薄膜。

需要指出的是，在 Al 片基底上我们也可以得到 LDH 薄膜，但是在反应初期 Al 金属片与氨水的反应比 Zn 片的更为剧烈，因此，Al^{3+} 从 Al 金属表面释放的速度太快，不利于 LDH 的成核和生长，最终很难得到稳固的 LDH 薄膜。实验研究表明，仅在反应前期并且氨水浓度较小情况下，才可以得到完整的 LDH 薄膜。图 4-8(a)是在 C_a = 0.10 M 时，反应进行了 8 h 后在 Al 片上收集到的 LDH 薄膜的 SEM 照片。可以观察到许多厚度和尺寸分别约为 16 nm 和 100 nm 的小片。图 4-8(b)为相应的 XRD 曲线，其中主要包括 LDH 的两个宽峰和几个 Al 片基底的峰位。

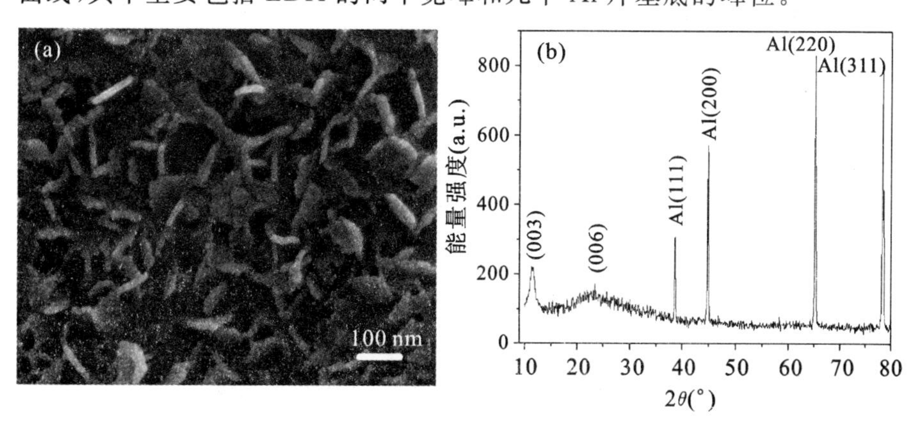

图 4-8 C_a = 0.10 M 条件下反应 8 h 后，Al 片上生长的 LDH 薄膜的 SEM 照片及其 XRD 结果

(a)SEM 照片；(b)XRD 结果

当实验过程中 Zn 片被 Cu 片取代后，通过“Cu、Al 双金属片同时浸泡法”也可以在 Cu 片上生长一系列的 Cu-Al LDH 薄膜。图 4-9(a)～图 4-9(e)分别显示的是 C_a＝0.05 M、0.085 M、0.25 M 和 0.42 M 条件下得到的 Cu-Al LDH 薄膜的 SEM 照片。由此可见，Cu-Al LDH 薄膜在 Cu 片上的生长过程和其随着氨水浓度的变化规律与 Zn-Al LDH 薄膜在 Zn 片上的情况非常类似。在 C_a＝0.05 M 时，LDH 还是很薄的片状结构，当 C_a 增加至0.42 M时，得到的是厚度约为 600 nm、尺寸大于 4 μm 的六边形盘状结构。图 4-9(f)是在 C_a＝0.42 M 条件下得到的薄膜的 XRD 结果，除了来自于 Cu 片基底的三个峰外(JCPDS 卡号：03-1005)，其他的两个峰位都属于纯的 Cu-Al-CO_3^{2-} LDH(36-0630)。红外光谱结果也进一步说明了 Cu-Al LDH薄膜的形成(图 4-5)。

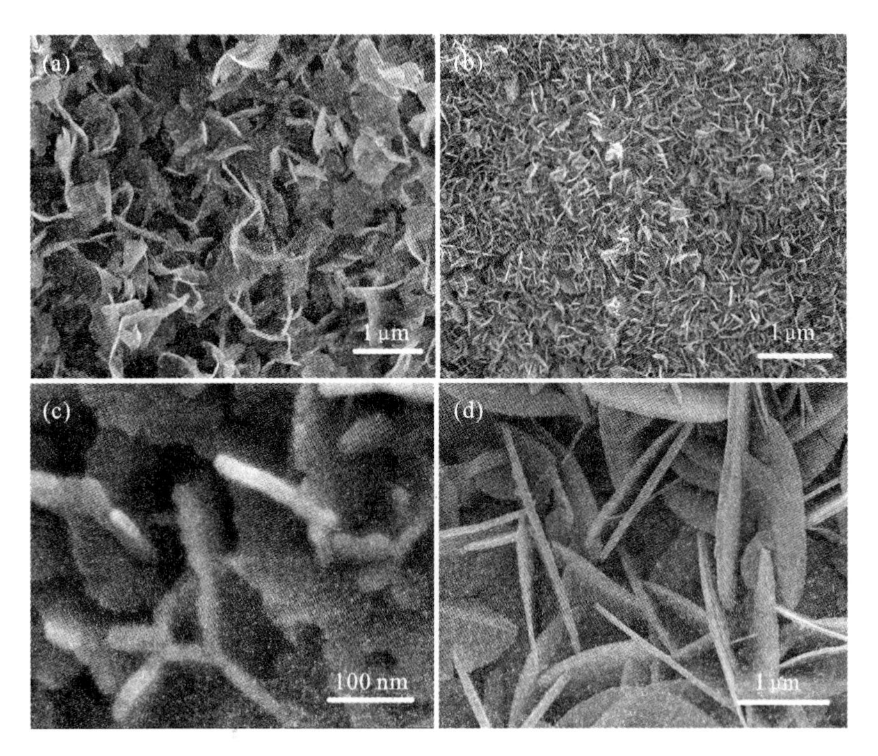

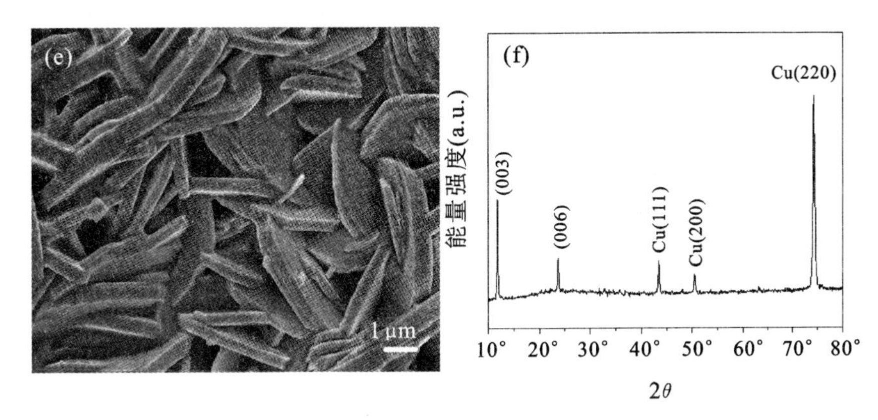

图 4-9　Cu 片上生长的 Cu-Al LDH 薄膜的 SEM 照片

(a)C_a＝0.05 M；(b)、(c)C_a＝0.085 M；(d)C_a＝0.25 M；(e)C_a＝0.42 M；

(f)C_a＝0.42 M 条件下得到的薄膜的 XRD 结果

我们进一步对制得的 LDH 样品进行了 TEM 分析，结果如图 4-10 所示。图 4-10(a)是在 C_a＝0.05 M 情况下制备的 Zn-Al LDH 纳米薄片的 TEM，观察到的结构与 SEM 结果相吻合。图 4-10(b)是 C_a＝0.28 M 条件下得到的 Zn-Al LDH 纳米结构，对应的 SAED 电子衍射结果显示为规则的六方衍射斑点，表明 LDH 为良好的单晶结构[图 4-10(c)]。在图 4-10(d)中，给出了 C_a＝0.085 M 时制备的 Cu-Al LDH 结构的 TEM 照片和单晶衍射结果(SAED)。需要指出的是，LDH 结构对于电子辐射非常敏感，当我们试图去拍摄 LDH 结构的 HRTEM 照片时，结构将会很快被破坏，变成对应的非晶氧化物成分[37]。

在“双金属片同时浸泡法”中，不需加水进行溶解的金属盐有硝酸锌、硝酸铜或者硝酸铝等。所以从金属基片上释放出来的金属离子在溶液中的有效扩散非常关键。在此实验中，轻微的搅拌就是为了达到这个目的，我们认为这种搅拌可以在相应的金属基片表面区域充分混合二价和三价金属离子。在不存在搅拌的情况下进行实验，仅得到非常不均匀的 LDH 薄膜。图 4-11 就是此类 LDH 薄膜的两张典型 SEM 照片。

需要指出，我们的方法具有普适性，对于镀有 Zn 或者 Cu 膜的任何惰性基底，LDH 都应该能够很好地生长。作为一个具体的例子，我们实现了 Zn-Al LDH 薄膜在镀有约 3 μm 厚的 Zn 片的不锈钢合金基底上的生

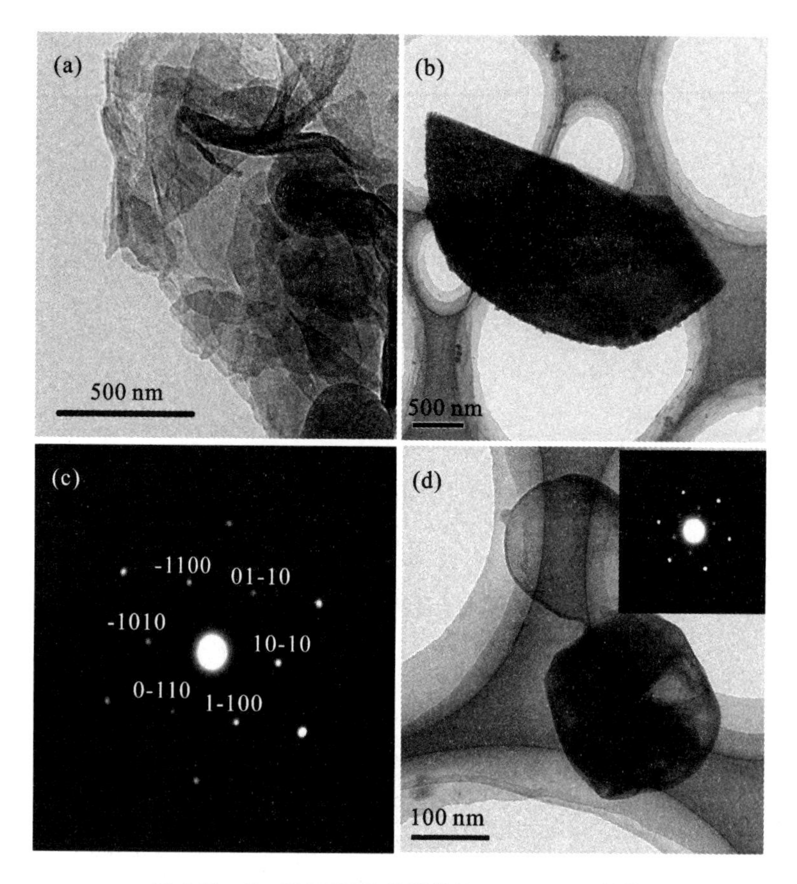

图 4-10　Zn-Al LDH 纳米薄片和 Cu-Al LDH 结构

(a)C_a＝0.05 M 条件下制备的纳米薄片的 TEM 照片；(b)、(c)C_a＝0.28 M 条件下制备的 Zn-Al LDH 纳米盘的 TEM 照片和电子衍射斑点；(d)C_a＝0.085 M 条件下得到的 Cu-Al LDH 结构，插图为对应的 SAED

长，所得的薄膜的 SEM 照片如图 4-12(a)所示(C_a＝0.28 M)。可见，所得到的 LDH 薄膜与在 Zn 片上的非常相似，由许多微米盘相互交错而成。

4.3.3　合金上的 $ZnO/ZnAl_2O_4$ 多孔片薄膜

通常情况下，高温煅烧 LDH 可以得到混有尖晶石的二价金属氧化物[16,17]。由于 LDH 特殊的结构，二价金属和三价金属能够在原子尺度上

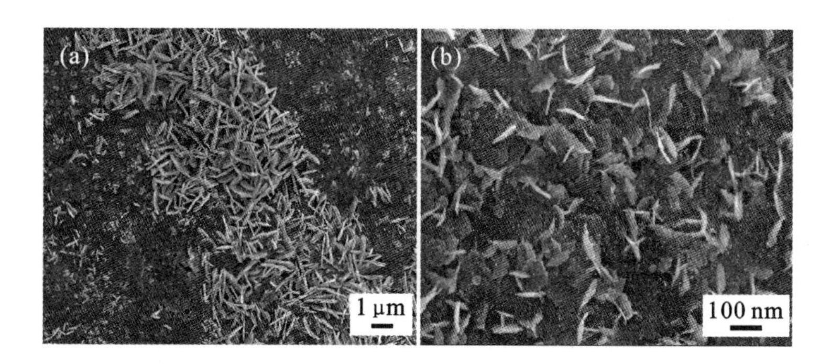

图 4-11 典型的无搅拌条件下得到的 LDH 薄膜

(a)Zn-Al LDH 薄膜(C_a=0.28 M);(b)Cu-Al LDH 薄膜(C_a=0.085 M)

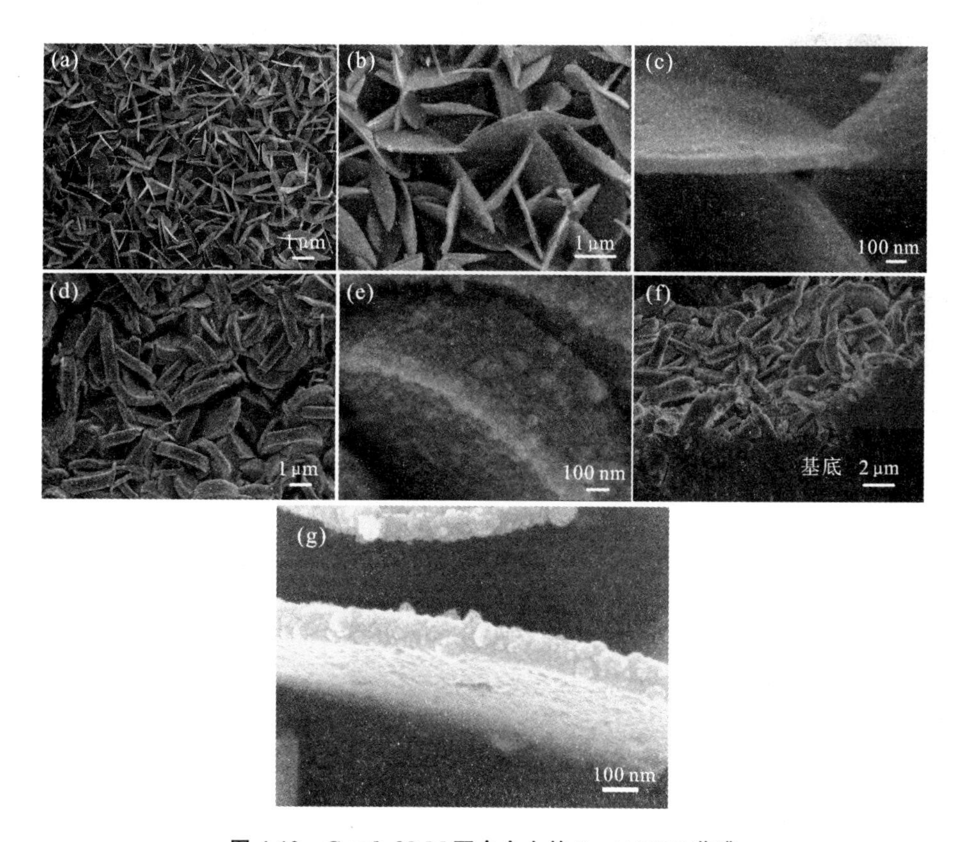

图 4-12 C_a=0.28 M 下合金上的 Zn-Al LDH 薄膜

(a)LDH 薄膜煅烧前;(b)、(c)LDH 薄膜煅烧后;(d)~(f)C_a=0.50 M 下合金上的 ZnO/ $ZnAl_2O_4$ 薄膜的 SEM 照片;(g)C_a=0.28 M 下合金上的单个 ZnO/ $ZnAl_2O_4$ 片

均匀地分布，因此，煅烧的过程有利于尖晶石结构的晶化。考虑到上节中已经实现大面积合金上 LDH 薄膜的直接生长，这里我们希望能够通过煅烧 LDH 薄膜衍生出新型的氧化物纳米结构薄膜。图 4-12(b)、(c)、(g)和图 4-13(a)所示的是 C_a＝0.28 M 条件下在合金上生长的 Zn-Al LDH 薄膜在 650 ℃氩气中煅烧后所得产物的 SEM 照片。图 4-12(d)～图 4-12(f)和图 4-13(b)是 C_a＝0.50 M 条件下在合金上制得的 Zn-Al LDH 薄膜在650 ℃氩气中煅烧后所得产物的 SEM 照片。可以看出，煅烧后的产物形貌与对应的 LDH 相似，但是表面却粗糙很多，每个纳米片或者微米碟的表面明显都是由纳米颗粒组成。图 4-12(f)和(g)的照片显示煅烧后的薄膜依然与基底有着牢固的结合力，这对于薄膜的实际应用非常关键。图 4-13(c)为煅烧所得纳米片的典型低倍 TEM 照片，很明显地，纳米片实际上是由许许多多的粒径为 3～10 nm 的纳米颗粒聚集而成。颗粒与颗粒之间的间隙促使了大量的孔隙结构的形成。我们认为，LDH 薄膜在高温分解的过程中，不断失去水分子以及夹层板间的阴离子 CO_3^{2-} 和 OH^-[17,37]，这些成分变成气体逸出，伴随着 ZnO 和尖晶石 $ZnAl_2O_4$ 的晶化过程，最终就会导致无数孔隙的生成。图 4-13(c)中的插图是煅烧后产物的 EDS 分析结果，可以得到煅烧后的成分只含有 Zn、Al 和 O 三种元素，并且它们的原子比大约为7∶5∶15。图 4-13(d)的 XRD 分析结果进一步表明，煅烧后成分为 ZnO(JCPDS 卡号：36-1451)和 $ZnAl_2O_4$(05-0669)。需要说明的是，为了避免合金基底峰对成分分析的干扰，XRD 结果是从合金基底上取下来的粉末样品采集到的。煅烧产物的进一步信息可以从纳米片的 HRTEM 照片得到，见图 4-13(e)。在此图中，可以明显观察到两种物质，晶面间距4.65 Å和 2.6 Å 分别对应于立方相 $ZnAl_2O_4$ 颗粒的(111)面和六角 ZnO 颗粒的(002)面。更重要的是，对样品不同部分的 HRTEM 分析表明，$ZnAl_2O_4$ 颗粒通常都非常均匀地分布在 ZnO 纳米颗粒的基质中。综上所述，我们成功地在合金基底上实现了 $ZnO/ZnAl_2O_4$ 复合氧化物多孔片薄膜的制备，这在以前是未曾报道过的，尤其是通过 LDH 的分解来原位得到这类复合氧化物薄膜是一种值得继续探索的全新途径。

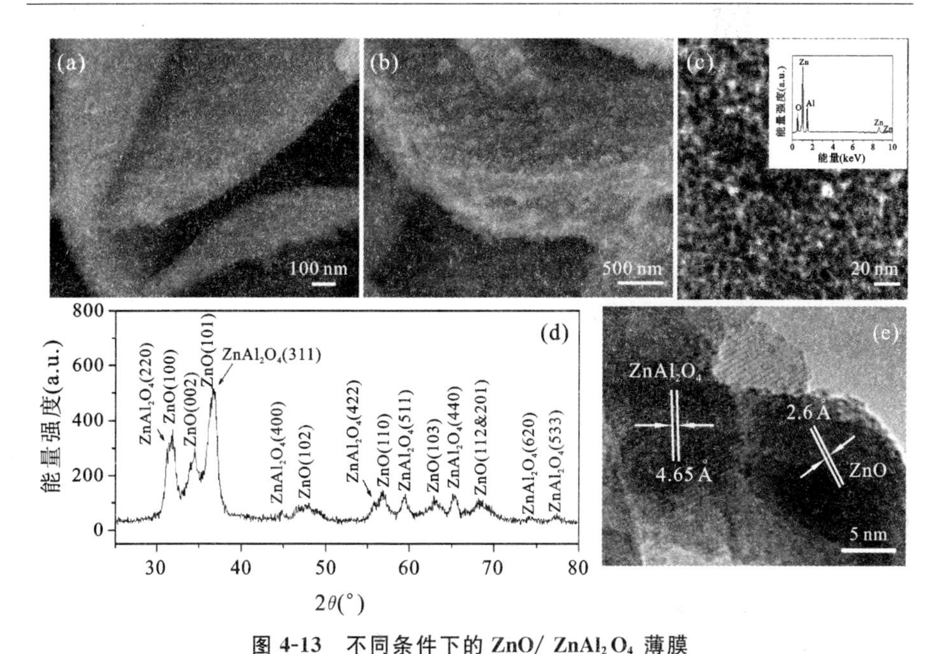

图 4-13 不同条件下的 $ZnO/ZnAl_2O_4$ 薄膜

(a)C_a＝0.28 M 时合金上得到的 $ZnO/ZnAl_2O_4$ 薄膜；(b)C_a＝0.50 M 时合金上制得的 $ZnO/ZnAl_2O_4$ 薄膜；(c)煅烧后产物的 TEM 照片；(d)XRD 结果；(e)HRTEM 照片

4.4 本章小结

将 Al 片浸泡在锌金属盐溶液中在 60 ℃的条件下反应，实现了 Al 金属基片上低温生长高晶体质量的 LDH 薄膜，为直接从基底上制备 LDH 薄膜开辟了新的途径。进一步将此法推广到“二价金属片(Zn、Cu)和三价 Al 金属片同时浸泡”，成功地在二价金属 Zn 和 Cu 基底上得到了均匀的 LDH 薄膜。LDH 晶体的尺寸和形状也可以由反应液中的氨水浓度来调控。结合现今成熟的物理镀膜技术，Zn 或者 Cu 膜很容易被镀到不受碱性溶液腐蚀的惰性基底上，从而再利用“双金属片同时浸泡法”可以在这些惰性基底上得到 LDH 薄膜。实验表明，在镀有 Zn 膜的合金基底上可以合成大面积的 Zn-Al LDH 薄膜，此薄膜在 650 ℃煅烧后变成新型的 $ZnO/ZnAl_2O_4$ 多孔纳米/微米片薄膜，每个纳米/微米片都是由纳米晶粒组装而成，其中 $ZnAl_2O_4$ 非常均匀地分布在 ZnO 纳米颗粒的基体中。此结构在气体传感器和锂离子电池等方面有着潜在应用价值。

参考文献

[1]SELS B, DE VOS D, BUNTINX M, et al. Layered double hydroxides exchanged with tungstate as biomimetic catalysts for mild oxidative bromination[J]. Nature, 1999, 400(6747): 855-857.

[2]KAGUNYA W, HASSAN Z, JONES W. Catalytic properties of layered double hydroxides and their calcined derivatives[J]. Inorganic Chemistry, 1996, 35(21): 5970-5974.

[3]CHOUDHARY V R, DUMBRE D K, UPHADE B S, et al. Solvent-free oxidation of benzyl alcohol to benzaldehyde by tert-butyl hydroperoxide using transition metal containing layered double hydroxides and/or mixed hydroxides [J]. Journal of Molecular Catalysis A: Chemical, 2004, 215(1): 129-135.

[4]REN L, HE J, ZHANG S, et al. Immobilization of penicillin G acylase in layered double hydroxides pillared by glutamate ions[J]. Journal of Molecular Catalysis B: 2002, 18(1): 3-11.

[5]PAVAN P C, GOMES G, VALIM J B. Adsorption of sodium dodecyl sulfate on layered double hydroxides [J]. Microporous Mesoporous Materials, 1998, 21(4): 659-665.

[6]LV L, HE J, WEI M, et al. Uptake of chloride ion from aqueous solution by calcined layered double hydroxides: equilibrium and kinetic studies[J]. Water Research, 2006, 40(4): 735-743.

[7]BISH D L. Anion-exchange in takovite: applications to other hydroxide minerals[J]. Bulletin Mineral, 1980, 103(170): 5.

[8]WILLIAMS G R, O'HARE D. Factors influencing staging during anion-exchange intercalation into $[LiAl_2(OH)_6]X \cdot mH_2O$ ($X=Cl^-$, Br^-, NO_3^-) [J]. Chemistry of Materials, 2005, 17(10): 2632-2640.

[9]BONTCHEV R P, LIU S, KUMHANSL J L, et al. Synthesis, characterization and ion exchange properties of hydrotalcite Mg_6A_{12}

$(OH)_{16}(A)_x(A')_{2-x} \cdot 4H_2O$ (A, A' $=Cl^-$, Br^-, I^- and NO_3^-, $2 \geqslant x \geqslant 0$) derivatives[J]. Chemistry of Materials, 2003, 15(19): 3669-3675.

[10]KHAN A I, O'HARE D. Intercalation chemistry of layered double hydroxides: recent developments and applications[J]. Journal of Materials Chemistry, 2002, 12(11): 3191-3198.

[11]SHAN D, YAO W J, XUE H G. Amperometric detection of glucose with glucose oxidase immobilized in layered double hydroxides[J]. Electroanalysis, 2006, 18(15): 1485-1491.

[12]SHAN D, MOUSTY C, COSNIER S. Subnanomolar cyanide detection at polyphenol oxidase/clay biosensors[J]. Analytical Chemistry, 2004, 76(1): 178-183.

[13]DARDER M, ARANDA P, LEROLIX F, et al. Bio-nanocomposites based on layered double hydroxides[J]. Chemistry of Materials, 2005, 17(8): 1969-1977.

[14]DESIGAUX L, BELKACEM M B, RICHARD P, et al. Self-assembly and characterization of layered double hydroxide/DNA hybrids[J]. Nano Letters, 2006, 6(2): 199-204.

[15]YUAN Q, WEI M, EVANS D G, et al. Preparation and investigation of thermolysis of l-aspartic acid-intercalated layered double hydroxide[J]. The Journal of Physical Chemistry B, 2004, 108(3): 12381-12387.

[16]EVANS D G, DUAN X. Preparation of layered double hydroxides and their applications as additives in polymers, as precursors to magnetic materials and in biology and medicine[J]. Chemical Communications, 2006(5): 485-496.

[17]CAVANI F, TRIFIRO'F, VACCARI A. Hydrotalcite-type anionic clays: preparation, properties and applications[J]. Catalysis Today, 1991, 11(2): 173-301.

[18]HICKEY L, KLOPROGGE J T, FROST R L. The effects of various hydrothermal treatments on magnesium-aluminium

hydrotalcites[J]. Journal of Materials Science, 2000, 35(17): 4347-4355.

[19]ABELLO' S, PE' REZ-RAMI' REZ J. Tuning nanomaterials' characteristics by a miniaturized in-line dispersion-precipitation method: application to hydrotalcite synthesis [J]. Advanced Materials, 2006, 18(18): 2436-2439.

[20]LIU Z, MA R, OSADA M, et al. Synthesis, anion exchange, and delamination of Co-Al layered double hydroxide: assembly of the exfoliated nanosheet/polyanion composite films and magneto-optical studies[J]. Journal of the American Chemical Society, 2006, 128 (14): 4872-4880.

[21]MA R, LIU Z, TAKADA K, et al. Synthesis and exfoliation of Co^{2+}-Fe^{3+} layered double hydroxides: an innovative topochemical approach[J]. Journal of the American Chemical Society, 2007, 129 (16): 5257-5263.

[22]ZOU L, LI F, XIANG X, et al. Self-generated template pathway to high-surface-area zinc aluminate spinel with mesopore network from a single-source inorganic precursor[J]. Chemistry of Materials, 2006, 18(25): 5852-5859.

[23]LEGGAT R B, TAYLOR S A, TAYLOR S R. Adhesion of epoxy to hydrotalcite conversion coatings: Ⅱ. Surface modification with ionic surfactants[J]. Colloids Surfaces A, 2002, 210(1): 83-94.

[24]HE J X, KOBAYASHI K, TAKAHASHI M, et al. Preparation of hybrid films of an anionic Ru(Ⅱ) cyanide polypyridyl complex with layered double hydroxides by the Langmuir-Blodgett method and their use as electrode modifiers[J]. Thin Solid Films, 2001, 397 (1): 255-265.

[25]BUCHHEIT R G, CUAN H. Formation and characteristics of Al-Zn hydrotalcite coatings on galvanized steel[J]. JCT Research, 2004, 1(4): 277-290.

[26]BRATTERMAN P S, TAN C Q, ZHAO J X. Orientational effects

in the infrared spectrum of the double layer material, magnesium aluminum hydroxide ferrocyanide[J]. Materials Research Bulletin, 1994, 29(12): 1217-1221.

[27]GARDNER E, HUNTOON K M, PINNAVAIA T J. Direct synthesis of alkoxide-intercalated derivatives of hydrocalcite-like layered double hydroxides: precursors for the formation of colloidal layered double hydroxide suspensions and transparent thin films[J]. Advanced Materials, 2001, 13(16): 1263.

[28]QIU J, VILLEMURE G. Anionic clay modified electrodes: electrochemical activity of nickel (Ⅱ) sites in layered double hydroxide films[J]. Journal of Electroanalytical Chemistry, 1995, 395(1): 159-166.

[29]ROTO R, YAMAGISHI A, VILLEMURE G. Electrochemical quartz crystal microbalance study of mass transport in thin film of a redox active Ni-Al-Cl layered double hydroxide[J]. Journal of Electroanalytical Chemistry, 2004, 572(1): 101-108.

[30]GAO Y F, NAGAI M, MASUDA Y, et al. Surface precipitation of highly porous hydrotalcite-like film on Al from a zinc aqueous solution[J]. Langmuir, 2006, 22(8): 3521-3527.

[31]LEI X D, YANG L, ZHANG F Z, et al. Synthesis of oriented layered double hydroxide thin films on sulfonated polystyrene substrates[J]. Chemistry Letters, 2005, 34(12): 1610-1611.

[32]LEE J H, RHEE S W, JUNG D Y. Orientation-controlled assembly and solvothermal ion-exchange of layered double hydroxide nanocrystals[J]. Chemical Communications, 2003(21):2740-2741.

[33]LEE J H, RHEE S W, JUNG D Y. Solvothermal ion exchange of aliphatic dicarboxylates into the gallery space of layered double hydroxides immobilized on Si substrates[J]. Chemistry of Materials, 2004, 16(19): 3774-3779.

[34]LEE J H, RHEE S W, JUNG D Y. Selective layer reaction of layer-by-layer assembled layered double-hydroxide nanocrystals[J].

Journal of the American Chemical Society, 2007, 129 (12): 3522-3523.

[35]WANG L Y, LI C, LIU M, et al. Large continuous, transparent and oriented self-supporting films of layered double hydroxides with tunable chemical composition[J]. Chemical Communications, 2007 (2): 123-125.

[36]GE′RAUD E, PE′VOT V, GHANBAJA J, et al. Macroscopically ordered hydrotalcite-type materials using self-assembled colloidal crystal template[J]. Chemistry of Materials, 2006, 18(2): 238-240.

[37]LIU J P, HUANG X T, LI Y Y, et al. Facile and large-scale production of ZnO/Zn-Al layered double hydroxide hierarchical heterostructures[J]. The Journal of Physics Chemistry B, 2006, 110 (43): 21865-21872.

[38]CHEN H Y, ZHANG F Z, FU S S, et al. In situ microstructure control of oriented layered double hydroxide monolayer films with curved hexagonal crystals as superhydrophobic materials [J]. Advanced Materials, 2006, 18(23): 3089-3093.

[39]LIU J, LI Y, HUANG X, et al. Layered double hydroxide nano and microstructures grown directly on metal substrates and their calcined products for application as Li-ion battery electrodes[J]. Advanced Functional Materials, 2008, 18(9): 1448-1458.

[40]SUN G, SUN L, WEN H, et al. From layered double hydroxide to spinel nanostructures: facile synthesis and characterization of nanoplatelets and nanorods[J]. The Journal of Physical Chemistry B, 2006, 110(27): 13375-13380.

[41]WINTER F, XIA X, HEREIJGERS B P C, et al. On the nature and accessibility of the Bronsted-base sites in activated hydrotalcite catalysts[J]. The Journal of Physical Chemistry B, 2006, 110(18): 9211-9218.

 有序阵列/薄膜的锂离子电池应用

5.1 引　　言

新能源和新材料的开发是21世纪全球范围内科学技术的重点发展方向。当前,世界上消耗的约80%的能源来源于煤、石油和天然气等化石燃料,而化石燃料在未来10到30年内将严重枯竭;伴随着全球范围内不可再生能源的日益减少和环境问题的日趋严重,新能源及先进储能装置(如锂离子电池)的研发刻不容缓。对电池的能量密度和循环性能要求的提高促进了高容量二次电池的发展[1,2]。锂是自然界中最轻的金属元素。同时,它的电负性又是最低的,标准电极电位是-3.05 V(相对于标准氢电极)。所以选择适当的正极材料与锂相配,即可以获得较高的电动势,配以合适的电解液便可组装成高比能量的电池[3]。锂离子电池是20世纪末兴起的新型化学能源,它具有比能量大、循环寿命长、工作电压高以及污染小等特点,是第三代可充电"绿色电池",在二次电池中占有及其重要的地位,目前已经被广泛应用于各种个人电子设备。近年来,人们对二次电池的要求不再局限于驱动小型的电子器件,并且希望它能够带动大规模机动车辆(快速充放电、大功率、高比能量、低成本的电极材料),这在一定程度上刺激了锂离子电池研究规模的扩大。高性能锂离子电池的研发具有重要的现实意义[1-3]。

锂离子电池主要由正极材料、负极材料、电解液(离子导体,对电子是绝缘的)和隔膜组成。充电时,锂离子从正极材料中脱出,在外加电势的驱动下经过电解液向负极移动,同时电子在外电路由正极流向负极,到达负极后锂离子得到电子变成原子,嵌入负极晶格中。反之,在放电过程中,锂离子从负极中脱离,经过电解液和隔膜,重新回到正极材料中。因为充电/放电时,锂离子在正、负极之间来回迁移,类似摆动,所以锂离子

电池又被人们称为“摇椅式电池”[1]。

与目前市场上使用的主要二次电池(铅酸电池、镍镉电池、镍氢电池)相比,锂离子电池具有如下特征[4-6]:(1)工作电压高,是镍氢电池工作电压的3倍,一般为3.6 V。(2)自放电情况少,现今商业化的锂离子电池在首次充电过程中会在碳负极上形成一层固态电解质钝化膜,它不允许电子通过,因此可以有效防止自放电,使得存储寿命增加,容量衰减变慢。(3)循环周期长,目前市场上锂离子电池循环能力是镍氢、镍镉电池的2倍,一般可以循环1000多次。(4)能量密度大,是同等质量下镍镉电池能量密度的3倍,是镍氢电池的1.5倍,可以达到180 W·h/kg。(5)环境污染小,锂离子电池中不含有镉和铅等有毒物质,对环境友好。(6)工作温度范围宽,可以在−20～60 ℃,甚至在较低或者较高温度下进行工作。正是锂离子电池上述的优良特性,使得它在便携式个人电子设备、电动车辆、国防科技等诸多领域显现出巨大的应用前景和经济效益。

5.2　锂离子电池负极材料的研究概况

电池的性能与电极材料的结构和性质有着密切的联系。目前,在对锂离子电池的研究中很多是以层状结构的 $LiMO_2$(M为Co、Ni、Mn等过渡族元素)、锂钒氧化物和近年发展起来的橄榄石型 $LiMPO_4$(M为Mn、Fe、Co、Ni元素)为正极材料[1-3,6]。本节仅对锂离子电池的负极材料进行讨论。作为理想的锂离子电池负极材料,通常应该满足如下要求[7-9]:(1)在嵌锂-脱锂过程中,应该具有较小的自由能变化,接近于金属锂的低电位,确保电池具有平稳且较高的输出电压。(2)具备优良的电导性,以保证电极材料的电学连续性。(3)具有较高的稳定性(结构上的、化学上的和热力学上的),不易与电解质发生化学/电化学反应,确保电池产品的稳定性。(4)具有较高的充放电容量和效率,确保电池具有尽可能大的能量密度和尽可能小的容量损失。(5)锂离子在电极材料内部与表面有较大的迁移/扩散速率,以保证电极反应过程的动力学优势,得到具有较高倍率充放电能力的电池。(6)最后,电极材料要容易制备、便宜,对环境污染小,资源丰富,并且材料成型性能要优异。为了满足上述要求,人们对现有电极材料的改性或修饰做了诸多工作,而研究开发新型电池负极材料已成为当前的热潮。

金属锂具有最低的标准电极电位,利用锂作为负极,自然可以制得高工作电压的电池。然而,将金属锂用于二次电池时,却很难得到同样的效果。这是由于在充电过程中,锂晶体在负极表面会形成树枝状或者苔状的结构。这种结构容易导致短路,造成火灾或者爆炸。而使用碳作为负极,在电池充电时,碳材料促进了锂进入其内部,同时在放电过程中,锂又被释放了出来,经过电解液嵌入正极材料中[遵循"插入机制",见图 5-1(a)[10]],这就有效避免了充电时产生有害的枝晶结构。石墨类碳材料作为负极,结晶度高,导电性好,且具有层状结构。由于其结构的特殊性,锂离子在碳层中进行嵌入和脱出的反应主要发生在 0~0.25 V(相对于 Li/Li^+ 电极)的电压情况下,具有良好的充放电电压平台,与提供锂源的正极材料匹配良好,所组成的电池平均输出电压高。因负极不可逆容量需要额外消耗的正极材料较少,石墨类碳材料是一种性能较好的锂离子电池负极材料。然而,石墨类碳材料与有机溶剂相溶能力较差,容易发生溶剂共嵌入,降低了嵌锂性能。另外,6 个碳原子只能配位一个锂离子(LiC_6),最大容量仅为 372 mA·h/g。因此,人们不断地开发出许多新型的碳材料结构来弥补石墨碳材料的不足,主要包括改性天然石墨、焦炭、非石墨化碳、碳纤维、裂解碳、掺杂型碳以及碳纳米管[3]。同时,还通过碳材料晶体结构改性和表面改性等途径来提高质量比容量和体积比容量;通过形成包覆层和金属膜、机械研磨和掺杂、表面氧化等途径,可以极大地提高电极的电化学性能[1,3]。

然而,尽管碳材料是目前市场上普遍使用的锂离子电池负极材料,具有优良的循环性能,但其容量始终还是太小,特别是体积比容量更是没有优势,难以满足大型电动车辆等对电池高容量的要求。合金是一类典型的非碳负极材料,其储锂过程遵循合金机制。当前研究的合金材料种类很多,主要包括 Sn 基、Si 基、Sb 基、Al 基合金等[11-24]。这些材料的理论容量都非常高,比如,Si 在锂嵌入后会形成合金 $Li_{4.4}Si$,其理论容量很高(4200 mA·h/g)。但是合金材料的主要缺点在于:反复充放电后,会产生非常大的体积膨胀(比如,Sn 合金嵌锂后的体积膨胀接近 400%)和发生多级中间相变过程(形成 Li_2Sn_5、LiSn、…、$Li_{22}Sn_5$),从而导致电极材料粉化,材料间接触变弱,电学连续性变差,最终导致容量降低,寿命变

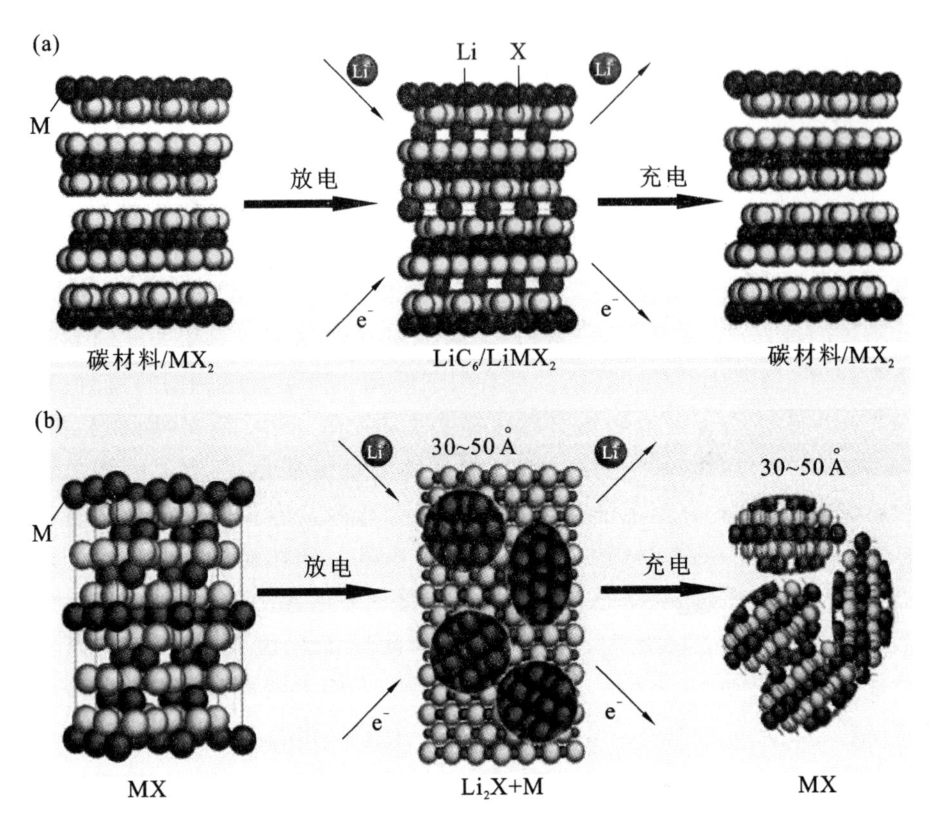

图 5-1 电池充放电过程存在的两种典型机制[10]

(a)插入机制;(b)转换机制

注:M 为金属;X 一般为 O,也可以为 N、S

短[25]。因此,人们普遍追求的一种改善方案即用金属间化合物或复合物取代纯金属。这种方案是指在电极循环过程中,金属间化合物或复合物中的一种或多种组分能够可逆储锂,而其他组分储锂能力很差甚至是惰性的,它们只是起减小活性组分体积膨胀的作用,以维持电极结构的完整性[1]。

金属氮化物和钛酸盐等也可以作为锂离子电池负极材料,充放电遵循"插入机制"[1-3,6]。近年来,由于金属氧化物具有高的理论容量(一般为石墨碳材料的两三倍)、低的制备成本以及良好的结构控制,对其作为锂离子电池负极材料的研究也非常活跃。Poizot 等人[27]最早通过物理衍射、显微镜分析以及光谱学等手段研究了过渡金属氧化物电池反应的机制，至今普遍认定为“转换机理”：$A_xO_y + 2yLi^+ + 2ye^- \rightleftharpoons yLi_2O + xA$。首次放电过程完成后，生成金属纳米颗粒和 Li_2O，前者均匀地分散于后者的基体中。在随后的电化学过程中，Li_2O 不断地生成和被分解，而金属纳米颗粒则反复地被氧化和还原。过渡金属氧化物和锂离子的电池反应完全可逆的原因在于此反应是电化学驱动的，金属的氧化态和还原态之间热力学自由能的差别则可能是驱动力的来源[图 5-1(b)]。到目前为止，文献报道的氧化物，如α-Fe_2O_3[26]、MO(M=Co、Fe、Ni、Mn、Cu)[27,28]、Cu_2O[29]等都具备上述可逆储锂性能。如 Co_3O_4 和 CoO 的容量可以达到 700 mA·h/g 以上[30]，并且具有良好的循环寿命和高的库仑效率；NiO 的可逆容量可达 750 mA·h/g；α-Fe_2O_3 的储锂容量也可高达 700 mA·h/g 以上，并且通过改善其结构、尺寸和形貌，可以使其可逆容量在前 15 次循环内达到稳定，实现高容量、长寿命的循环[31]。除此之外，人们发现很多复合氧化物，如 $Li_3CuFe_3O_7$[32]、MV_2O_6[33]、VBO_3[34]、$FeBO_3$[35]、$Ca_2M_2O_5$(M=Fe、Co)[36] 和 $MMoO_4$(M=Cu、Zn、Ni、Fe、Ca)[37,38]等也有类似的储锂机制，因此，合成这类多元氧化物材料并研究其性能与结构的关系值得关注。然而，普遍地，过渡金属氧化物负极材料的实际放电平台的电压较高(一般为 1~2 V)，所以这类氧化物材料很难用于实际电池产品研发，需要通过一些物理化学手段来降低电压平台。

另一类氧化物负极材料主要包括锡的氧化物(SnO_2 和 SnO)，ZnO 在早期也被人们用来作为锂离子电池的负极材料[39-52]。这类氧化物负极材料在首次放电过程中会首先与锂离子发生取代反应生成 Sn(Zn)金属和 Li_2O，接下来就是金属 Sn(Zn)与锂离子的合金反应。尽管一般的合金在反应过程中体积的变化很大，容易导致电池内部结构的破坏和循环寿命的变短，在这类反应中生成的 Sn(Zn)颗粒尺寸在纳米量级，而 Li_2O 环绕在 Sn(Zn)纳米颗粒的周围所产生的自由空间可以部分减缓合金和去合金过程中体积的变化，起到了“基质”的作用，能够保持电极结构的完整和稳定，减少电极反应过程中材料的粉化，在一定程度上提高了循环性能[39,40]。尽管 Li_2O 的生成及该反应在通常情况下的不可逆性会导致部分的不可逆容量，锡的氧化物的储锂容量仍然在 500 mA·h/g 以上，并且由于锡的氧化物容易合成，比起有些过渡金属氧化物[如 Co_3O_4(Co 离子有毒)]对环境更友好,因此,对其储锂能力的研究至今依然非常活跃。

将纳米结构负极材料用于锂电池有着传统体相材料无法比拟的优势[53-56],比如嵌脱锂过程中纳米材料具有较小的绝对体积膨胀变化,而且具有较好的塑性和蠕变性,可以大大减轻电极的粉化程度;电子在材料中有较大的传输速率;锂离子扩散路径短,可以快速地嵌入和脱出。另外,纳米材料大的比表面积可以保证材料与电解液的大面积接触,从而保证了电化学反应的充分进行。特殊结构的单晶纳米材料,如一维的纳米棒/线、二维的纳米片等还可以将电子的传输限制在特殊的维度上,避免了电子在诸多颗粒晶界处的传输阻力[49-52]。传统上,制备锂离子电池的负极材料时都是将活性材料涂覆在对锂电化学惰性的金属基底(如 Cu、Ni)上压制成薄膜;为了增强材料自身之间以及与金属基底的结合,制膜过程中也都会用到有机黏结剂。因此,即使是纳米材料,在制成薄膜过程中其个体间还是需要通过胶黏剂连接成一体,这样纳米尺度的效应将会大大减弱。薄膜中无数的晶粒间界面也是锂离子扩散的障碍,同时,电子经由薄膜向金属基底的传输也会因为存在过多的界面而变得困难。

5.3 有序纳米结构阵列/薄膜的储锂研究

解决传统薄膜电极动力学问题的一个突破口就是直接在电极基底上生长有序纳米结构阵列/薄膜[57,58],如纳米棒/线阵列、纳米片阵列等。纳米结构阵列/薄膜较体相薄膜和传统颗粒薄膜的优势可以用图 5-2 来说明。由于电极材料能够在生长过程中与集流体基底产生良好的附着力,所以不需要有机黏结剂的进一步固定作用,并且大大减少了传统电极制膜的繁杂过程(降低了成本)和诸多电池性能的影响因素。另一方面,特殊的纳米结构(如纳米棒本身的一维结构)为电子的有效传输提供了理想通道,并且每根纳米棒都与电极基底有着直接的接触,有利于电子向电极的快速输送;纳米结构个体间也是相互独立的,绝对体积变化小,因此,即使锂离子的反复嵌入与脱出会导致尺寸增大,在很大程度也能够保持材料结构的完整性与稳定性。与传统薄膜不同,纳米棒阵列间的间隙大大增加了材料与电解液的接触,电解液容易渗透到集流体基底处,可以减小界面电阻。所有这些特点在动力学上都具有明显优势。在我们的调研范围内，在集流体基底上生长锂离子电池负极材料的报道非常少[57,58,59-66]。典型的例子为在 Cu 片上生长纳米结构的 Fe_3O_4-Cu[59] 和 Ni_3Sn_4-Cu[60]。然而，在所有报道的文献中合成这些材料一般需要高温或者多步骤[57,58]，电化学沉积结合硬模板(AAO、高分子多孔膜等)的方法尤为突出[59-65]。阵列/薄膜的面积完全受到模板尺寸的限制，根本不能大面积合成，无法满足实际应用的需要。

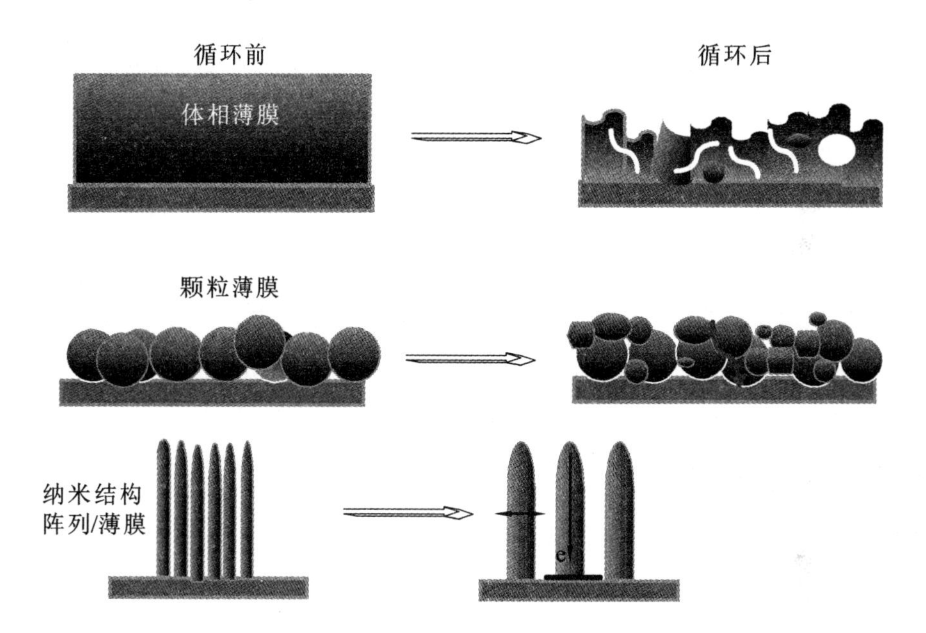

图 5-2 体相薄膜、颗粒薄膜和纳米结构阵列/薄膜在嵌脱锂过程中形貌变化的示意图

本章中，我们将前几章在惰性金属基底(Fe-Co-Ni 合金、Ni 片、Ti 片)上直接生长的大面积氧化物有序阵列/薄膜(ZnO 基、SnO_2、Fe_2O_3)作为锂离子电池负极材料，研究其锂离子储存能力，充分挖掘阵列结构电极相对于传统薄膜电极的优势。并且，研究阵列结构参数(纳米结构尺寸、阵列密度等)对锂电池性能的影响，试图找到最佳的阵列/薄膜电极结构。进一步从提高电极材料导电性的角度出发，我们对纯的氧化物阵列进行了碳修饰(在纳米棒表面包覆碳层或者将碳颗粒均匀分布在氧化物多孔纳米结构中)来延长电池的寿命和提高其高倍率充放电能力。这种将碳的优良电化学性质和阵列结构电极的诸多优势有效结合的方法，为开发高容量、长循环寿命、高倍率充放电能力的低成本负极材料提供了实验依据。

5.3.1 实验部分

纯氧化物纳米结构阵列/薄膜的制备在前面的章节中都有详细的说明。随机纳米棒都是从大量相应的阵列基片上用刀片轻轻刮下来的。碳修饰的ZnO(C-ZnO)与碳修饰的SnO_2(C-SnO_2)阵列的制备过程类似，也非常简单：将金属基底上已合成好的阵列直接浸泡到50 mL 0.02 M的葡萄糖溶液中静置15 h，然后取出60 ℃烘干并在500 ℃氩气中退火5 h即可。C-Fe_2O_3多孔纳米管阵列的合成过程如下：将ZnO阵列静置于50 mL含有0.27 g $Fe(NO_3)_3 \cdot 9H_2O$和0.033 M葡萄糖的混合溶液中，在室温下保持10 h。将浸泡后的基片取出，在空气中干燥后进一步置于管式炉中，450 ℃下在氩气中退火24 h。

直接制备的阵列或者薄膜电极可以容易地被剪裁成直径为14 mm的圆薄片备用。在本章的对比实验中，所有的粉末样品的电极制备过程如下：在常温常压下按比例[粉末样品：乙炔黑：聚偏氟乙烯(PVDF)＝75：15：10]配好材料，以N-甲基吡咯烷酮(NMP)作为溶剂，配成电极浆液，充分研磨后将黏稠的浆液均匀涂覆在集流体金属衬底上，晾干后剪成直径为14 mm的圆薄片，再在20 MPa压力下压实。所有电极圆片使用前均在120 ℃真空烘箱内加热12 h。粉末状样品制备的电极一般都含有较多的活性材料，因此称量质量时只需对圆形电极片多次称量取平均值即可。对于直接生长的阵列或薄膜电极，集流体金属基片上的材料质量较小，我们采用如下办法：首先称量较大面积(如40 cm^2)基片上材料的质量，然后计算直径为14 mm(面积约为1.539 cm^2)圆片上的材料质量。将此法应用到4片不同的40 cm^2阵列/薄膜基底上，最后取统计平均值。质量称量所用天平为BS 124 S(量程为120 g，精度为0.1 mg)和AX/MX/UMX(METTLER TOLEDO，量程为5.1 g，精度为1 μg)。

电池的组装在干燥的充满氩气的手套箱(MBRAUN MB150B-G型手套箱，德国)内完成。对电极为锂片，隔膜为Celgard 2320，电解液为1 M $LiPF_6$/EC＋DMC(体积比为1：1)。封装好的电池都要静置8 h后在多通道电池测试系统(深圳新威电子有限公司)上以恒电流进行充放电实验(嵌锂为放电过程，脱锂为充电过程)。

5.3.2 ZnO 针状纳米棒阵列的锂存储性能

ZnO 是典型的多功能氧化物半导体[67,68]，可以用来作为锂离子电池负极材料。然而，关于 ZnO 负极嵌锂仅在锂电池早期研究阶段有人关注[69-72]。到目前为止，也仅有几篇相关文献。主要原因在于，体相 ZnO 通常在反应动力学上不具有优势，并且循环过程中(甚至是在低倍率条件下循环)会出现很快的容量衰减[69]。对于纳米尺寸 ZnO 的嵌锂，材料在充放电过程中体积膨胀(尽管纳米材料的绝对体积变化较小)所引起的电学接触丧失和电极粉化依然是很严重的问题[70,71]。因此，对于 ZnO，较高的可逆容量和较高倍率的充放电一直无法实现[73]。至今，已报道的 ZnO 体相的颗粒[69]、球磨得到的纳米颗粒[71]以及水热法合成的纳米棒粉末[72]都具有较高的首次放电容量，如体相的颗粒首次放电容量为 650 mA·h/g，球磨得到的纳米颗粒可达 1000 mA·h/g，纳米棒粉末也可达到 1277 mA·h/g；但是所有这些材料的可逆容量衰减得非常快，比如球磨的 ZnO 颗粒第一次可逆容量仅有 412 mA·h/g，后面的就更不值一提。

我们在国际上第一次将阵列形式的 ZnO 纳米结构用于锂离子电池负极。图 5-3(a)是直接生长在 Ni 片上的 ZnO 阵列在倍率为 0.25 *C*(1*C* 定义为 1 h 放电 3 mol 的 Li^+，987.8 mA/g)时的第 1 次和第 10 次充电-放电曲线。放电终止电压为 0.05 V，充电终止电压为 2.5 V。可以看到阵列的第一次放电容量大约为 1219 mA·h/g，并且放电曲线上可以划分成三个明显区域：第一个区域内，电池电压很快地降到约 1.0 V，接着缓慢地由 1.0 V降至 0.5 V；第二个区域为保持在 0.5 V 电压处的一个平台，对应于 ZnO 吸收锂的电化学反应过程，这个过程会形成 Zn 金属和 Li_2O 惰性基质；第三个区域为 0.5 ～0.05 V，此过程包括 Li-Zn 合金的形成和溶剂分解形成 SEI 钝化膜。ZnO 材料的储锂机制可以用以下反应表示[73]：

$$ZnO + 2Li^+ + 2e^- \longrightarrow Li_2O + Zn \tag{5-1}$$

$$Zn + Li^+ + e^- \rightleftharpoons LiZn \tag{5-2}$$

在图 5-3(a)中还可以看到，首次充电容量为 578 mA·h/g，比商业体相颗粒和球磨得到的 ZnO 纳米颗粒的首次可逆容量都大，表现出明显的优势。但是 ZnO 阵列依然存在很大部分的首次不可逆容量，这主要是由反应 1[式(5-1)]的不可逆性质导致的。进一步，我们发现 10 次充放电后，ZnO 阵列依然能保持放电和充电容量分别为 495 mA·h/g 和 440 mA·h/g。这些结果都优于先前的报道。

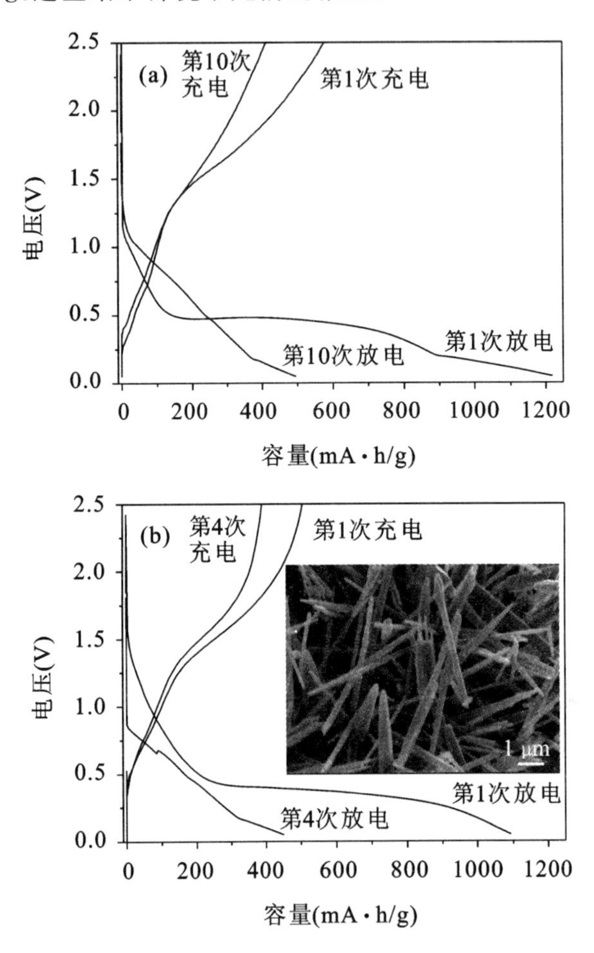

图 5-3 ZnO 针状纳米棒阵列的电池性能

(a)ZnO 针状纳米棒阵列第 1 次、第 10 次充电/放电曲线；(b)随机 ZnO 针状纳米棒制备的薄膜的充放电曲线

注：插图为随机 ZnO 针状纳米棒的 SEM 照片，充放电倍率均为 0.25C

为了进行比较研究，我们也将随机的 ZnO 针状纳米棒制成薄膜电极，在同样的条件下进行了测试，充放电结果见图 5-3(b)。图 5-3(b)中插图是对应的随机 ZnO 针状纳米棒的 SEM 照片，除了没有取向外，棒的尺寸、形貌都与阵列形态的完全一样。充放电结果显示随机 ZnO 针状纳米

棒的首次放电容量也能达到大约1090 mA·h/g，比 ZnO 阵列的首次放电容量仅小一点，其首次充电容量为505 mA·h/g。然而，接下来的容量损失却很快，4 次循环后的可逆容量仅为 386 mA·h/g。10 次之后的放电和充电容量分别为 234 mA·h/g 和 205 mA·h/g[随后的见图 5-6(a)]，都已经小于标准石墨负极材料的理论值了。综上所述，阵列形态的结构很大程度上提高了 ZnO 负极材料的循环性能。

5.3.3 C-ZnO 针状纳米棒阵列的锂存储性能

为了充分结合阵列电极的优势和碳材料的电学、电化学活性，我们利用葡萄糖溶液浸泡 ZnO 纳米棒阵列的方法成功制备了 C-ZnO 纳米棒有序阵列。图 5-4(a)所示的是 C-ZnO 阵列制备过程的示意图。当葡萄糖溶液充分吸附到 ZnO 纳米棒表面上后，在惰性气体下退火即可将葡萄糖碳化，原位在 ZnO 纳米棒的表面形成碳层。图 5-4(b)是 C-ZnO 阵列的 SEM 照片，插图为一块直径为 14 mm 大小的 C-ZnO 阵列圆形电极的光学照片。我们从 SEM 照片中看不出碳修饰后的 ZnO 阵列结构的明显变化，纳米棒依然有着尖的顶部，并且彼此充分分离。图 5-4(c)是 C-ZnO 阵列的 XRD 结果，除了 Ni 片基底的三个峰外，高衍射强度的 ZnO(002)峰表明阵列仍然是高度取向的。图 5-4(d)是 C-ZnO 阵列典型的拉曼光谱。438 cm^{-1}的拉曼峰是 ZnO 材料的特征峰(E_{2H}模式)。在 1340 cm^{-1}和 1588 cm^{-1}的两个峰可以分别归结为碳材料的 D 峰和 G 峰，证明了碳的存在[74]。同时，相对于 G 峰，较宽的 D 峰及其大的积分面积意味着碳材料是部分石墨化的。热重分析进一步反映了碳在 C-ZnO 中的含量(质量分数)大约为 3.0%。

为了进一步了解 C-ZnO 纳米棒的结构，我们进行了 TEM 分析，其结果如图 5-5 所示。此图显示了纳米棒表面实际上很均匀地包覆着一层厚度约 6 nm 的碳膜。ZnO 的晶面间距也可以清楚地量得为 0.26 nm，对应于(002)平面，说明了 ZnO 纳米棒的[001]生长方向。插图中的衍射进一步表明了 ZnO 纳米棒的单晶结构。我们对其他很多单根的纳米棒进行了 TEM 检测，大多数情况下，都可以看到这种均匀的碳层。

对 C-ZnO 阵列组装的锂离子电池进行测试，得到的充放电曲线如图 5-6(a)中插图所示(0.25C，0.05～2.5 V)。此曲线与纯 ZnO 阵列的充放

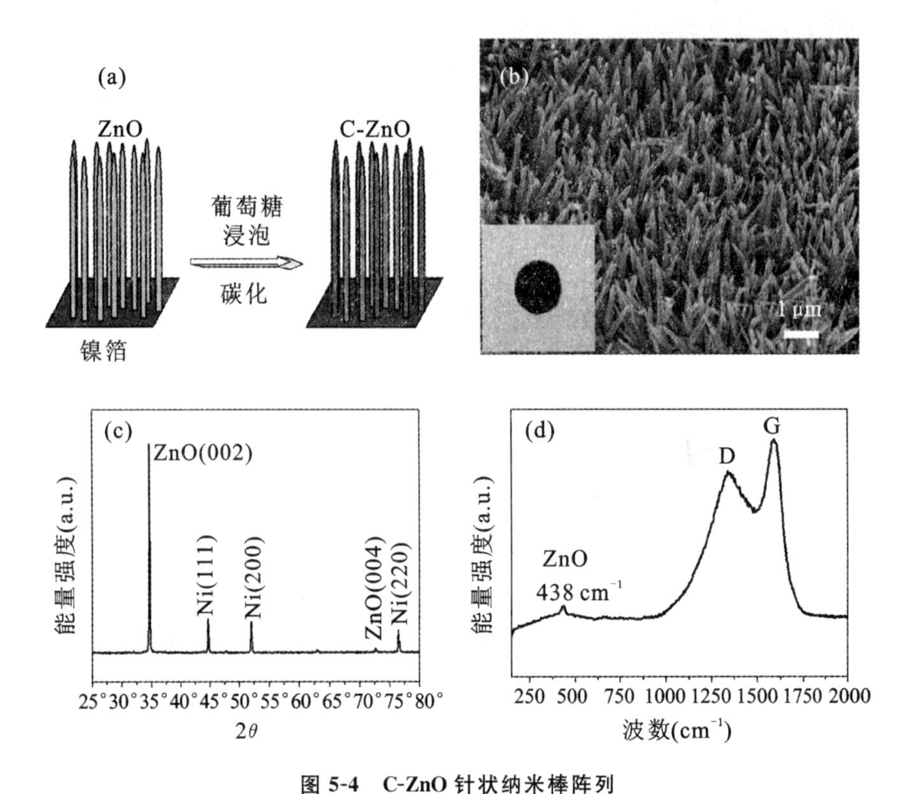

图 5-4 C-ZnO 针状纳米棒阵列

(a)C-ZnO 纳米棒阵列的制备过程示意图;(b)C-ZnO 阵列的 SEM 照片,插图是直径为 14 mm 圆形阵列电极的光学照片;(c)、(d)C-ZnO 阵列的 XRD 结果和拉曼光谱

电曲线非常类似,说明了电化学反应过程是基本一致的,即先进行取代反应,然后是合金反应机制。图 5-6(a)显示了由 C-ZnO 纳米棒阵列(图中用圆圈表示)、纯 ZnO 纳米棒阵列(图中用五角星表示)和随机纳米棒(图中用三角形表示)制成的薄膜电极作为锂离子电池负极的容量随着循环次数的变化规律。可以得出 C-ZnO 的首次放电和充电容量分别为 1150 mA · h/g 和 640 mA · h/g,库仑效率达到 55.7 %,尽管存在 44.3%的不可逆容量部分,这个库仑效率比纯 ZnO 阵列以及先前所有报道的 ZnO 的首次库仑效率都高[69-73]。因此可见,碳的修饰可以在一定程度上提高 ZnO 材料与锂反应的可逆性。我们发现,循环 20 次后,C-ZnO 还能保持 500 mA · h/g 的容量,循环 50 次后的容量也能维持在 330 mA · h/g。相比之下,纯 ZnO

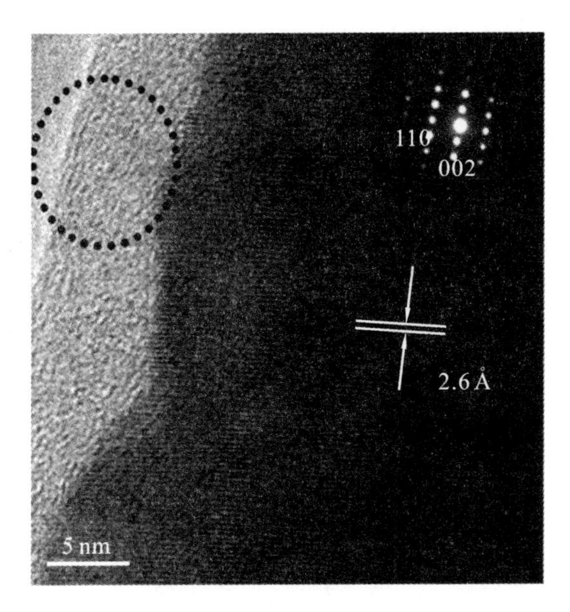

图 5-5 典型的 C-ZnO 纳米棒的 TEM 照片

阵列、随机 ZnO 纳米棒制成的薄膜和以前报道的 ZnO 结构即便有着可以与 C-ZnO 阵列相比拟的首次放电容量，但是在循环 10 次后的容量值都很难维持在 300 mA・h/g。

作为负极材料，C-ZnO 阵列的另外一个突出的优点是其能够在较高倍率下充放电。高倍率下充放电是现今评价锂离子电池性能的主要指标之一[3]。我们首次研究了 C-ZnO 在不同较高充放电倍率下的电池性能，其结果如图 5-6(b)所示。可以看到，在充放电倍率分别为 0.35*C*、0.75*C* 和 2*C* 的条件下，电池的首次充电容量分别为 550 mA・h/g、471 mA・h/g 和 385 mA・h/g，在 2*C* 倍率下的可逆容量能够与石墨相比拟。图 5-6(c)还进一步显示了在 0.75*C* 情况下，C-ZnO 阵列的放电和充电容量随着循环次数的变化规律。很明显，30 次循环后，放电和充电容量分别为 360 mA・h/g和 324 mA・h/g。并且，在 0.75*C* 倍率下充放电 30 次后可逆容量的保持率为 68.8%，可以和 0.25*C* 倍率条件下的结果相比拟。与此对照，纯的 ZnO 阵列和随机纳米棒制成的薄膜在高倍率下充放电，循环不超过 5 次后容量就低于 300 mA・h/g。由此可见，碳的存在大大提高了 ZnO 阵列在高电流倍率下的工作能力。

ZnO 负极材料在放电过程中会首先发生取代反应，生成 Zn 和 Li_2O，这个过程和 SnO_2 与锂的反应非常相似。Sn 和 Zn 纳米颗粒最初都能很好地分散在 Li_2O 的基质中，Li_2O 可以环绕在这些纳米颗粒的表面，产生一些自由空间，部分空间可以缓冲接下来的合金形成与分解过程中体积的变化。但是，实际上，随着循环次数的增加，金属颗粒还是会在 Li_2O 基质中慢慢扩散，而 Zn 纳米颗粒在 Li_2O 基质中的扩散速度远比 Sn 颗粒的快，导致 Zn 颗粒的较为严重的团聚长大和最终电极的粉化[75]。因此，通常情况下 ZnO 材料的循环性能很差。在本节中，我们通过碳的修饰结合阵列电极的动力学优势，在很大程度上延长了 ZnO 负极材料的寿命并提

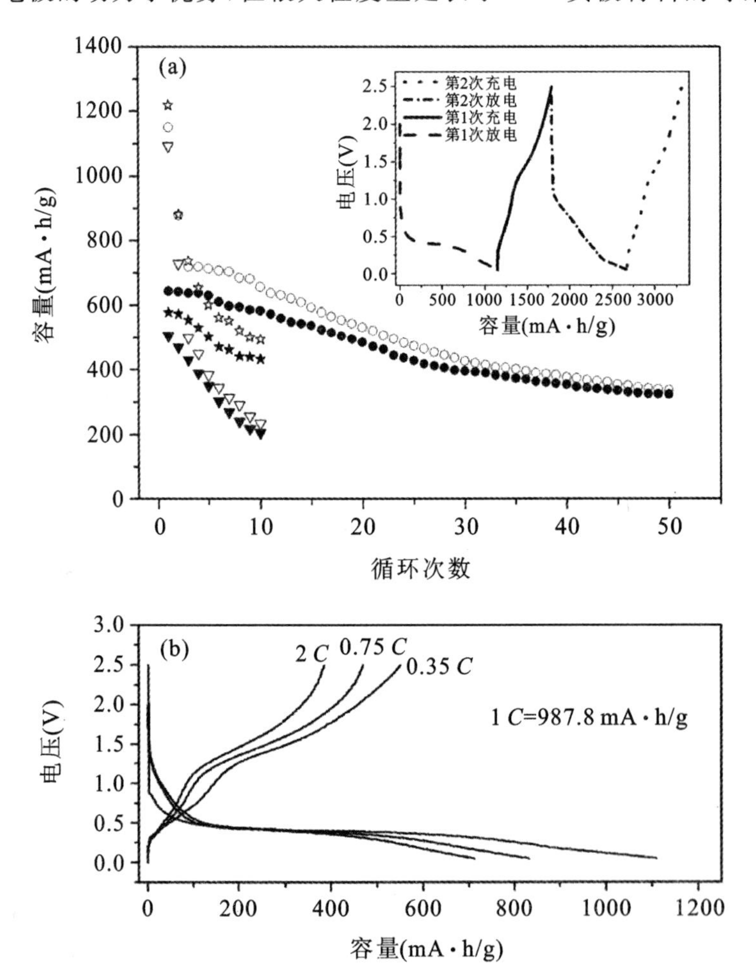

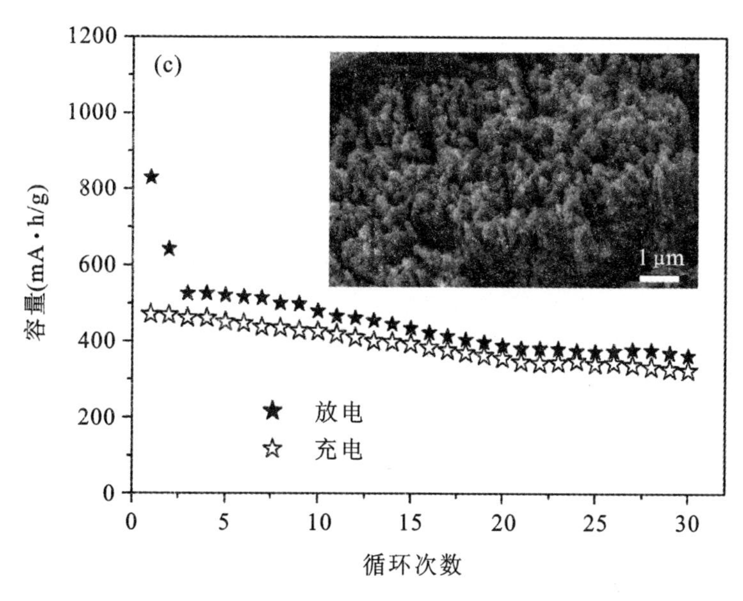

图 5-6 ZnO 阵列的相关对比数据

(a)C-ZnO 阵列(圆圈)、ZnO 阵列(星号)和随机 ZnO 纳米棒制成的薄膜(倒三角)的充放电容量随着循环次数的变化,插图为 C-ZnO 阵列在 0.25*C* 下的第 1 次和第 2 次充放电曲线;(b)C-ZnO 阵列在高倍率下的首次充放电曲线;(c)C-ZnO 在 0.75*C* 下的循环性能,插图显示的是 C-ZnO 阵列在 0.75*C* 下 50 次循环后的 SEM 照片

高了其高充放电倍率下的性能。大致地,我们认为碳的作用主要有以下三点:(1)碳本身是良好的电子导体[76-82]。因此可以增强 ZnO 材料的导电性,加快电子传输,更好地保持电极材料的导电能力以及与集流体金属基底的电学接触。由于碳材料在 ZnO 纳米棒表面的均匀包覆,所以电子可以很容易达到任何一个嵌锂反应发生的位置,这一特点对于在较高倍率下电极的循环工作有着至关重要的作用。(2)碳材料具有足够好的机械强度,有很强的结构缓冲能力[83]。因此包覆在 ZnO 棒上的碳可以有效地减轻 ZnO 材料在嵌脱锂过程中由于体积变化引起的应力,以维持阵列结构的完整性,从而有利于保持材料的电学连续性,增强循环能力。我们的实验结果也很好地证明了这一点,在图 5-6(c)的插图中,显示了 C-ZnO 阵列在 0.75*C* 的倍率下循环 50 次之后的 SEM 照片。可见,尽管嵌脱锂造成了较大的体积膨胀,ZnO 棒结构发生了形变,形成了很多颗粒聚集的表面,但是棒状阵列的形态依然能够维持得很好。与此形成对照的是,纯

ZnO 阵列电极在循环仅 25 次之后结构就基本被完全破坏，如图 5-7 所示。(3)碳是具有稳定电化学活性的负极材料。以前的报道[84]显示：钝化 SEI 膜在碳的表面比在过渡金属表面更为稳定，因此稳定的 SEI 膜的形成对于维持碳层下面的 ZnO 纳米棒结构的完整性也起着重要作用。

图 5-7 纯 ZnO 阵列在 25 次循环测试之后的典型 SEM 照片

还需要进一步指出的是，C-ZnO 阵列电化学性能的提高还得益于 ZnO 的阵列结构，正如 5.3 节前言部分所述，活性材料与集流体金属基片间强的机械附着力和电学接触，每个纳米棒个体充分的电化学反应以及沿着纳米棒长度方向的直接电子传输通道(无须通过传统薄膜电极中无数造成阻碍的晶界)都有利于提高电池的循环性能和在高电流倍率下的工作能力。

5.3.4 $ZnO/ZnAl_2O_4$ 多孔片薄膜的锂存储性能

提高材料的导电性是改善电池循环性能的一个重要途径。另一方面，活性材料中引入对锂电化学惰性的基质材料可以通过缓冲体积的变化来提高电池性能[36,37]。在第 4 章中，我们已经成功地通过煅烧水滑石 LDH 薄膜这一新途径实现了 $ZnAl_2O_4$ 纳米颗粒在 ZnO 基质中的原位形成和均匀分布。作为带隙为 3.8 eV 的半导体材料，尖晶石 $ZnAl_2O_4$ 可以被用来作为催化剂、介电质、光学材料和用来制备透明导体[85,86]，重要的是其对锂是电化学惰性的，因此，我们相信引入的 $ZnAl_2O_4$ 可以作为缓冲剂提高 ZnO 材料的电化学性能。下面我们研究在 C_a=0.28 M 下 650 ℃煅烧 LDH 薄膜得到的 $ZnO/ZnAl_2O_4$ 多孔片薄膜的锂电池应用。

图 5-8(a)是 $ZnO/ZnAl_2O_4$ 薄膜的充放电曲线(电流倍率为 200 mA/g，电压设置为 0.05～2.5 V)，显示了第 1、2、3、8 和 10 次循环的结果。为了更清晰地了解电化学反应平台的电压位置，进一步给出了第一次循环的微分容量曲线，见图 5-8(a)中的插图。可以看到，$ZnO/ZnAl_2O_4$ 的首次放电容量为 1275 mA・h/g(此节所有容量值都是根据薄膜中 ZnO 的质量来计算的)，首次放电曲线同样可以分成三个典型区域。ZnO 与锂发生电化学反应的平台电压为 0.35 V，对应于放电微分容量曲线中的一个非常尖锐的峰。但是值得一提的是，此值小于上节中观察到的平台值(大约为 0.5 V)，这应该是 $ZnAl_2O_4$ 导致的，说明活性材料与锂的反应电位与材料的成分和结构有着非常大的联系。对首次放电完毕后的电极成分进行 XRD 分析(图 5-9)，发现 $ZnAl_2O_4$ 的晶体峰位依然存在，说明 $ZnAl_2O_4$ 的确是电化学惰性的。进一步可以得出首次充电容量为 590 mA・h/g；与首次放电容量相比较，说明依然存在较大的不可逆容量损失，原因在于第一步取代反应的不可逆性和放电时形成钝化 SEI 膜消耗了部分锂，这两者也是有较大的首次放电容量的主要原因。充电过程的化学反应过程可以间接地从充电微分容量曲线得到。在充电微分容量曲线中，0～0.75 V 范围内可以观察到三个峰值，对应于去合金化的一系列过程：$LiZn \longrightarrow Li_2Zn_3 \longrightarrow LiZn_2 \longrightarrow Li_2Zn_5$[70,72]。另外，在 1.0～1.75 V范围内存在一个宽峰，有人提出，这可能是在特殊情况下原来认为不可逆的取代反应在一定程度上能够发生所导致的[69,87]。由图 5-8(a)还可以得到，第二次放电和充电容量分别为 881 mA・h/g 和 583 mA・h/g，第 10 次循环后的放电和充电容量还可以保持在 500 mA・h/g 和 435 mA・h/g。

为了研究薄膜电极中 $ZnAl_2O_4$ 成分的作用，我们合成了纯 ZnO 纳米颗粒，并将其按照传统的技术制成薄膜电极，测试了电极的充放电性质。ZnO 纳米颗粒大小为 8 nm 左右，与 $ZnO/ZnAl_2O_4$ 薄膜中的 ZnO 晶粒的尺寸相当，并且形成薄膜后也是多孔结构(图 5-10)。纯 ZnO 纳米颗粒薄膜的前三次充放电曲线在图 5-8(b)中给出。首次放电和充电容量分别为 1192 mA・h/g 和 526 mA・h/g，但是循环三次后，仅 35.7%的首次放电

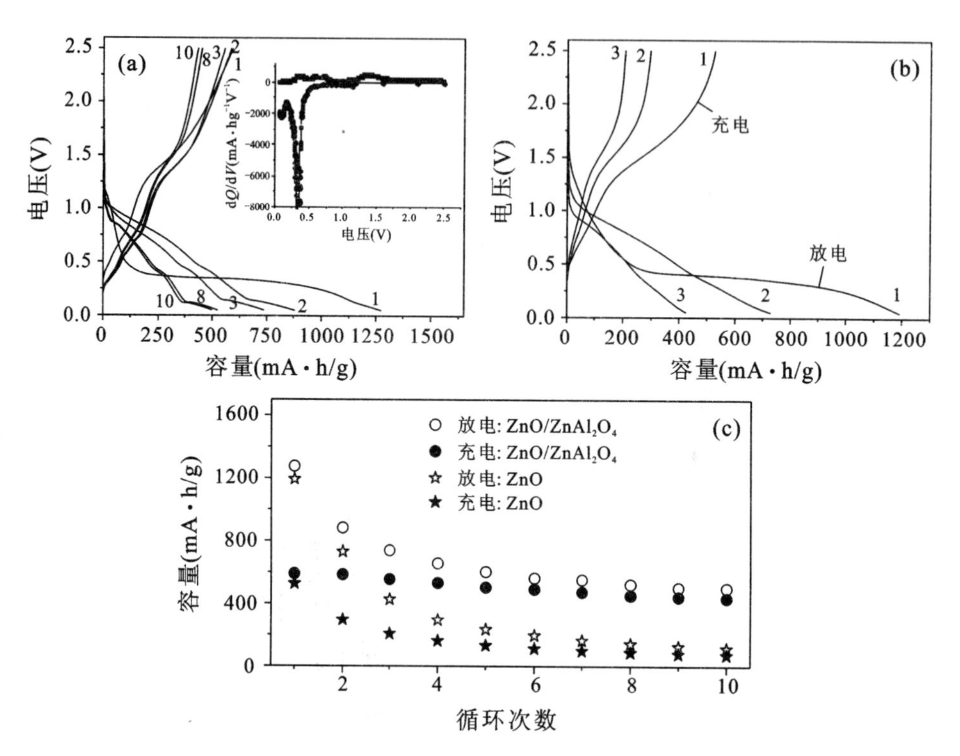

图 5-8 $ZnO/ZnAl_2O_4$ 多孔片薄膜的锂存储性能

(a)$ZnO/ZnAl_2O_4$ 多孔片薄膜充放电曲线，插图为首次充放电微分容量曲线；(b)纯 ZnO 纳米颗粒薄膜的前三次充放电曲线；(c)$ZnO/ZnAl_2O_4$ 薄膜和纯 ZnO 纳米颗粒薄膜的循环性能曲线

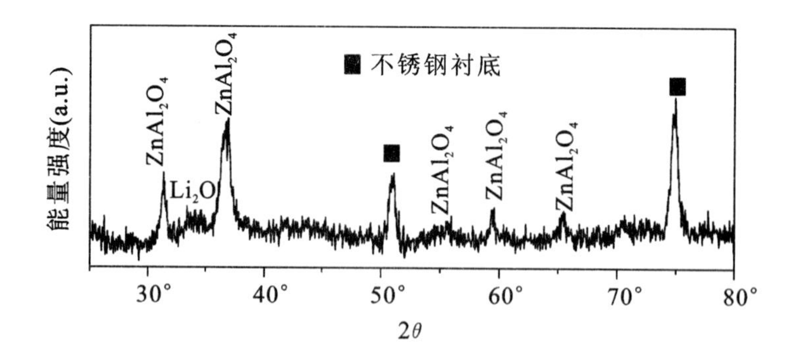

图 5-9 首次放电完毕后薄膜电极的 XRD 结果

容量和39.2%的首次充电容量得以保持。图5-8(c)进一步显示了$ZnO/ZnAl_2O_4$多孔片薄膜和纯ZnO颗粒薄膜前10次的充放电循环曲线。可见，$ZnO/ZnAl_2O_4$薄膜的电化学嵌锂能力明显强于纯的ZnO多孔纳米颗粒薄膜的能力。在更高的电流倍率(如500 mA/g)条件下，$ZnO/ZnAl_2O_4$薄膜的优势体现得更为明显，如图5-11所示。

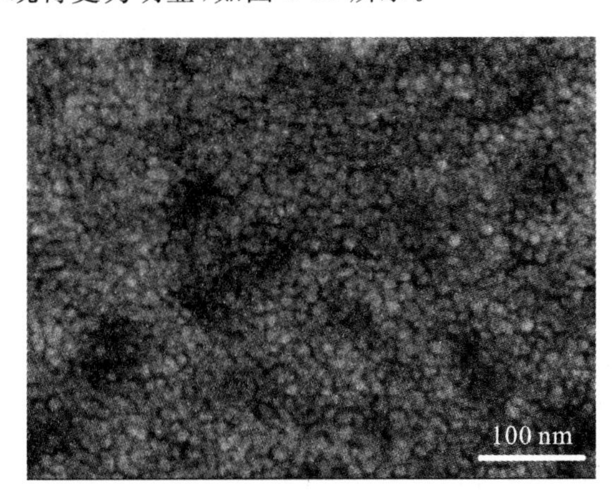

图5-10　纯ZnO纳米颗粒薄膜的SEM照片

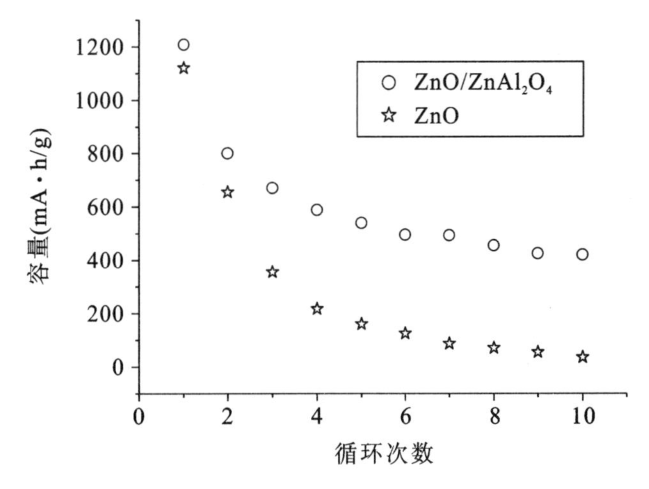

图5-11　500 mA/g电流倍率下两种薄膜的循环性能曲线(放电容量)

对于ZnO与锂的电化学反应，在第一次放电后，合金化和去合金化过程中，Li_2O基质的存在不足以缓冲活性材料体积的膨胀。在我们的实验中，不嵌锂的尖晶石 $ZnAl_2O_4$ 应该起到了进一步缓冲体积变化的重要作用。需要强调的是，$ZnAl_2O_4$ 在 ZnO 中的均匀分布得益于直接煅烧 LDH 薄膜，如此纳米尺度的分散度通过简单混合 ZnO 及 $ZnAl_2O_4$ 是无法得到的，均匀分布是有效缓冲体积变化的前提。因为只有在统计上每个 ZnO 颗粒都被惰性 $ZnAl_2O_4$ 包围，才能真正减小由体积变化引起的机械应力和防止 Zn 颗粒的团聚长大。也正因为如此，煅烧 LDH 薄膜的温度对最终的电化学性能必然会有影响。原因很简单，不同的煅烧温度将会引起 $ZnAl_2O_4$ 在 ZnO 基质中的分布。为了证实此想法，我们在 500～800 ℃温度范围内煅烧 LDH 薄膜。实验发现，当煅烧温度由 500 ℃逐渐升高到 650 ℃时，ZnO 和 $ZnAl_2O_4$ 颗粒大小的变化不大，$ZnAl_2O_4$ 颗粒始终能够在 ZnO 颗粒的基质中高度分散，不会因为温度的升高而长大。在这些情况下，得到的产物薄膜的电化学性质相当。但是，当温度高于650 ℃后，$ZnAl_2O_4$ 颗粒的尺寸剧烈增大。在 800 ℃下煅烧得到的复合多孔片的 TEM 照片和 HRTEM 照片[图 5-12(a)和(b)]显示，$ZnAl_2O_4$ 的尺寸变大到近 20 nm，由于 $ZnAl_2O_4$ 在复合物中的总量是保持不变的，尺寸变大就意味着其在 ZnO 基质中低的分布密度，这必然导致分布在统计上的不均匀性。因此，$ZnAl_2O_4$ 的缓冲作用将会大大减弱，电化学测试[图 5-12(c)]显示，将800 ℃下煅烧得到的复合氧化物多孔片薄膜作为锂离子电池负极的循环性能的确变差。在 200 mA/g 的电流倍率下循环 10 次后，其放电容量仅有398 mA·h/g，明显小于 650 ℃下煅烧产物的水平。

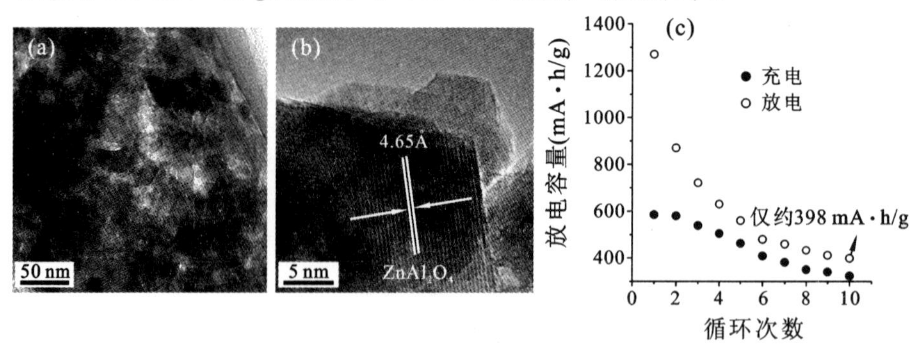

图 5-12　$ZnO/ZnAl_2O_4$ 多孔片

(a)、(b)800 ℃下煅烧得到的 $ZnO/ZnAl_2O_4$ 多孔片的 TEM 照片和 HRTEM 照片；

(c)在 200 mA/g 的电流倍率下，800 ℃下的多孔片薄膜的循环性能

5.3.5 SnO_2 纳米棒阵列的锂存储性能

SnO_2 的嵌锂机制和 ZnO 的类似，但是正如 5.3.3 节中讨论过的一样，第一次放电完毕后，Sn 金属纳米颗粒在 Li_2O 基质中的稳定性较 Zn 的强，因此 SnO_2 较之 ZnO 是更有前途的氧化物负极材料。另外，SnO_2 的可逆理论容量高达约 781 mA·h/g，是替代传统石墨负极材料的理想候选者[43,44,52]。SnO_2 与 Li 的电化学反应过程可以用如下两个方程式表示：

$$SnO_2 + 4Li^+ + 4e^- \longrightarrow Sn + 2Li_2O \tag{5-3}$$

$$xLi^+ + xe^- + Sn \rightleftharpoons Li_xSn\ (0 \leqslant x \leqslant 4.4) \tag{5-4}$$

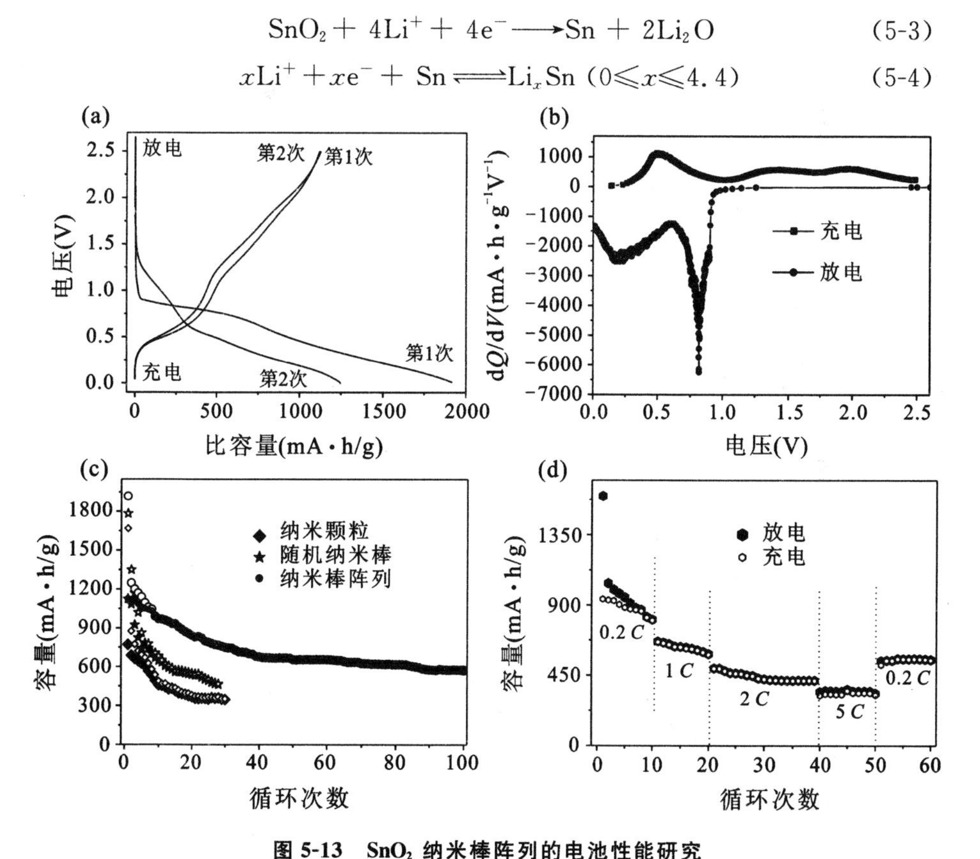

图 5-13 SnO_2 纳米棒阵列的电池性能研究

(a) SnO_2 纳米棒阵列作为负极的头两次充放电曲线；(b)首次充放电微分曲线；

(c) SnO_2 纳米棒阵列、随机纳米棒制成的薄膜以及纳米颗粒薄膜的循环性能；

(d)阵列电极在连续增加的电流倍率下充放电容量随着循环次数的变化

我们首先对第3章合成的SnO_2纳米棒阵列(纳米棒直径60 nm,长度670 nm)的充放电性能进行了研究,结果见图5-13(a)。电压范围为0.005~2.5 V,充放电倍率为0.1C(1C定义为每小时放电4.4 mol Li^+,781 mA/g)。可见,首次放电曲线上在约0.8 V处有个平台,对应于反应1[式(5-3)]。首次放电容量为1918 mA·h/g,比理论容量(1494 mA·h/g)大,这部分额外容量主要来源于分解电解液产生的SEI膜。图中进一步显示首次可逆容量为1128 mA·h/g,明显地,由于SEI膜的形成和反应1的不可逆性,导致了部分容量损失。尽管如此,我们观察到的首次库仑效率(58.8%)仍然比以前报道的很多结果要大[45,47,52]。第二次放电和充电容量分别为1248 mA·h/g和1120 mA·h/g,对应于89.7 %的库仑效率。在图5-13(b)的首次放电微分容量曲线中,可以看到两个位于0.82 V和0.24 V的峰,分别对应于SnO_2分解成Sn与Li_2O的过程和Sn与Li之间的合金过程[41]。在充电微分曲线中,0.5 V处的峰对应于$Li_{4.4}Sn$的去合金化过程[39];在高于1.0 V的范围内有两个很宽的弱峰,其来源目前还不是很清楚,但是有文献报道,这两个峰值可能意味着通常情况下认为完全不可逆的反应1在一定程度上还是可逆的[52]。

图5-13(c)显示了SnO_2纳米棒阵列电极在0.1C倍率下的循环性能,为了对比研究,图中还给出了随机SnO_2纳米棒制成的薄膜和SnO_2纳米颗粒薄膜在同样条件下的循环性能。我们观察到对于纳米棒阵列,在30次充放电循环后,还能保持高于750 mA·h/g的容量。库仑效率在10次充放电循环之后基本上都能够达到99%。更重要的是,100次充放电循环之后还能维持580 mA·h/g的容量,这个数字是SnO_2理论容量的74.3%,并且是石墨负极材料的1.56倍。然而,与此对比的是,用传统方法制备的随机纳米棒和纳米颗粒薄膜的循环性能并不乐观,30次充放电循环之后的容量分别为465 mA·h/g和350 mA·h/g。我们进一步研究了SnO_2纳米棒阵列在高倍率下的充放电性能。图5-13(d)显示的是随着电流倍率不断增加[(0.2~5)C]、纳米棒阵列电极充放电容量随着循环次数的变化曲线。可见,在2C的倍率下,阵列电极有着较稳定的可逆容量(约415 mA·h/g)和高的库仑效率(约99%)。即使在更高的倍率下,如5C(3905 mA/g,充放电在12 min内完成),电极仍具有350 mA·h/g的容量(至少10次);当电流倍率从5C重新减小到0.2C后,0.2C倍率下

约70%初始容量(550 mA·h/g)依然可以恢复。高倍率下SnO_2优异的电化学性能,在以前的文献中很少报道。

为了进一步研究嵌锂后SnO_2阵列结构的变化,我们对在0.1C下第50次充电后的电极进行了SEM和XRD测试,结果见图5-14(a)和(b)。可见,多次充放电循环后,SnO_2纳米棒的直径有了很大的膨胀(大约25 nm),棒的表面由原来的光滑状变成了由晶粒组成的结构,但是阵列的形态依然完好,仅部分纳米棒有黏结的现象。XRD结果显示了成晶很差的Sn和Li_2O的存在,尖峰均来源于Fe-Co-Ni合金基底。同时,图5-14(c)和(d)显示了SnO_2纳米颗粒薄膜循环50次前后的SEM照片。在循环前,可以看出SnO_2纳米颗粒的粒径大约为30 nm,循环后,电极薄膜完全团聚,并出现诸多的破裂,意味着活性材料的粉化非常严重。

SnO_2纳米棒阵列结构明显比由SnO_2材料制备的传统薄膜有着更优越的电化学性质。这里,我们需要进一步强调的是,阵列的结构参数对电化学嵌脱锂也有着巨大的影响。我们对第3章中得到的SnO_2阵列样品1～4也分别进行了电池性能测试和分析。在0.1C的条件下,四个电极样品的首次充放电容量以及循环多次之后的可逆容量保持情况见表5-1。不难发现,这四个样品的电池性能从好到坏的顺序依次为:样品4、样品3、样品2和样品1。对于纳米棒阵列结构的负极材料,要得到最佳的电化学性质,应满足以下几点:(1)纳米棒必须要有尽可能大的长径比。样品1和样品2的纳米棒的长径比都很小(大约1.8和5.3),因此嵌脱锂的能力跟纳米颗粒薄膜的相当,一维纳米结构在电化学过程中的优势[49-52]在这两个样品中无法体现。(2)纳米棒的直径尽可能地小(小于100 nm)。因为小的尺寸可以减小绝对体积膨胀,缩短Li^+的扩散路径[4,10]。(3)纳米棒阵列尽可能稀疏。只有这样,电解液才能在阵列中快速扩散,纳米棒在发生体积膨胀的过程中有足够大的空间来缓冲,并尽可能地避免电极结块粉化。很明显,样品1和样品2的直径都较大,并且纳米棒之间的间隙太小,尤其是在阵列底部,因此电化学性能不佳。样品3中的纳米棒的长径比(约8.5)较样品1和样品2中的要大,循环50次后,还能保持大约365 mA·h/g的可逆容量(图5-15);但是样品4中纳米棒有更小的直径(约20 nm),比起样品3,其循环效果更好,在100次循环后的可逆容量值大约为645 mA·h/g。如此高的可逆容量还得益于样品 4 较大的长径比(相对于样品 1 和样品 2)以及较稀疏的阵列结构。

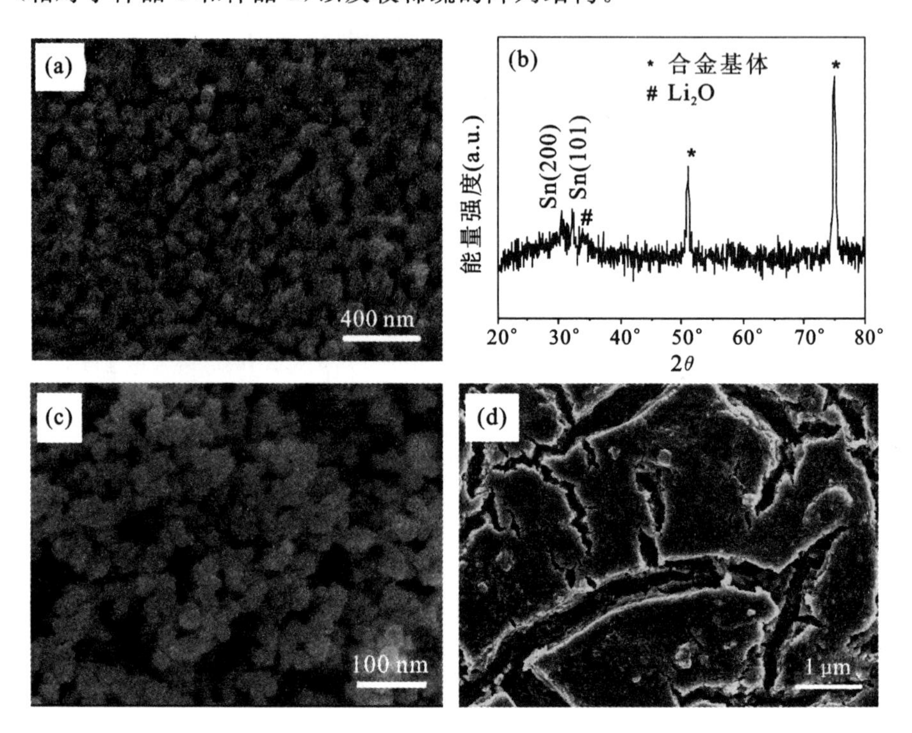

图 5-14 SnO_2 纳米棒电池循环后的相关研究

(a)SnO_2 纳米棒阵列循环 50 次之后的 SEM 照片;(b)对应的 XRD 结果;

(c)、(d)SnO_2 纳米颗粒薄膜循环 50 次前后的 SEM 图片

表 5-1 SnO_2 阵列样品 1～4 的首次充放电容量以及可逆容量的保持能力

电极	首次放电容量 (mA·h/g)	首次充电容量(mA·h/g)	可逆容量保持率(%)
样品 1	1425	713	49(30 次后)
样品 2	1510	830	51(30 次)
样品 3	1850	944	53(30 次) 38.7(50 次)
样品 4	1899	1121	75.8(30 次) 57.5(100 次)

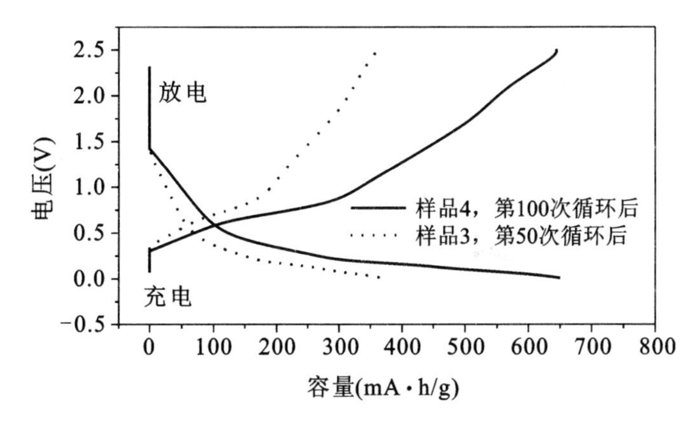

图 5-15 阵列样品 3 的第 50 次充放电曲线和样品 4 的第 100 次充放电曲线

碳修饰 ZnO 阵列对于提高电极的电化学性能是有利的，我们初步的实验结果也表明，碳修饰在 SnO_2 纳米棒上不会改变阵列结构，但可以提高 SnO_2 纳米棒阵列的性能。

5.3.6 α-Fe_2O_3 和 C/α-Fe_2O_3 多孔纳米管阵列的锂存储性能

Thackeray 等人[88, 89]最早研究了 α-Fe_2O_3 在嵌锂后的结构变化并且预言了其在锂离子电池负极中的应用。近年来，随着纳米制备技术的不断发展和完善，不同 α-Fe_2O_3 纳米结构(如颗粒状、棒状和线状)都被陆续合成，推动了人们对 α-Fe_2O_3 纳米结构的锂离子电池研究的热潮[90-94]。至今，已经有不少研究表明，α-Fe_2O_3 的粒径和形貌对其电化学性能有着巨大的影响[90-94,26,95,96]。α-Fe_2O_3 作为一种典型的过渡金属氧化物，与锂的电化学反应仅有一小部分是不可逆的，从这点来讲，比起 SnO_2 和 ZnO，它是更有前途的负极材料。本节中，我们首先讨论合成的 C/α-Fe_2O_3 的形状和结构，接着比较研究纯 α-Fe_2O_3 和 C/α-Fe_2O_3 多孔纳米管阵列的电化学储锂能力。

图 5-16 是不同倍率下 C/α-Fe_2O_3 多孔纳米管阵列的 SEM 照片。其结果与第 3 章得到的纯的 α-Fe_2O_3 多孔纳米管阵列的结构非常相似。在图 5-16(c)的放大照片中，可以清晰地观察到由纳米颗粒组成的顶端封闭纳米管表面。图 5-17(a)是单根纳米管的 TEM 照片，可以鉴别出一端开口，另一端封闭。图 5-17(b)是图 5-17(a)中选定区域的放大，与 SEM 结

果一致，纳米管实际上是由诸多粒径小于 10 nm 的颗粒组装而成的，其呈现出多孔隙结构。图 5-17(c)～图 5-17(e)是对应于图 5-17(b)的电子能量损失谱(EELS)元素面扫描结果，分别显示了 Fe、O 和 C 三种元素的分布。我们发现碳元素均匀地分散在多孔的纳米管内部，这一结构特征对于提高材料的导电性有至关重要的作用。图 5-18 给出了纳米管典型的 HRTEM 结果，其中可以观察到的晶面间距为 3.7 Å，对应于 α-Fe_2O_3 的(012)晶面。我们还发现大部分 α-Fe_2O_3 颗粒周围都包覆着很薄的碳层，与元素分析结果一致。

图 5-16 C/α-Fe_2O_3 多孔纳米管阵列的 SEM 照片

图 5-19(a)和(b)分别给出了纯 α-Fe_2O_3 多孔纳米管阵列和 C/α-Fe_2O_3 纳米管阵列用于锂离子电池负极的充放电曲线(倍率为 0.2C，1C= 671 mA/g)。可以看出，两种阵列的充放电曲线形状类似。在首次放电曲线上，可以观察到两个明显的反应阶段[31]：第一个阶段是在 1.5 ～ 0.8 V(平均电位大约为 1.15 V)之间，对应于锂嵌入 α-Fe_2O_3 中生成 α-$LiFe_2O_3$ 再到立方相$Li_2Fe_2O_3$的过程，反应式可表示为：α-Fe_2O_3 +2Li^+ +

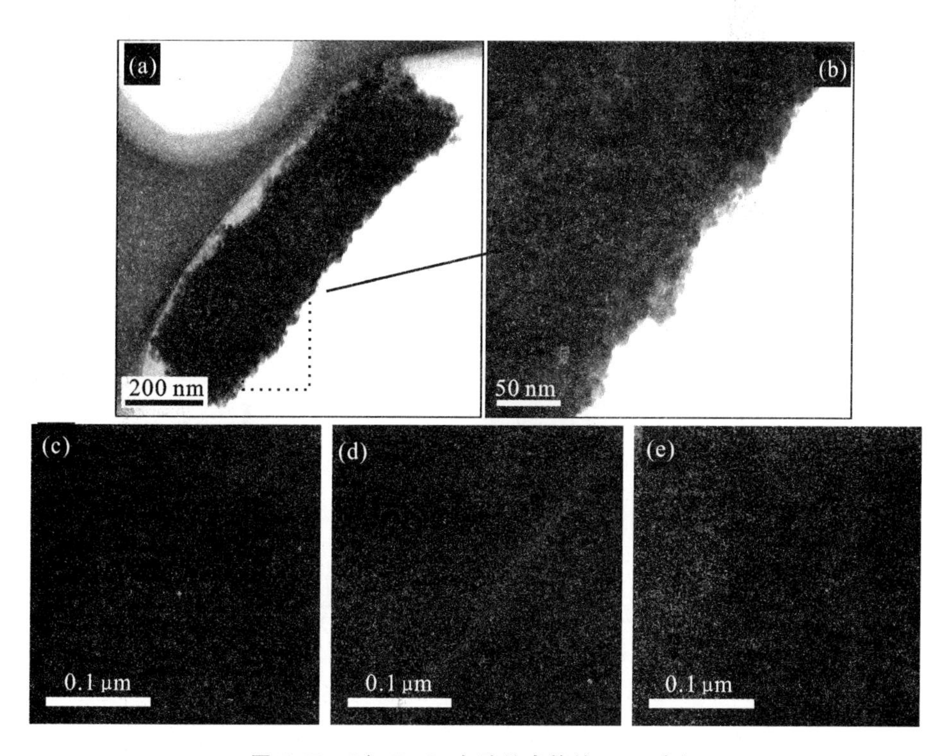

图 5-17　C/α-Fe_2O_3 多孔纳米管的 TEM 表征

(a)、(b)C/α-Fe_2O_3 多孔纳米管的 TEM 照片；(c)～(e)纳米管中 Fe、O 和 C 的 EELS 元素面分布图

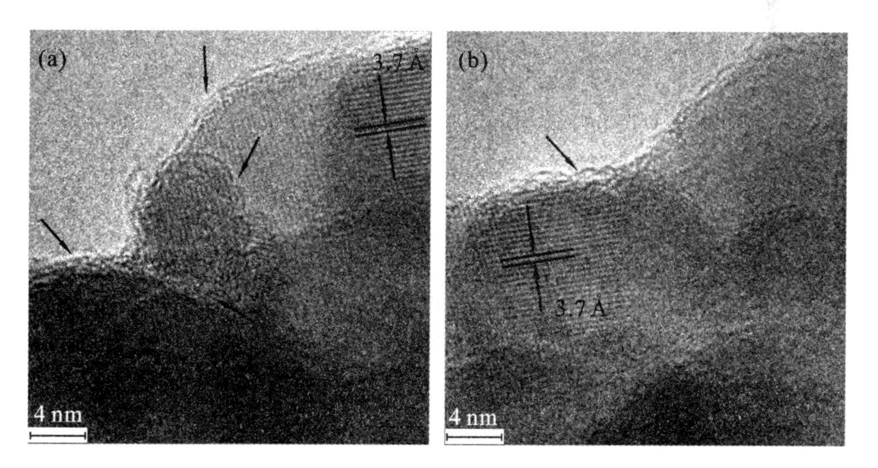

图 5-18　C/α-Fe_2O_3 多孔纳米管的 HRTEM 照片

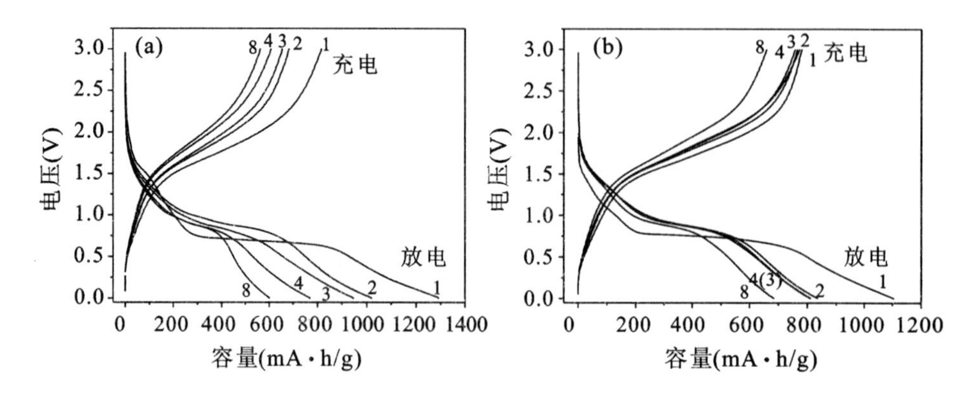

图 5-19 纯 α-Fe_2O_3与 C/α-Fe_2O_3 的性能对比(电流倍率为 0.2*C*)

(a)纯 α-Fe_2O_3 多孔纳米管阵列的充放电曲线;(b)C/α-Fe_2O_3 纳米管阵列的充放电曲线

$2e^- \longrightarrow Li_2Fe_2O_3$;第二个阶段位于约 0.75 V 的平台,对应于 $Li_2Fe_2O_3$ 中二价铁离子还原成 Fe 的过程,即:$Li_2Fe_2O_3 + 4Li^+ + 4e^- \longrightarrow 2Fe + 3Li_2O$。综上所述,首次放电过程的总反应为:$\alpha\text{-}Fe_2O_3 + 6Li \longrightarrow 3Li_2O + 2Fe$,对应的理论放电容量大约为 1007 mA·h/g。但是,许多研究[31,91,94]表明,在接下来的充放电过程中,完全可逆的反应如下:$2Li_2O + 2Fe \rightleftharpoons 2FeO + 4Li^+ + 4e^-$。纯 α-Fe_2O_3 多孔纳米管阵列的首次放电容量大约为 1289 mA·h/g(以下容量均依据14 mm直径电极上的质量计算),比 C/α-Fe_2O_3纳米管阵列的(大约为 1104 mA·h/g)略大,这主要是由于形成了大量 SEI 膜,SEI 膜的形成也是实验得到的放电容量值大于理论值的主要原因。可以发现,纯 α-Fe_2O_3 阵列的首次充电容量也比C/α-Fe_2O_3纳米管阵列的略大,然而,前者的首次库仑效率(63.5 %)却低于后者的(70.0%)。并且,在接下来的循环中,前者的性能明显比后者的差。图 5-20给出了纯 α-Fe_2O_3 阵列和 C/α-Fe_2O_3 纳米管阵列的可逆容量随着循环次数的变化结果。明显地,C/α-Fe_2O_3 纳米管阵列的容量衰减缓慢,尤其是在 20 次循环之后的容量基本保持不变,至 50 次循环后,可逆容量仍高达约 600 mA·h/g。与此形成对比的是,纯 α-Fe_2O_3 纳米管阵列在 50 次循环后的可逆容量大约只有 457 mA·h/g,并且整个循环过程中容量都在不断减小。我们对两种阵列电极在高倍率下工作的性能进行了进一步的比较研究,图 5-21 是它们在 *C*/5、*C*/2、1.5*C*、3*C* 和 6*C* 倍率下的可逆容量的数据。明显地,C/α-Fe_2O_3 纳米管阵列在高电流倍率下的性能较好，在 1.5C 和 3C 下还能分别保持可逆容量约 451 mA·h/g 和 394 mA·h/g，而纯的 α-Fe_2O_3 阵列在 $C/2$ 下的可逆容量就仅有 404 mA·h/g，在 1.5C 和 3C 电流倍率下的容量均低于 300 mA·h/g。

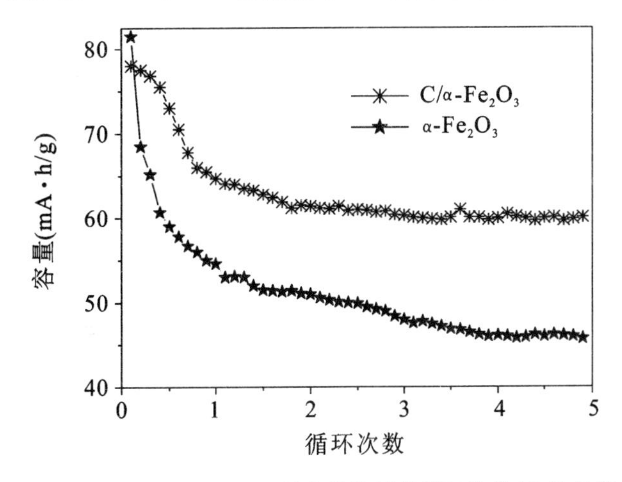

图 5-20　纯 α-Fe_2O_3 和 C/α-Fe_2O_3 纳米管阵列的循环性能（电流倍率为 0.2C）

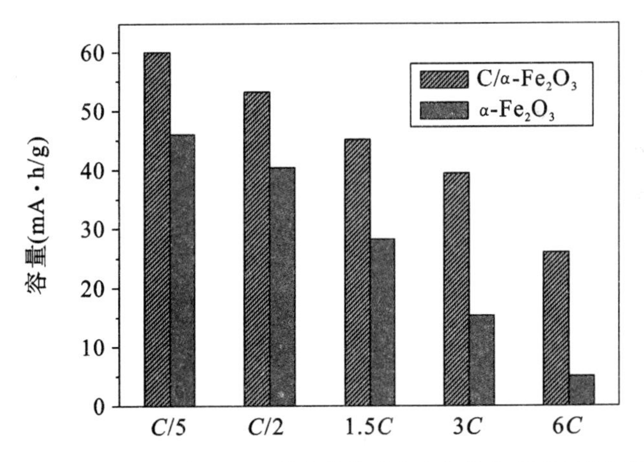

图 5-21　纯 α-Fe_2O_3 和 C/α-Fe_2O_3 纳米管阵列在高电流倍率下可逆容量的比较

以上实验结果充分表明，碳的存在对 α-Fe_2O_3 纳米管阵列的电化学性能有着非常大的影响。前面已分析过，纳米管是由诸多小纳米颗粒组装而成，在结构中留下了无数孔隙。纳米颗粒的小尺寸使得在锂嵌入脱出过程中自身绝对体积变化较小，锂在颗粒中的扩散长度也较短；同时多孔隙的结构可以使电解液与颗粒充分接触，中空的管结构为储存大量电解液提供了天然的空腔，进而锂离子可以较快地通过电解液到达材料表面。当碳均匀分散在纳米管中时，意味着 α-Fe_2O_3 纳米颗粒能够很好地被碳材料包围。碳良好的导电性使得电子能够快速到达锂离子存在的位置进行电化学反应；同时，碳可以保证在充放电过程中电极材料内部的电学接触；并且，碳在嵌脱锂过程中结构不被破坏，体积变化小，可以作为一种良好的缓冲基体，缓冲 α-Fe_2O_3 在电化学反应过程中的体积变化，防止电极粉化，保持电极材料的完整性。碳材料能保证电极反应过程中活性材料的导电性和加快电子的传导，这些对于高倍率充放电下的性能提高至关重要。

上述实验结果显示，结合某些纳米材料（如碳等）的优良导电性及电化学性质和金属导电衬底上一维多孔纳米结构阵列的动力学优势，可以找到理想结构的锂离子电池负极材料。

5.4 本章小结

本章主要研究了一系列氧化物（包括 ZnO、SnO_2 和 α-Fe_2O_3）纳米棒/纳米管阵列作为锂离子电池负极的性能，并与这些材料的传统薄膜电极的电化学性能进行了比较，发现纳米结构阵列电极存在诸多电化学优势，主要包括：与基底间有良好的附着力和电学接触，纳米结构个体间相互独立，嵌脱锂时绝对体积变化小，载流子传递能力强，与电解液接触充分，等等。进一步实验发现，碳修饰在 ZnO 和 SnO_2 纳米棒表层或者均匀分布在 α-Fe_2O_3 多孔纳米管内，都可以大大提高电池的循环能力，特别是在高电流倍率下的充放电能力。碳的机械稳定性以及优良的电化学性质是电池性能得以提高的根本原因。

参考文献

[1]吴宇平,万春荣,姜长印,等. 锂离子二次电池[M]. 北京:化学工业出版社,2002.

[2]郭炳焜,徐徽,王先友,等. 锂离子电池[M]. 长沙:中南大学出版社,2002.

[3]李景虹. 先进电池材料[M]. 北京:化学工业出版社,2004.

[4]ARMSTRONG A R, BRUCE P G. Synthesis of layered $LiMnO_2$ as an electrode for rechargeable lithium batteries[J]. Nature, 1996, 381(6582): 499-505.

[5]TARASCON J M. Issues and challenges facing rechargeable lithium batteries[J]. Nature, 2001, 414(6861): 359-367.

[6]郭炳焜,李新海,杨松青. 化学电源-电池原理及制造技术[M]. 长沙:中南工业大学出版社,2000: 31-48.

[7]颜剑,苏玉长,苏继桃,等, Li^+嵌铝反应的热力学分析及实验研究[J]. 电池工业, 2006, 36(2): 135-136.

[8]刘建睿,王猛,伊大川,等. 高能锂离子电池的研究进展[J]. 材料导报, 2001, 16(7): 32-35.

[9]任旭梅,吴川. 锂离子电池正负极材料研究进展[J]. 化学研究与应用, 2000, 12(4): 360-364.

[10] ARMAND M, TARASCON J M. Building better batteries[J]. Nature, 2008, 451(7179): 652-657.

[11]WINTER M, BESENHARD J O, SPAHR M E. Insertion electrode materials for rechargeable lithium batteries [J]. Advanced Materials, 1998, 10(10): 725-763.

[12] TAMURA N, OHSHITA R, YONEZU I. Study on the anode behavior of Sn and Sn-Cu alloy thin-film electrodes[J]. Journal of Power Sources, 2002, 107(1): 48-55.

[13]TAMURA N, OHSHITA R, FUJITANI S. Advanced structures in electrodeposited tin base negative electrodes for lithium secondary

batteries[J]. Journal of the Electrochemical Society, 2003, 150(6): A679-A683.

[14]BEATTIE S D, DAHN J R. Single Bath, Pulsed electrodeposition of copper-tin alloy negative electrodes for lithium-ion batteries[J]. Journal of the Electrochemical Society, 2003, 150(7): A894-A898.

[15]KIM D G, KIM H, SOHN H J. Nanosized Sn-Cu-B alloy anode prepared by chemical reduction for secondary lithium batteries[J]. Journal of Power Sources, 2002, 104(2): 221-225.

[16]XIA Y, SAKAI T, FUJIEDA T. Flake Cu-Sn alloys as negative electrode materials for rechargeable lithium batteries[J]. Journal of the Electrochemical Society, 2001, 148(5): A471-A481.

[17]MUKAIBO H, SUMI T, YOKOSHIMA T, et al. Electrodeposited Sn-Ni alloy film as a high capacity anode material for lithium-ion secondary batteries[J]. Electrochemical and Solid-State Letters, 2003, 6(10): A218-A220.

[18]KIM H, CHOI J, SOHN H. The insertion mechanism of lithium into Mg_2Si anode material for Li-ion batteries[J]. Journal of the Electrochemical Society, 1999, 146(12): 4401-4405.

[19]WANG G X, SUN L, BRABDHURST D H. Nanocrystalline NiSi alloy as an anode material for lithium-ion batteries[J]. Journal of Alloys and Compounds, 2000, 306(1): 249-252.

[20]JUNG H, PARK M, YOON Y G. Amorphous silicon anode for lithium-ion rechargeable batteries[J]. Journal of Power Sources, 2003, 115(2): 346-351.

[21]FRANSSON L M L, VAUGHEY J T, BENEDEK R. Phase transitions in lithiated Cu_2Sb anodes for lithium batteries: an in situ X-ray diffraction study[J]. Electrochemistry Communications, 2001, 3(7): 317-323.

[22]VAUGHEY J T. Intermetallic insertion electrodes with a zinc blende-type structure for Li batteries: a study of Li[sub$x$]InSb($0\leqslant x\leqslant 3$)[J]. Electrochemical Solid State Letters, 2000, 3(1): 13.

[23]JOHNSON C S, VAUGHEY J T, THACKERAY M M. Electrochemistry and in-situ X-ray diffraction of InSb in lithium batteries [J]. Electrochemistry Communications, 2000, 2 (8): 595-600.

[24]LINDSAY M J, WANG G X, LIU H K. Al-based anode materials for Li-ion batteries [J]. Journal of Power Sources, 2003, 119: 84-87.

[25]WANG C, APPLEB Y A J, LITTLE F E. Electrochemical study on nano-Sn, $Li_{4.4}$ Sn and $AlSi_{0.1}$ powders used as secondary lithium battery anodes [J]. Journal of Power Sources, 2001, 93 (1): 174-185.

[26]SARRADIN J, RIBES M, GUESSOUS A, et al. Study of Fe_2O_3-based thin film electrodes for lithium-ion batteries[J]. Solid State Ionics, 1998, 112(1): 35-40.

[27]POIZOT P, LARUELLE S, GRUGEON S, et al. Rationalization of the low-potential reactivity of 3d-metal-based inorganic compounds toward Li[J]. Journal of the Electrochemical Society, 2002, 149 (9): A1212-A1217.

[28]LARCHER D, BONNIN D, CORTES R, et al. Combined XRD, EXAFS, and Mössbauer studies of the reduction by lithium of α-Fe_2O_3 with various particle sizes[J]. Journal of the Electrochemical Society, 2003, 150(12): A1643-A1650.

[29]GRUGEON S, LARUELLE S, HERRERA-URBINA R, et al. Particle size effects on the electrochemical performance of copper oxides toward lithium[J]. Journal of the Electrochemical Society, 2001, 148(4): A285-A292.

[30]DOLLE M, POIZOT P, DUPONT L. Experimental evidence for electrolyte involvement in the reversible reactivity of CoO toward compounds at low potential [J]. Electrochemical Solid-State Letters, 2002, 5(1): A18-A21.

[31]REDDY M V, YU T, SOW C H, et al. α-Fe_2O_3 nanoflakes as an

anode material for Li-ion batteries [J]. Advanced Functional Materials, 2007, 17(15): 2792-2799.

[32]CHANG S K, KIM H J, HONG S T. Alternative anode materials for lithium-ion batteries: a study of Ag_3Sb[J]. Journal of Power Sources, 2003, 119: 64-68.

[33]SCHALKWIJK W A V, SCROSATI B. Advances in lithium-ion batteries[M]. Berlin: Springer, 2002.

[34]OKADA S, TONUMA T, UEBO Y, et al. Anode properties of calcite-type MBO_3(M:V, Fe)[J]. Journal of Power Sources, 2003, 119-121: 621-625.

[35]IBARRA-PALOS A, DARIE C, PROUX O, et al. Electrochemical reactions of iron borates with lithium: Electrochemical and in situ Mössbauer and X-ray absorption studies [J]. Chemistry of Materials, 2002, 14(3): 1166-1173.

[36]SHARMA N, SHAJU K M, SUBBA RAO G V, et al. Mixed oxides $Ca_2Fe_2O_5$ and $Ca_2Co_2O_5$ as anode materials for Li-ion batteries[J]. Electrochimica Acta, 2004, 49(7): 1035-1043.

[37]SHARMA N, SHAJU K M, SUBBA RAO G V, et al. Carbon-coated nanophase $CaMoO_4$ as anode material for Li ion batteries[J]. Chemistry of Materials, 2004, 16(3): 504-512.

[38]LEYZEROVICH N N, BRAMNIK K G, BUHRMESTER T, et al. Electrochemical intercalation of lithium in ternary metal molybdates $MMoO_4$(M: Cu, Zn, Ni and Fe)[J]. Journal of Power Sources, 2004, 127(1): 76-84.

[39]WEN Z H, WANG Q, ZHANG Q, et al. In situ growth of mesoporous SnO_2 on multiwalled carbon nanotubes: a novel composite with porous-tube structure as anode for lithium batteries [J]. Advanced Functional Materials, 2007, 17(15): 2772-2778.

[40]NG S H, DOS SANTOS D I, CHEW S Y, et al. Electrochem[J]. Commun, 2007, 9(5): 915-919.

[41]WANG Y, SU F, LEE J Y, et al. Crystalline carbon hollow

spheres, crystalline carbon-SnO_2 hollow spheres and crystalline SnO_2 hollow spheres: synthesis and performance in reversible Li-ion storage[J]. Chemistry of Materials, 2006, 18(5): 1347-1353.

[42]DENG D, LEE J Y. Hollow core-shell mesospheres of crystalline SnO_2 nanoparticle aggregates for high capacity Li^+ ion storage[J]. Chemistry of Materials, 2008, 20(5): 1841-1846.

[43]LOU X W, WANG Y, YUAN C L, et al. Template-free synthesis of SnO_2 hollow nanostructures with high lithium storage capacity [J]. Advanced Materials, 2006, 18(17): 2325-2329.

[44]LOU X W, DENG D, LEE J Y, et al. Preparation of SnO_2/carbon composite hollow spheres and their lithium storage properties[J]. Chemistry of Materials, 2008, 20(20): 6562-6566.

[45]ZHU J, LU Z, ARUNA S T, et al. Sonochemical synthesis of SnO_2 nanoparticles and their preliminary study as Li insertion electrodes [J]. Chemistry of Materials, 2000, 12(9): 2557-2566.

[46]FAN J, WANG T, YU C, et al. Ordered, nanostructured tin-based oxides/carbon composite as the negative-electrode material for lithium-ion batteries[J]. Advanced Materials, 2004, 16(16): 1432-1436.

[47]KIM H, CHO J. Hard templating synthesis of mesoporous and nanowire SnO_2 lithium battery anode materials[J]. Journal of Materials Chemistry, 2008, 18(7): 771-775.

[48]ZHANG W M, HU J S, GUO Y G, et al. Tin-nanoparticles encapsulated in elastic hollow carbon spheres for high-performance anode material in lithium-ion batteries[J]. Advanced Materials, 2008, 20(6): 1160-1165.

[49]KIM D W, HWANG I S, KWON S J, et al. Highly conductive coaxial SnO_2-In_2O_3 heterostructured nanowires for Li ion battery electrodes[J]. Nano Letters, 2007, 7(10): 3041-3045.

[50]WANG Y, LEE J Y. Molten salt synthesis of tin oxide nanorods: morphological and electrochemical features[J]. The Journal of

Physics Chemistry B, 2004, 108(46): 17832-17837.

[51]YING Z, WAN Q, CAO H, et al. Characterization of SnO_2 nanowires as an anode material for Li-ion batteries[J]. Applied Physics Letters, 2005, 87(11):113108.

[52]PARK M S, WANG G X, KANG Y M, et al. Preparation and electrochemical properties of SnO_2 nanowires for application in lithium-ion batteries[J]. Angewandte Chemie International Edition, 2007, 119(5): 764-767.

[53]ARICQ A S, BRUCE P, SCROSATI B, et al. Nanostructured materials for advanced energy conversion and storage devices[J]. Nature Materials, 2005, 4(5): 366-377.

[54]JIAO F, BRUCE P G. Mesoporous crystalline β-MnO_2—a reversible positive electrode for rechargeable lithium batteries[J]. Advanced Materials, 2007, 19(5): 657-660.

[55]BALAYA P, BHATTACHARYYA A J, JAMNIK J, et al. Nano-ionics in the context of lithium batteries[J]. Journal of Power Sources, 2006, 159(1): 171-178.

[56]MEETHONG N, HUANG H -Y S, CARTER W C, et al. Size-dependent lithium miscibility gap in nanoscale $Li_{1-x}FePO_4$ [J]. Electrochemical and Solid-State Letters, 2007, 10(5): A134-A138.

[57]CHAN C K, PENG H, LIU G, et al. High-performance lithium battery anodes using silicon nanowires[J]. Nature Nanotechnology, 2008, 3(1): 31-35.

[58]CHAN C K, ZHANG X F, CUI Y. High capacity Li ion battery anodes using Ge nanowires[J]. Nano Letters, 2008, 8(1): 307-309.

[59]TABERNA P L, MITRA S, POIZOT P, et al. High rate capabilities Fe_3O_4-based Cu nano-architectured electrodes for lithium-ion battery applications[J]. Nature Materials, 2006, 5(7): 567-573.

[60]HASSOUN J, PANERO S, SIMON P, et al. High-rate, long-life

Ni-Sn nanostructured electrodes for lithium-ion batteries [J]. Advanced Materials, 2007, 19(12): 1632-1635.

[61] CHE G, JIRAGE K B, FISHER E R, et al. Chemical-vapor deposition-based template synthesis of microtubular TiS_2 battery electrodes[J]. Journal of the Electrochemical Society, 1997, 144(12): 4296-4302.

[62] NISHIZAWA M, MUKAI K, KUWABATA S, et al. Template synthesis of polypyrrole-coated spinel $LiMn_2O_4$ nanotubules and their properties as cathode active materials for lithium batteries[J]. Journal of the Electrochemical Society, 1997, 144(6): 1923-1927.

[63] LI N, MARTIN C R. A High-rate, high-capacity, nanostructured Sn-based anode prepared using sol-gel template synthesis [J]. Journal of the Electrochemical Society, 2001, 148(2): A164-A170.

[64] SIDES C R, MARTIN C R. Nanostructured electrodes and the low-temperature Performance of Li-ion batteries [J]. Advanced Materials, 2005, 17(1): 125-128.

[65] PATRISSI C J, MARTIN C R. Improving the volumetric energy densities of nanostructured V_2O_5 electrodes prepared using the template method[J]. Journal of the Electrochemical Society, 2001, 148(11): A1247-A1253.

[66] LI Y, TAN B, WU Y. Mesoporous Co_3O_4 nanowire arrays for lithium ion batteries with high capacity and rate capability[J]. Nano Letters, 2008, 8(1): 265-270.

[67] FAN H J, WERNER P, ZACHARIAS M. Semiconductor nanowires: from self-organization to patterned growth[J]. Small, 2006, 2(6): 700-717.

[68] WANG Z L. Zinc oxide nanostructures: growth, properties and applications[J]. Journal of Physics: Condensed Matter, 2004, 16(25): 829-858.

[69] LI H, HUANG X, CHEN L. Anodes based on oxide materials for lithium rechargeable batteries[J]. Solid State Ionics, 1999, 123(1):

189-197.

[70] WANG J, KING P, HUGGINS R A. Investigations of binary lithium-zinc, lithium-cadmium and lithium-lead alloys as negative electrodes in organic solvent-based electrolyte [J]. Solid State Ionics, 1986, 20(3): 185-189.

[71] BELLIARD F, IRVINE J T S. Electrochemical performance of ball-milled ZnO-SnO_2 systems as anodes in lithium-ion battery [J]. Journal of Power Sources, 2001, 97: 219-222.

[72] ZHENG Z F, GAO X P, PAN G L, et al. Synthesis and electrochemical lithium insertion of the rod-like ZnO[J]. Chinese Journal of Inorganic Chemistry, 2004, 20(4): 488-492.

[73] LIU J P, LI Y Y, HUANG X T, et al. Layered double hydroxide nano and microstructures grown directly on metal substrates and their calcined products for application as Li-ion battery electrodes [J]. Advanced Functional Materials, 2008, 18(9): 1448-1458.

[74] FERRARI A C, ROBERTSON J. Interpretation of raman spectra of disordered and amorphous carbon[J]. Physical Review B, 2000, 61 (20): 14095.

[75] CONNOR P A, BELLIARD F, BEHM M, et al. How amorphous are the tin alloys in Li-inserted tin oxides? [J]. Ionics, 2002, 8(3): 172-176.

[76] DIMOV N, KUGINO S, YOSHIO M. Carbon-coated silicon as anode material for lithium ion batteries: advantages and limitations [J]. Electrochimica Acta, 2003, 48(11): 1579-1587.

[77] ZHANG W M, WU X L, HU J S, et al. Carbon coated Fe_3O_4 nanospindles as a superior anode material for lithium-ion batteries [J]. Advanced Functional Materials, 2008, 18(24): 3941-3946.

[78] KIM H, CHO J. Superior lithium electroactive mesoporous Si@ Carbon core—shell nanowires for lithium battery anode material[J]. Nano Letters, 2008, 8(11): 3688-3691.

[79] CUI G L, GU L, ZHI L J, et al. A germanium-carbon

nanocomposite material for lithium batteries [J]. Advanced Materials, 2008, 20(16): 3079-3083.

[80]NG S H, WANG J, WEXLER D, et al. Highly reversible lithium storage in spheroidal carbon-coated silicon nanocomposites as anodes for lithium-ion batteries [J]. Angewandte Chemie International Edition, 2006, 45(41): 6896-6899.

[81]KWON Y, CHO J. High capacity carbon-coated Si70Sn30 nanoalloys for lithium battery anode material [J]. Chemical Communications, 2008(9): 1109-1111.

[82]ZHANG W M, HU J S, GUO Y G, et al. Tin-nanoparticles encapsulated in elastic hollow carbon spheres for high-performance anode material in lithium-ion batteries[J]. Advanced Materials, 2008, 20(6): 1160-1165.

[83]CUI G L, HU Y S, ZHI L J, et al. A one-step approach towards carbon-encapsulated hollow tin nanoparticles and their application in lithium batteries[J]. Small, 2007, 3(12): 2066-2069.

[84] LEVI M D, AURBACH D. Simultaneous measurements and modeling of the electrochemical impedance and the cyclic voltammetric characteristics of graphite electrodes doped with lithium[J]. The Journal of Physical Chemistry B, 1997, 101(23): 4630-4640.

[85]FAN H J, KNEZ M, SCHOLZ R, et al. Monocrystalline spinel nanotube fabrication based on the Kirkendall effect[J]. Nature Materials, 2006, 5(8): 627-631.

[86]WANG Y, LIAO Q, LEI H, et al. Interfacial reaction growth: morphology, composition, and structure controls in preparation of crystalline $Zn_xAl_yO_z$ nanonets[J]. Advanced Materials, 2006, 18(7): 943-947.

[87]SHARMA Y, SHARMA N, RAO C V S, et al. Nanophase $ZnCo_2O_4$ as a high performance anode material for Li-ion batteries [J]. Advanced Functional Materials, 2007, 17(15): 2855-2861.

[88]THACKERAY M M, DAVID W I F, GOODENOUGH J B, et al. Structural characterization of the lithiated iron oxides $Li_xFe_3O_4$ and $Li_xFe_2O_3(0<x<2)$[J]. Materials Research Bulletin, 1982, 17(6): 785-793.

[89]THACKERAY M M, DAVID W I F, BRUCE P G, et al. Lithium insertion into manganese spinels[J]. Materials Research Bulletin, 1983, 18(4): 461-472.

[90] POIZOT P, LARUELLE S, GRUGEON S, et al. Nano-sized transition-metal oxides as negative-electrode materials for lithium-ion batteries[J]. Nature, 2000, 407(6803): 496-499.

[91]CHEN J, XU L, LI W, et al. α-Fe_2O_3 nanotubes in gas sensor and lithium-ion battery applications[J]. Advanced Materials, 2005, 17(5): 582-586.

[92]JIAO F, BAO J, BRUCE P G. Factors influencing the rate of Fe_2O_3 conversion reaction[J]. Electrochemical and Solid-State Letters, 2007, 10(12): A264-A266.

[93]HIROKAZU K, KENJI T, FUMINORI M, et al. Preparation of α-Fe_2O_3 electrode materials via solution process and their electrochemical properties in all-solid-state lithium batteries[J]. Journal of the Electrochemical Society, 2007, 154(7): A725-A729.

[94]WU C, YIN P, ZHU X, et al. Synthesis of hematite (α-Fe_2O_3) nanorods: diameter-size and shape effects on their applications in magnetism, lithium ion battery, and gas sensors[J]. The Journal of Physical Chemistry B, 2006, 110(36): 17806-17812.

[95]ZENG S, TANG K, LI T. Controlled synthesis of α-Fe_2O_3 nanorods and its size-dependent optical absorption, electrochemical and magnetic properties[J]. Journal of Colloid and Interface Science, 2007, 312(2): 513-521.

[96]MORIMOTO H, TOBISHIMA S, IIZUKA Y. Lithium intercalation into α-Fe_2O_3 obtained by mechanical milling of α-FeOOH[J]. Journal of Power Sources, 2005, 146(1): 315-318.

C-ZnO 纳米棒阵列和 $K_{0.33}WO_3$ 纳米片薄膜的电化学生物传感器应用

6.1 引　　言

6.1.1 生物传感器概况

生物传感器是由酶、抗体、微生物等生物活性物质与适当的换能器件有机结合而构成的分析传感系统。一般的换能器件能将生化信号转换成可测量的光、电信号，从而实现快速检测功能[1,2]。生物活性物质具有专一的识别功能，因此生物传感器的选择性会很强，能被直接应用于各类复杂样品的鉴定。由于它的检测对象为生物试样的化学成分，具有良好的选择性和很高的特异性，所以生物传感器对临床化验治疗、环境监测以及工业生产等都有重大的影响。作为一种新型的检测手段，它与常规的生物化学分析和化学分析方法相比，具有精度高、方便、检测时间短、无污染、便于利用计算机收集和处理数据、对被测样品无损伤或损伤小等诸多优点[1,3-6]。生物传感器的出现，是科学技术发展、社会发展及人类身体健康需求等多方面的综合结果。经长期的发展，生物传感器已经被成功融合和交叉到许多学科门类中，如生物、化学、物理、医学，甚至电子技术。

生物传感器大致经历了三个发展阶段[2]。第一个阶段是 20 世纪 60—70 年代的起步阶段，以基于固定化生物膜和基础电极（氧电极和 pH 电极）构建而成的经典酶电极为代表。第二个阶段是 20 世纪 70 年代末期到 80 年代，这期间，形形色色的生物传感器，如光纤传感器、热生物传感器、压电生物传感器以及 SPR 生物传感器等陆续出现；80 年代中期，生物传感器由于介体酶电极的提出而迎来了第一个发展高潮。第三个阶段主要在 20 世纪 90 年代以后，以表面等离子体及生物芯片技术的突破为标志，生物传感器迎来了又一个发展高潮，而且生物传感器的市场开发获得了显著成效。

自 Updike 和 Hicks 于 1967 年发明第一个生物传感器以来[7]，生物传感器的发展已经经历了 50 年的历史。在这期间，基于不同原理和技术的生物传感器不断涌现出来。现有的生物传感器结构主要包括两个部分：第一部分为分子识别元件，又被称为生物敏感膜，为固定化的具有分子识别能力的生物材料（如酶、组织、细胞器、抗体、微生物细胞、核酸等）或生物衍生材料（如受体或模拟酶）；第二部分是换能器，也被称为信号转换器，主要包括电化学电极（测定电位和电流等）、压电石英体、热敏电阻、场效应晶体管、光学检测元件和表面等离子共振器等。被测物质通过扩散进入固定化分子识别元件，经分子识别后，发生物理、化学及生物学反应/变化，反应中生成或者消耗的化学物质，或产生的光、热等物理现象继而被相应的信号转换器转变成可定量处理的电信号，再经过检测放大器之类的二次仪表被放大输出，就可以知道被检测物质的浓度。以上就是生物传感器的一般传感原理[4-6]。

6.1.2 电化学生物传感器

以电化学电极作为信号换能器，再与生物活性材料结合的生物传感器被称为“电化学生物传感器”[1]。而根据分子识别元件的不同，电化学生物传感器又可以分为酶电极传感器、微生物电极传感器、电化学免疫传感器、组织电极与细胞传感器和电化学 DNA 传感器等。酶电极生物传感器充分利用了酶在物理化学反应中特殊的催化作用，将反应过程中消耗或产生新化学成分的过程用换能器转变为电信号记录下来。它把酶和电极固定结合在一起，因而具有独特的优点，主要表现在：(1)同时具有不溶性酶体系和高灵敏度电化学系统的优势；(2)由于酶的专一反应，它具有非常强的选择性，能直接在复杂试样中进行单个成分的检测与分离。综上所述，酶电极生物传感器在电化学生物传感器中占有举足轻重的地位。

最早的电化学生物传感器以溶解氧为电子媒介体[2]；通常，这类传感器是通过检测氧的消耗量或者反应产物 H_2O_2 浓度的变化来工作的，其噪声电流小，灵敏度高，探测极限可达 10^{-8} M，但 H_2O_2 在一般电极（比如金属电极和碳电极)上的氧化电位均很高,通常为 0.6～0.8 V(相对于 Ag/AgCl 电极)。如此高的检测电位使抗坏血酸、尿酸、乙酰氨基酚等电活性物质同样能在电极上被氧化而严重干扰检测。另外,此类传感器中溶解氧浓度的变化会引起电极响应的波动,导致检测的不稳定性;并且由于氧有限的溶解能力,当溶解氧很少时相应电流会明显下降,难以探测;再者,传感器的性能受溶液温度和 pH 值影响很大。随后出现的电化学生物传感器通常以人为修饰的具有电化学活性的物质为电子媒介体。电子媒介体是指起着媒介“过渡”作用,能将电子从酶的氧化还原中心转移到电极表面,进而使电极产生电信号响应的分子导体。介体酶电极的出现克服了第一代传感器对氧的依赖及受电活性物质干扰的问题,明显提高了酶电极电化学生物传感器的性能。但是,介体在酶活性中心和电极间往返传递电子,这种电子的传递是“间接”实现的。为了获得响应时间更短和选择性更强的电化学生物传感器,人们受到早期一些氧化还原蛋白质在电极上直接发生电化学反应的启发,开始重新考虑无媒介体的酶电极,最终促进了基于直接电化学的酶电极的发展。和经典酶电极、介体酶电极不同,直接电化学酶电极不需要氧分子和各类化学电子媒介体(很多存在毒性)来传递电子,而是直接将酶固定在电极表面,使酶的氧化还原中心与电极间直接进行“交流”和电子传递。因此,这类酶电极的响应时间更短,灵敏度、选择性更强,探测极限也非常低[8]。

6.1.3 直接电化学

酶的直接电化学,即酶与电极之间直接的电子传递过程。由于其在生物有机体和生物电化学领域的重要性和在生物燃料电池、生物传感器以及生物电子学领域潜在的应用价值,近年来引起了人们广泛的关注[8-17]。但与一般氧化还原蛋白质相比,酶的分子量大,分子结构复杂,酶的电活性中心往往紧紧地被酶蛋白本体所封闭(或绝缘),使其不易暴露,难以接近电极表面[8-10],因此实现酶与电极之间的电子传递要比普通氧化还原蛋白质困难得多(在已经知道的 1060 种酶中,目前能够实现直接电化学的只有 50 种左右)。为了实现酶的直接电化学,最为常用的一种办法就是利用特殊的电极材料来固定酶,以促进酶与电极之间直接的电子传递。纳米材料具有比表面积大、活性高等特殊性质,利用纳米材料来固定酶，能够增强酶的固定化；对酶在电极上起到定向作用，可以改变酶的微环境，增加酶的催化活性，提高电极的响应电流值[10,18-34]。很明显，纳米材料的物理化学性质，如导电性、亲水性以及与电极间的界面电阻等都直接影响着电子传递速率[35,36]。迄今为止，导电的纳米结构，如不同形态的碳材料（碳纳米管、介孔碳等）[19-22]和贵金属纳米颗粒（Au、Pt 等）[23-26]都被用来修饰电极表面，促进酶的直接电子传递。然而，这些材料的合成过程普遍烦琐、成本高，并且这些材料都是疏水的。疏水的特征使得电解液中的反应物难以接近固定在这些材料表面的酶，不利于生化反应[20]。另一方面，具有高孔隙率的金属氧化物纳米材料（TiO_2、ZnO 等）[17,27-30]和一些层状的无机材料（黏土、磷酸盐和钛酸盐）[31-34]比起大多数碳材料和金属颗粒有着更强的亲水性和更大的比表面积，然而由于缺乏优良的导电性，也严重影响这些材料在直接电化学中的应用。为了增强导电材料的亲水性或者是亲水材料的导电性，人们想到了用混合的纳米结构来修饰电极表面、固定酶[23-26]。但是，这样一来，影响酶直接电化学的因素也就更多；很多时候，电极的稳定性和重复性都非常不好。更值得提及的是，纳米材料修饰电极都是通过传统的制膜技术将纳米材料涂覆固定在电极上面的，这势必导致较大的界面电阻[15,36]。另外，为了增强纳米材料膜层的牢固程度，有机黏结剂也是必需的。所有这些都是实现酶直接电化学的障碍。因此，直接地低成本制备同时具有良好导电性、亲水性，以及大的比表面积和低的界面电阻的新型纳米结构材料是解决这一问题的关键，在现今也是一个巨大的挑战。

6.2 纳米结构阵列/薄膜用于葡萄糖直接电化学生物传感器

直接在电极表面生长具有优良导电性和亲水性的纳米材料有利于实现酶的直接电子传递。这个过程克服了传统制膜中较差的材料附着力和电学接触等问题，大大地减小了界面电阻。进一步地，实现酶的直接电子传递就意味着可以构造基于酶直接电化学的生物传感器。比起前两代生物传感器，酶直接电化学生物传感器有着更高的灵敏度和更强的选择性，近年来引起了研究者的广泛兴趣。糖尿病是现今影响世界上近 2 亿人的疾病,探测血液中葡萄糖的含量对于医学上诊断糖尿病是非常重要的。因此,葡萄糖生物传感器是一个很重要和热门的研究领域[37-40]。本节中我们将首先用碳修饰来改善ZnO阵列的导电性,将生长在Ti金属基底上的C-ZnO阵列用于葡萄糖氧化酶的直接电化学生物传感器;接着我们在钨(W)片上直接用简单易行的物理加热法制备了导电性和亲水性都非常优异的$K_{0.33}WO_3$纳米片薄膜,并讨论此薄膜在葡萄糖直接电化学生物传感器方面的应用。在国际上,这是第一次将直接生长的氧化物纳米结构阵列/薄膜用于直接电化学生物传感器。同时,在基片上直接生长具有金属导电行为和良好亲水性的特殊纳米结构也不多见。

6.2.1 C-ZnO纳米棒阵列的直接电化学生物传感器应用

ZnO是一种便宜的多功能材料,有报道显示,由于其较高的电化学活性和生物相容性,ZnO可以用来固定酶以用于生物传感器[17,29,42-47]。尽管如此,利用ZnO来修饰电极以实现酶(比如葡萄糖氧化酶)的直接电化学的报道却很少[44-47]。一方面,相比ZnO纳米颗粒,我们认为一维的ZnO纳米结构(如纳米棒、纳米线)具有更好的电子传递能力。但是这些结构的ZnO也很少被用在直接电化学生物传感器中。另一方面,在诸多的导电材料中,碳也是具有良好的生物相容性和大的比表面积的材料,其优异的导电性可以用来促进酶与电极间的直接电子传递。在本节中,我们将充分结合碳的良好导电性和化学稳定性与ZnO纳米棒阵列的一维有序结构,展现C-ZnO这种阵列作为一类实现酶直接电化学的新型平台的优越性。

(1) 合成C-ZnO纳米棒阵列

将第2章中在Ti金属基底上合成好的阵列直接浸泡到50 mL 0.033 M的葡萄糖溶液中,静置10 h后取出,在60 ℃条件下烘干并在500 ℃氩气中退火4 h即可得到Ti基底上的C-ZnO纳米棒阵列。

C-ZnO阵列的表征:Y-2000型X射线衍射仪(XRD,Cu Kα辐射;λ=1.5418 Å),管电压和管电流分别为30 kV和20 mA。场发射扫描电子显微镜(SEM,JSM-6700F; 5 kV);透射电子显微镜(TEM和HRTEM,JEM-2010FEF; 200 kV,附带X射线能谱EDS);拉曼光谱(Witech CRM200, 532nm);氮气吸附-脱附曲线和比表面积测试仪(Micromeritics

Tristar 3000，77.35K）。

酶在 C-ZnO 阵列电极上的固定方法如下：将 10 μL 葡萄糖氧化酶（GOD）或者辣根过氧化物酶（HRP）的溶液（15 mg/mL，在 0.01 M 的 PBS 磷酸盐缓冲溶液中配制，pH 值为 7.0）滴到 0.5×0.5 cm^2 大小的 C-ZnO阵列上，进行物理吸收。待到水分完全蒸发后，再保存在 4 ℃的冰箱中备用。在测量之前，还要将酶固定后的电极在 0.01 M 的 PBS 溶液中浸渍数次以去掉未被固定的 GOD/HRP。最后滴入 5 μL 质量分数为 0.5%的 Nafion 溶液，自然干燥。

直接电化学检测和生物传感器检测均在 CHI 电化学工作站上进行，采用传统的三电极体系：其中将 Pt 线作为对电极，将饱和甘汞电极（SCE）作为参比电极，将 Ti 片上的 C-ZnO 阵列固定酶后直接作为工作电极。电解液是浓度为0.1 M且 pH 值为 7.0 的 PBS 溶液。直接电化学检测前，对 PBS 溶液通入30 min的氮气以排除氧气；生物传感器检测在空气饱和的 PBS 溶液中进行。

（2）结果与讨论

图 6-1（a）是 C-ZnO 纳米棒阵列的典型 SEM 照片。碳修饰后的阵列与纯的 ZnO 阵列形貌相似，且纳米棒之间充分分离。在图 6-1（b）的 XRD 结果中，除了来自于 Ti 金属基底的 7 个峰位外，其他的均可以归结为六方结构的 ZnO；并且，强烈的（002）峰意味着 ZnO 高度垂直于 Ti 基底，具有有序的阵列结构。图 6-1（c）是 C-ZnO 阵列的拉曼光谱结果。与第 5 章类似，此结果可以证明碳和 ZnO 同时存在。较宽的石墨缺陷峰（D-band，1340 cm^{-1}）以及 G 峰（1588 cm^{-1}）相对于纯石墨晶体 G 峰（1575 cm^{-1}）的红移表明，碳是低石墨化程度的。通过 TEM 检测我们进一步发现，葡萄糖高温碳化后变成的碳材料在 ZnO 表面均匀地包覆成层[图 6-1（d）]，碳层的厚度大约为12 nm。高分辨率 TEM（即 HRTEM）检测也进一步证明了碳层的存在。

下面利用三电极体系首先研究葡萄糖氧化酶（GOD）在长有 C-ZnO 阵列的 Ti 电极上的直接电化学（N_2 饱和的 PBS 溶液）。图 6-2（a）中给出了0.5 V/s扫描速率下 GOD/C-ZnO 阵列电极的循环伏安曲线。为了进行对比研究，图中同时也给出了 C-ZnO、GOD 以及 GOD/纯 ZnO 阵列修饰的电极的循环伏安曲线。对于 GOD/C-ZnO 阵列电极，可以明显看到

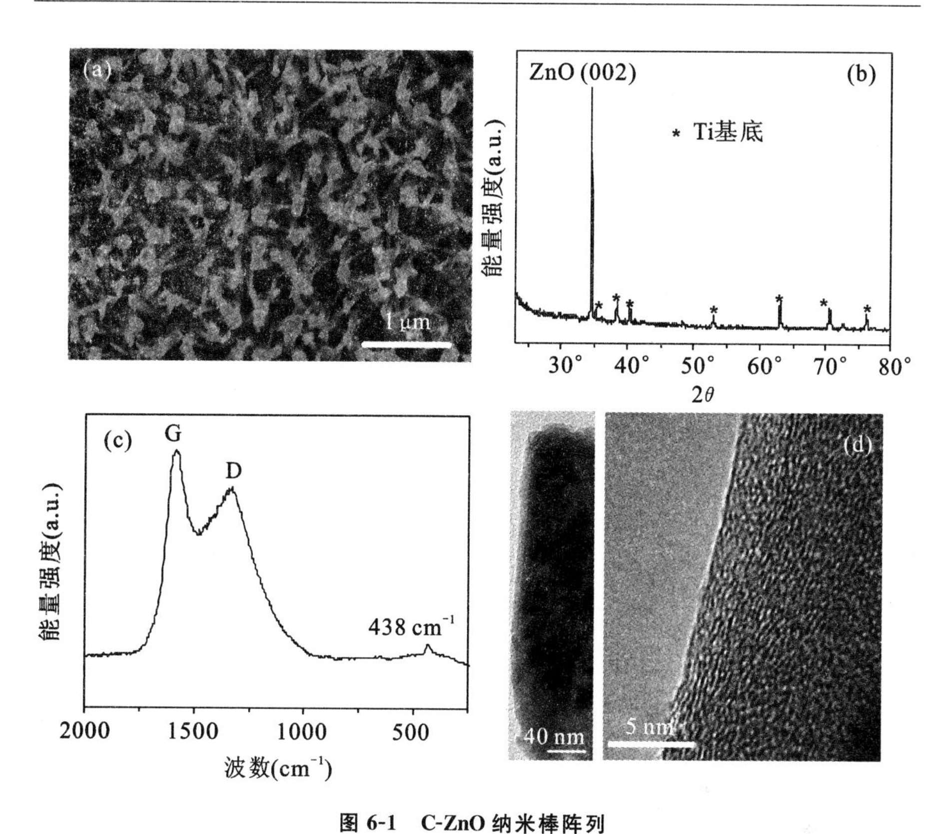

图 6-1 C-ZnO 纳米棒阵列

(a)SEM 照片;(b)XRD 结果;(c)拉曼光谱;(d)单根 C-ZnO 纳米棒的 TEM 照片

位于－0.43 V和－0.48 V处的一对氧化还原峰位，这一对峰位就来源于固定在电极上的 GOD 与电极间的直接电子传递[20,27]。与此对照的是，在无 GOD 固定的 C-ZnO 阵列电极(C-ZnO 修饰)上，或者把 GOD 直接固定在光板的 Ti 电极(GOD 修饰)上，都无法观察到任何峰位。同时，固定在纯 ZnO 阵列电极上的 GOD(GOD/纯 ZnO 阵列修饰)也只能显示出非常微弱的峰。由此可见，沉积在 ZnO 纳米棒上面的碳层是能实现 GOD 直接电化学的主要原因。图 6-2(b)的阻抗谱结果进一步显示对于 $[Fe(CN)_6]^{3-/4-}$，C-ZnO 纳米棒阵列的界面电子传输电阻(高频部分半圆的直径)大约为 85 Ω，比纯 ZnO 阵列的(大约 400 Ω)小很多，意味着 C-ZnO阵列有更大的电化学活性。较大的电催化活性应该主要归因于碳良好的导电性和大的比表面积(C-ZnO，55.4 m^2/g；纯 ZnO，10.4 m^2/g)。

对于 GOD/C-ZnO 阵列电极，随着扫描速率从 0.05 V/s 增加到 1 V/s，氧化还原电流也会跟着增大，并且两者间呈良好的线性关系（图 6-3）。此结果说明电化学氧化还原过程是表面控制的[20]。在扫描速度为 0.05 V/s 和 0.1 V/s 情况下，氧化峰和还原峰的电位分离值分别为 24 mV 和 30 mV，这两个值一般比把 GOD 固定在介孔氧化硅-碳混合物修饰的电极上得到的值要小，表明直接电子传递的速率非常快。利用公式 $k_{ET}=mnFv/RT$[28]，可以计算得到电子传递的速率常数 k_{ET} 为 $(4.7\pm1.2)\ s^{-1}$，此值比 GOD 固定在 SWCNT/MWCNT、TiO_2 和 Au 修饰过的电极情况下得到的都要大许多[20,27,48]。因此，C-ZnO 阵列为 GOD 的固定提供了优良的微环境，使其能够直接与电极快速进行电子传递。

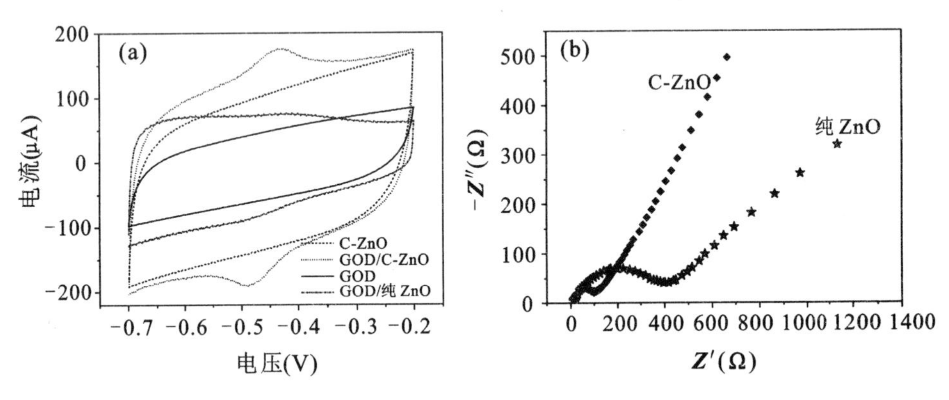

图 6-2 C-ZnO 阵列的相关电化学测试

(a) GOD/C-ZnO 阵列、GOD、C-ZnO、GOD/纯 ZnO 阵列修饰的电极的循环伏安曲线；(b) 在 10 mM$[Fe(CN)_6]^{3-/4-}$ 和 1.0 M 的 KCl 混合溶液中，C-ZnO 和纯 ZnO 阵列电极对应的阻抗谱

GOD 的直接电化学过程在 N_2 饱和的环境下可用以下的反应式来说明[27]：

$$GOD(FAD)+2H^{+}+2e^{-}\rightleftharpoons GOD(FADH_2) \tag{6-1}$$

即氧化态的 GOD 被溶液中的质子还原成还原态 GOD。当空气存在的时候（在空气饱和的 PBS 溶液中），还原态的 GOD 又会很快地被 O_2 氧化成氧化态的 GOD，见式(6-2)。

$$GOD(FADH_2)+O_2\longrightarrow GOD(FAD)+H_2O_2 \tag{6-2}$$

因此，电极表面直接氧化还原态 GOD 的过程被压抑，导致氧化电流减弱；同时，被氧气氧化得到的氧化态 GOD 在电极表面会快速进行式

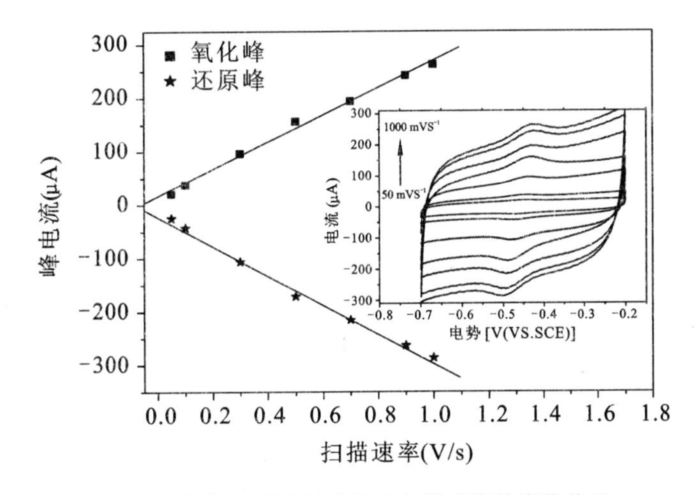

图 6-3 氧化-还原电流值随着扫描速率的变化关系

注：插图是这些扫描速率下 GOD/C-ZnO 阵列修饰的电极的循环伏安曲线

(6-1)所示的反应，从而大大地提高了直接电化学过程中还原峰电流的强度，如图 6-4(a)所示。更为重要的是，当我们向空气饱和的 PBS 溶液中进一步加入2 mM的葡萄糖后，循环伏安曲线上的还原电流又会减弱很多，原因在于加入的葡萄糖与氧化态 GOD 发生了式(6-3)所示的反应。

$$\text{GOD(FAD)} + \text{Glucose} \longrightarrow \text{GOD(FADH}_2\text{)} + \text{Gluconolatone} \quad (6\text{-}3)$$

这一反应消耗了部分用于直接电化学的氧化态 GOD。根据这一典型的现象，我们可以构建基于 GOD 直接电化学的葡萄糖生物传感器。

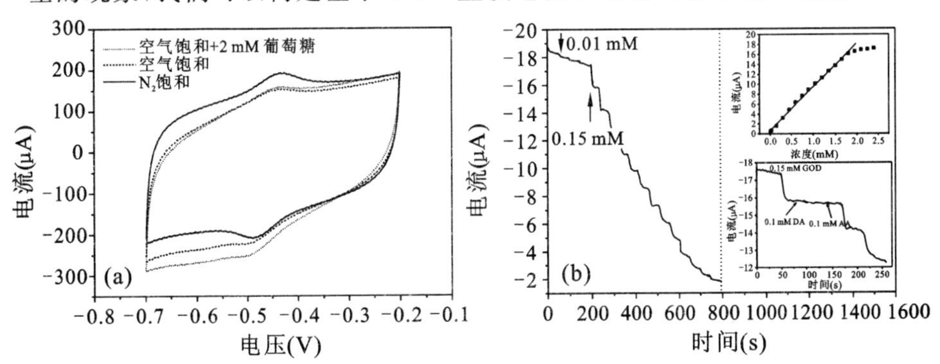

图 6-4 C-ZnO 阵列在特定条件下的电化学性能

(a)GOD/C-ZnO 阵列电极在 N_2 饱和的和空气饱和的 PBS 溶液(加或者不加葡萄糖)中的循环伏安曲线，扫描速率为 0.5 V/s；(b)恒定电位(－0.45 V)下不断将葡萄糖加到 PBS 溶液过程中的电流-时间曲线

图 6-4(b)是在−0.45 V 恒定电位下，不断往空气饱和的 PBS 溶液中加入葡萄糖，GOD/C-ZnO 阵列电极上的电流随时间的变化曲线。前三次加入的葡萄糖浓度为 0.01 mM，可以看到，即便加入如此低的浓度，电流的变化依然很明显。接下来的葡萄糖加入量均为 0.15 mM。连续加入葡萄糖可以导致连续的电流减小，并且反应时间很快，约为 5 s。传感器的校正曲线（电流变化值对葡萄糖浓度）进一步在插图中给出。此曲线给出了从0.01～1.6 mol 的线性变化（r=0.999，n=15）。由此曲线的斜率可以进一步算出传感器的灵敏度为 35.3 $\mu A \cdot mM^{-1} \cdot cm^{-2}$。这个值优于以前很多报道[27,45,46]中的结果，比由 Pt/CNTs 作为工作电极构成的生物传感器的灵敏度（30 $\mu A \cdot mM^{-1} \cdot cm^{-2}$）还要略大[39]。传感器在信噪比（$S/N$）为 3 时的探测极限为 1 μM。进一步，根据 Lineweaver-Burk 方程[8]，可以计算出 Michaelis-Menten 常数 K_M大约为 1.54 mM。如此小的 K_M反映出了修饰在 C-ZnO 阵列上的 GOD 对葡萄糖的高亲和力和极强的生物活性[17,29]。

我们知道，基于经典酶电极的生物传感器一般都工作在+0.6 V（相对于 Ag/AgCl 电极）。在这个电位下，人体血液中常见的其他生物分子（如抗坏血酸和多巴胺等）都很容易被氧化，从而对探测葡萄糖造成明显干扰，导致这类生物传感器的选择性很差[13]。基于 GOD 直接电化学的生物传感器由于其负的工作电位，可以完全避免这种干扰。如图 6-4(b)的插图所示，我们有意识地往 PBS 溶液里加入约 0.1 mM 抗坏血酸和多巴胺这类物质，结果发现它们并不会造成明显的电流变化。另外，我们发现，GOD 固定在C-ZnO阵列电极上的稳定性也很强，当保存在 4 ℃冰箱中每隔五天使用一次，一个月后其灵敏度能够保持在原来的 95%。并且，酶电极的制备过程重复性也很好。

较快的直接电化学反应和良好的生物传感器性能应该归结为 C-ZnO 阵列电极的结构（图 6-5）。大的比表面积的碳层具有强的吸收能力，并且 C-ZnO 纳米棒之间有足够大的间隙，这些都有利于较大量 GOD 的固定，并促使 GOD 和 C-ZnO 阵列电极间的强烈相互作用。碳层良好的导电性可以极大地加快 GOD 与 ZnO 之间的电子传递，同时，ZnO 一维的纳米结构为电子进一步向电极的输送提供了直接的途径。C-ZnO 阵列与集流体金属 Ti 间良好的机械和电学接触也是电子快速传递的一个重要原因。

为了进一步证明 C 修饰 ZnO 阵列的结构优越性，我们用类似的方法将辣根过氧化物酶（HRP）固定在 C-ZnO 阵列电极上，构造了基于 HRP 直接电化学的 H_2O_2 生物传感器，其性能测试曲线见图 6-6。根据图中的数据，可以得到 H_2O_2 生物传感器的灵敏度为 237.8 $\mu A \cdot mM^{-1} \cdot cm^{-2}$，反应时间大约为 4 s，在信噪比为 3 时的探测极限为 0.2 μM。

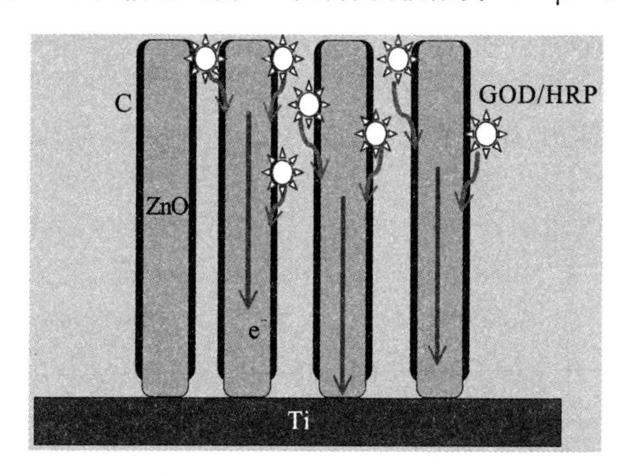

图 6-5 固定在 C-ZnO 纳米棒阵列上的 GOD 和 HRP 直接电化学过程中电子向集流体金属 Ti 传递的示意图

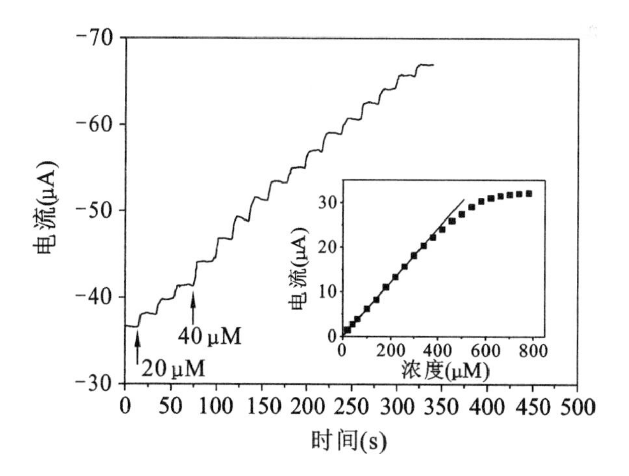

图 6-6 恒定电位（−0.4 V）下不断往 PBS 溶液中加入 H_2O_2 的过程中电流-时间曲线

注：插图为电流与浓度的关系图

6.2.2 $K_{0.33}WO_3$ 纳米片薄膜用于直接电化学生物传感器

钨青铜是一类典型的非化学计量化合物，其分子式可以写成 A_xWO_3 ($0<x<1/3$)，其中 A 可以是碱金属、铅、铊、铜和银等[49]。这类物质已经展现出诸如光致变色、电光和超导等物理性质[49-51]，特别是六角形的钾钨青铜 K_xWO_3 的物理性质（比如极化微拉曼散射和场致发射等）在过去的几年不断受到人们的关注[52-59]。然而，钾钨青铜 K_xWO_3 的纳米结构报道很少，其潜在的应用，如在生物传感器上的应用也未见报道。纳米片作为一类重要的纳米结构，由于其特殊的二维形貌、小的厚度和大的表面积-体积比，也成了构造纳米器件的理想结构[60]。在本节中，我们首先在 W 金属片上简单制备 K_xWO_3 超薄纳米片薄膜，然后利用此薄膜固定酶分子 GOD，用于制备基于 GOD 直接电化学的生物传感器。本研究旨在充分利用 K_xWO_3 较强的亲水能力和金属行为的电导性来实现 GOD 的高效固定和快速电子传递。

(1) $K_{0.33}WO_3$ 纳米片薄膜的合成和电化学测试

制备 $K_{0.33}WO_3$ 纳米片薄膜的过程非常简单，具体步骤如下：首先将洁净的 W 片($2\times2\times0.025\ cm^3$)在 KOH 溶液中室温超声 10 min，然后取出干燥，最后置于电炉上 600 ℃空气中加热 24 h 即可。

结构表征：Y-2000 型 X 射线衍射仪(XRD，Cu Kα 辐射；$\lambda=1.5418$ Å)；场发射扫描电子显微镜(SEM，JSM-6700F；5 kV)；透射电子显微镜(TEM 和 HRTEM，JEM-2010FEF；200 kV)；拉曼光谱(Witech CRM200，532 nm)；接触角测试仪(FTA 1000)；原子力显微镜(AFM，Veeco)。单个纳米片的 *I-V* 测试是基于场效应晶体管(FET)装置：首先，将制得的$K_{0.33}WO_3$薄膜在酒精中超声，得到分散的纳米片溶液；进一步将得到的溶液滴到 SiO_2/Si(具有 200 nm 绝缘 SiO_2 层的单晶 Si)栅极上，然后通过光刻和射频溅射的方法搭上两个 100 nm 的 Au 电极(作为源极和漏极)。电学测量系统为 Keithley 4200 SCS。

酶在 $K_{0.33}WO_3$ 薄膜电极上的固定：将 5 μL 葡萄糖氧化酶(GOD，40 U/mg)的溶液(15 mg/mL，在 0.01 M PBS 磷酸盐缓冲溶液中配制，pH 值为 7.0)滴到 $K_{0.33}WO_3$ 薄膜上，进行物理吸收。待到水分完全蒸发后，再保存在 4 ℃的冰箱中备用。在测量之前，还要将酶固定后的电极在浓度为 0.01 M 的 PBS 溶液中浸渍数小时以除掉未被固定的 GOD。最后滴上 5 μL 质量分数为0.5 %的 Nafion 溶液，自然干燥。

直接电化学检测和生物传感器检测均在 CHI 760 电化学工作站上进行，采用传统的三电极体系：其中 Pt 线为对电极，饱和甘汞电极(SCE)为参比电极，$0.25\times0.5\ cm^2$ 大小的 W 片上修饰过 GOD 的 $K_{0.33}WO_3$ 薄膜直接为工作电极。电解液为浓度为 0.1 M 且 pH 值为 7.0 的 PBS 溶液。

(2) 结果与讨论

我们首先用 FE-SEM 对所得的薄膜进行了表征，结果见图 6-7(a)。可以看到，当 W 片在 600 ℃空气中加热 24 h 后，完全被一层均匀的纳米片薄膜覆盖，片的厚度很小，一般为 5～20 nm。图 6-7(b)显示的纳米片薄膜 XRD 结果表明所有的峰都可以归结为六角钾钨青铜 $K_{0.33}WO_3$(JCPDS 卡号:26-1345)，无其他杂质。图 6-7(c)是单个纳米片的低倍 TEM 照片，

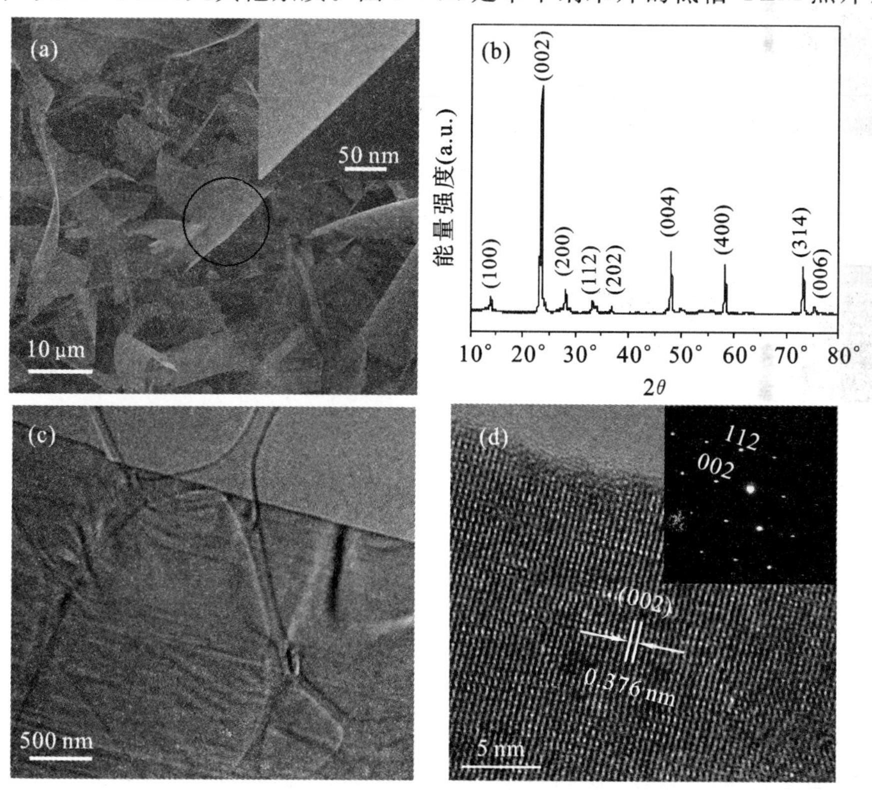

图 6-7　$K_{0.33}WO_3$ 纳米片薄膜的形貌表征

(a)纳米片薄膜的 SEM 照片；(b)XRD 结果；(c)单个纳米片的 TEM 照片；(d)HRTEM 照片和 SAED 结果

与由 SEM 照片所观察到的一样，纳米片非常薄。图 6-7(d)中的高分辨率 TEM(HRTEM)显示纳米片高质量的单晶结构，观察到的晶面间距为 3.76 Å，对应于(002)晶面。插图中的 SAED 显示为明亮的衍射斑点，也证明了纳米片是高质量的单晶。为了深入分析纳米片的成分，我们在 SEM 测试环境下进行了单个纳米片的 EDS 元素扫描分析。图 6-8(a)为单个纳米片的 SEM 照片，图 6-8(b)～图 6-8(d)分别对应于该片的 O、W、K 元素扫描分布。可以清晰地看到 K^+ 在纳米片中低浓度均匀分布的情况。另外，图 6-8(e)的 EDS 数据结果也证明了 K、W、O 三种元素的存在，其中 C 和 Cu 的峰来源于下面的有碳膜的铜网。

用原子力显微镜对纳米片的表面结构和厚度进行了分析。图6-9(a)显示的是沿着插图中横线方向在纳米片表面扫描得到的高度变化图。由此得到该片的厚度大约为 15 nm。有趣的是，还可以明显看到在纳米片的表面有着一个高度大约为 4 nm 的台阶。我们对其他许多纳米片都进行了 AFM 表面扫描，结果发现，这种均匀台阶的存在是一个普遍的现象，片上的台阶有三四个甚至更多(图 6-10)。我们认为台阶的出现与 $K_{0.33}WO_3$ 的晶体结构有密切关系。众所周知，$K_{0.33}WO_3$ 是由基于 W—O 的刚性骨架组成，此骨架由多层相同结构的单元沿着[001]方向堆积而成，而每个单元又是由很多顶点接触的 WO_6 八面体以每 6 个一起的方式组合而成的；最终沿着[001]方向看去，形成了很多一维的六角通道，其中 K^+ 就随机分布在这些通道中，见图 6-9(b)[52,53]。因此，纳米片表面的台阶很可能是 $K_{0.33}WO_3$ 晶体的(200)和(002)晶面解理导致的，这些台阶的出现也直接反映出纳米片多层的构造特征。图 6-9(c)给出了纳米片的拉曼光谱结果。900～1000 cm^{-1}、600～850 cm^{-1} 和 200～400 cm^{-1} 处的三组拉曼峰可以分别归结为 W＝O 伸展模式、O—W—O 伸展模式和 O—W—O 弯曲模式[57,59]，进一步证明了纳米片的成分和结构。我们还构造了基于单个纳米片的场效应晶体管[图 6-9(d)的插图]，测量了栅极电压 V_g 在 −20～20 V 变化过程中其 I_{ds}-V_{ds} 性质结果，如图 6-9(d)所示。可以看到，随着栅极电压的改变，I_{ds}-V_{ds} 曲线的变化很微弱，纳米片表现出类金属的电学行为。并且，从图中数据可以计算出纳米片的电阻率大约为 8.3×10^{-3} Ω·cm，这个值低于传统半导体材料(如 ZnO、SnO_2 等)的电阻率 5 个数量级[61]，充分说明我们合成的纳米片具有良好的导电性。如此

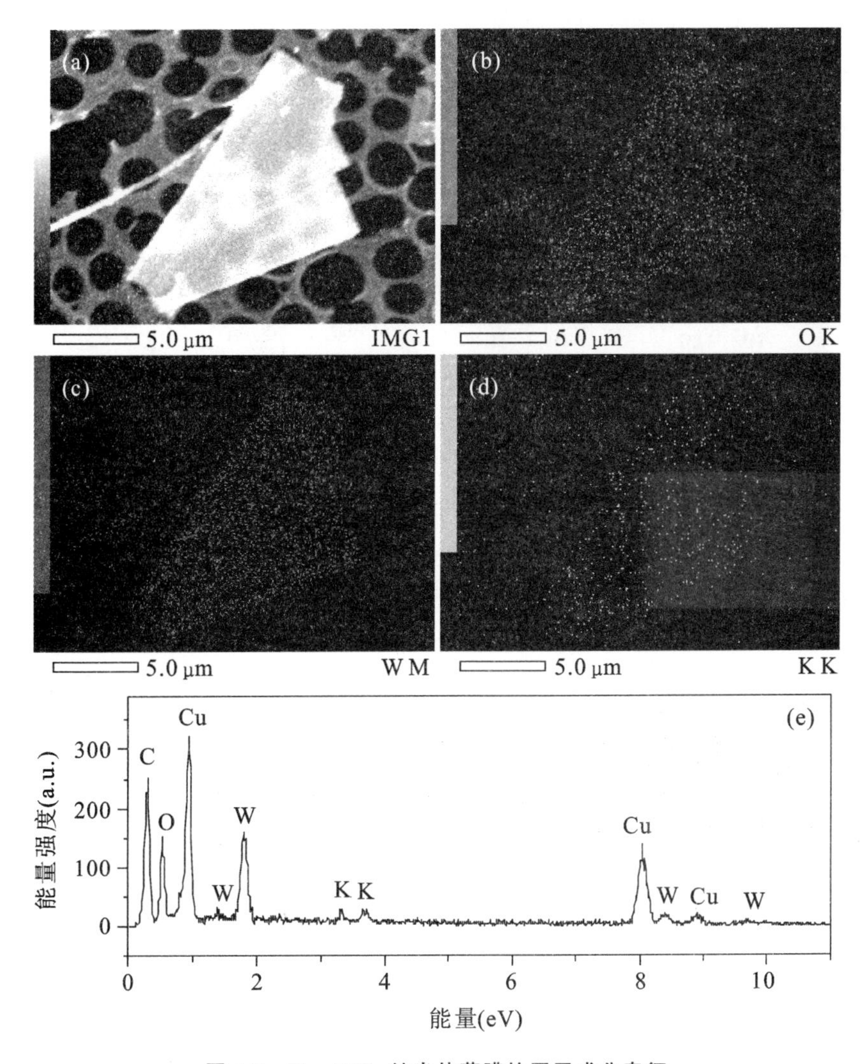

图 6-8 $K_{0.33}WO_3$ 纳米片薄膜的原子成分表征

(a)单个纳米片的 SEM 照片;(b)～(d)该片的 O、W 和 K 元素扫描分布;(e)EDS 数据

优异的导电性能可以归结为 $K_{0.33}WO_3$ 特殊的晶体结构。正如上面所讨论的,在 $K_{0.33}WO_3$ 晶体中,由于 K^+ 数目(浓度)很小,可以在结构通道中随机灵活地分布,而不对 WO_3 骨架造成明显影响,还可以给 WO_3 晶格自由地提供电子[38,62],因此,导致材料电阻的剧烈减小和金属性电学行为。

$K_{0.33}WO_3$ 纳米片除了具有上述良好的导电性外,也具有良好的亲水

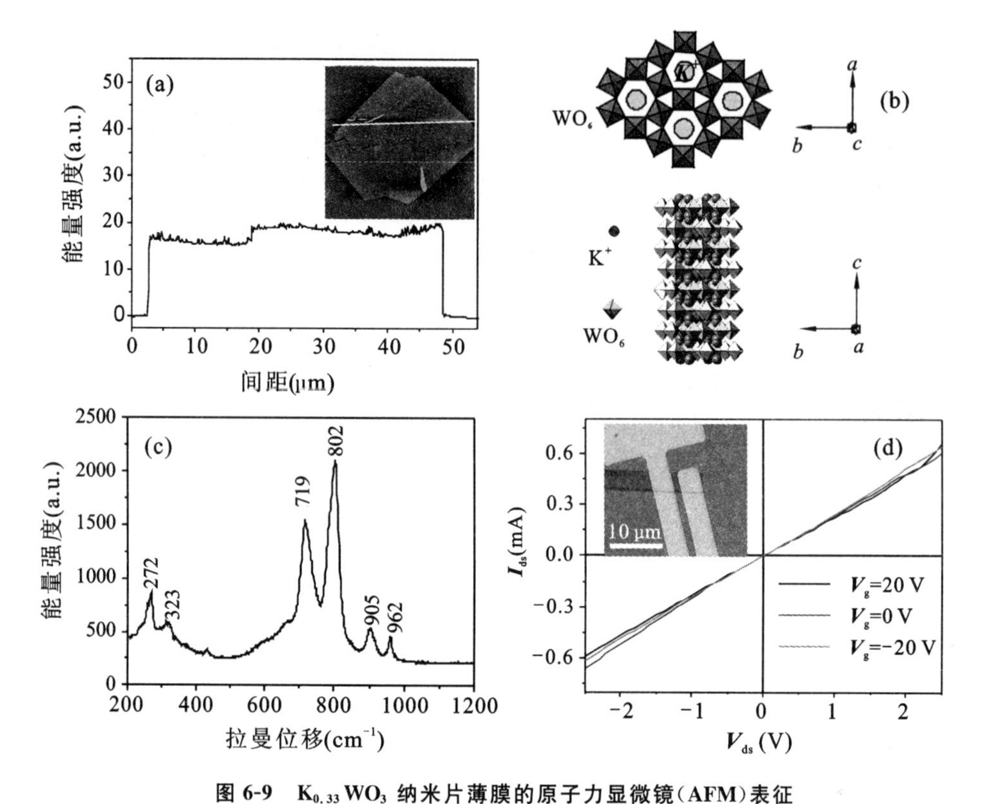

图 6-9　$K_{0.33}WO_3$ 纳米片薄膜的原子力显微镜(AFM)表征

(a)单个纳米片的 AFM 轮廓图;(b)$K_{0.33}WO_3$ 的晶体结构示意图;(c)拉曼光谱;(d)I_{ds}-V_{ds}曲线

性和生物兼容性。我们利用动态接触角测试来研究纳米片薄膜的亲水性。如图 6-11 所示,当水滴滴到纳米片薄膜表面,在 0.3 s 后接触角就小于 5°;将水滴换成 GOD 的 PBS 溶液(15 mg/mL, 0.01 M PBS, pH 值为 7.0),可以得到同样的结果,因此,纳米片薄膜具有很强的亲水能力。进一步在图 6-12中给出了两种典型蛋白酶 Hb(血红蛋白)和 GOD 的吸收光谱以及将它们固定在纳米片薄膜上之后的吸收光谱。可见,两种蛋白酶在固定之后的吸收峰位都没有明显移动,意味着 $K_{0.33}WO_3$ 材料不会破坏酶的结构和生物活性,具有良好的生物相容性。

极强的导电性和亲水性兼备的电极材料非常罕见,因此,我们充分相信 $K_{0.33}WO_3$ 纳米片薄膜是促进酶直接电化学的理想材料。图 6-13(a)所示的是 GOD/ $K_{0.33}WO_3$ 薄膜电极的循环伏安曲线(扫描速率:0.1 V/s)。

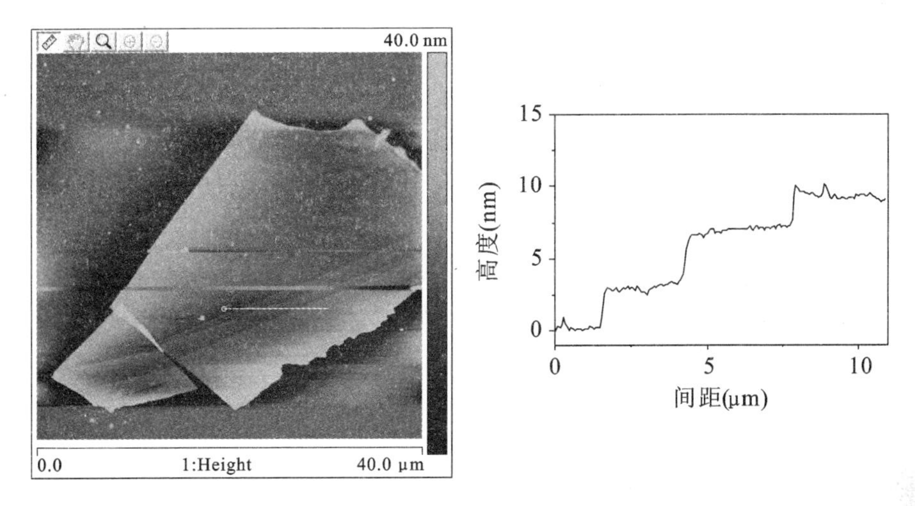

图 6-10　另一纳米片表面的 AFM 图像和沿着横线方向扫描得到的高度变化曲线

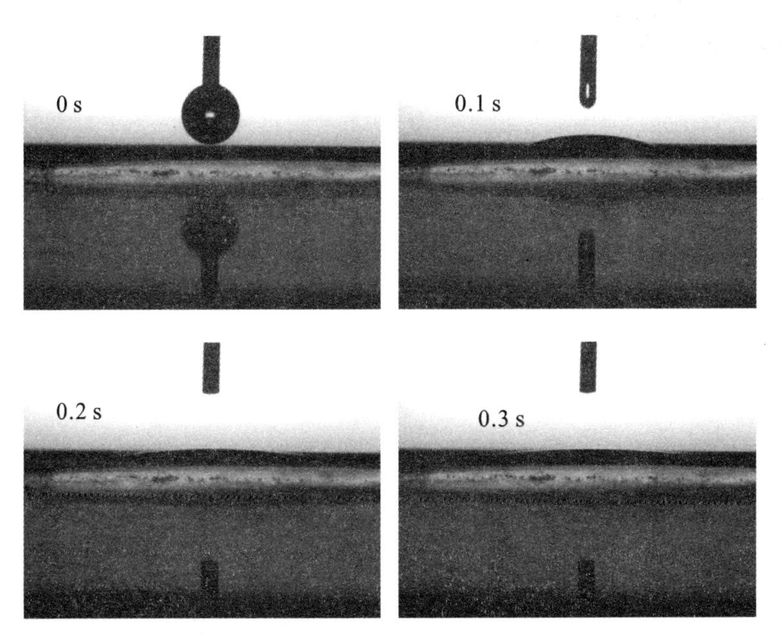

图 6-11　水滴滴在 $K_{0.33}WO_3$ 纳米片薄膜上的接触角动态变化

为了比较研究，直接修饰 GOD 的光板电极和没固定过 GOD 的 $K_{0.33}WO_3$ 薄膜电极的循环伏安曲线也在此图中给出。可以看到，后两种类型的电

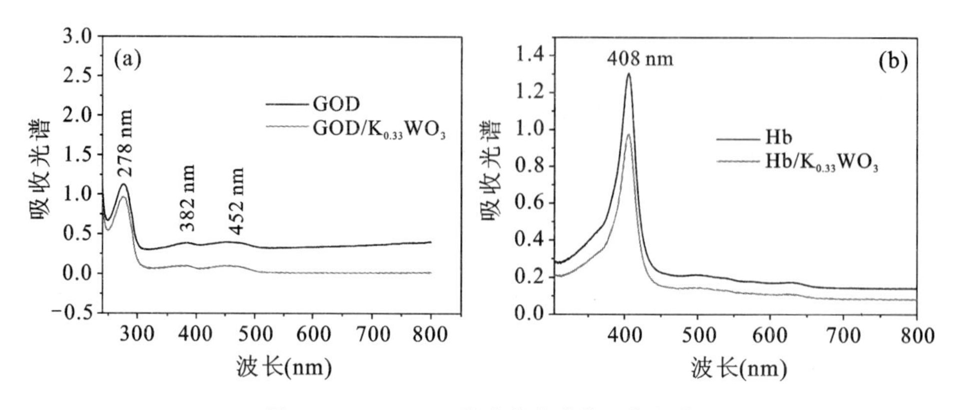

图 6-12　$K_{0.33}WO_3$ 纳米片薄膜的吸收光谱

(a)GOD 固定在纳米片薄膜前后的吸收光谱；(b)Hb 固定于纳米片薄膜前后的吸收光谱

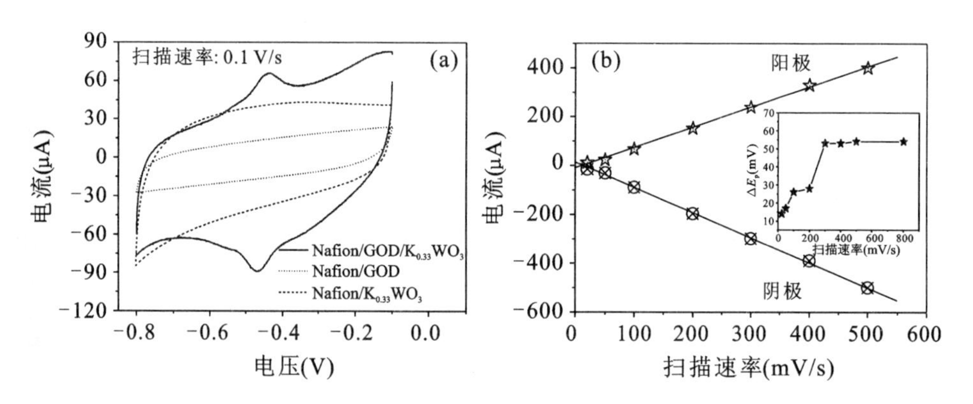

图 6-13　$K_{0.33}WO_3$ 纳米片薄膜的电化学性能

(a)GOD、$K_{0.33}WO_3$ 薄膜和 GOD/$K_{0.33}WO_3$ 薄膜电极的循环伏安曲线；(b)对于 GOD/$K_{0.33}WO_3$ 薄膜电极，氧化还原峰电流(和电位分离值，见插图)随着扫描速率的变化规律

极循环伏安曲线上都没有明显峰位存在。然而，对于 GOD/ $K_{0.33}WO_3$ 薄膜电极，我们可以很容易观察到一对氧化还原峰：－0.468 V 和－0.441 V。这对峰的产生意味着 GOD 与 W 电极间直接电子传递的实现。随着循环伏安扫描速率的不断增加(0.02～0.5 V/s)，氧化还原电流值也不断地增加，图 6-13(b)显示了两者之间呈良好的线性关系，说明与 GOD 在 C-ZnO 阵列电极上的直接电子传递一样，此种电化学过程是表面控制的。图 6-13(b)中的插图进一步给出了氧化还原峰位的电位分离值随着扫描速率增加而变大的规律。在扫描速率为 0.05 V/s、0.1 V/s 和

0.2 V/s 的条件下，电位分离值分别为 17 mV、26 mV 和 28 mV。如此小的电位分离值说明了直接电子传递的速率之快。进一步，通过计算可以得到，电子传递速率常数大约为9.5 s^{-1}，此值大于 GOD 固定于碳纳米管(CNTs)、Au 和大部分无机纳米结构时得到的值[21-23,27,40]。由此，体现了 $K_{0.33}WO_3$ 薄膜对直接电子传递的关键作用。

对于 GOD/ $K_{0.33}WO_3$ 薄膜电极，当循环伏安曲线在空气饱和的 PBS 溶液中采集时，依然可以观察到氧化还原峰(图 6-14)。但是与在 N_2 中收集到的数据相比，还原电流明显变大，氧化电流变小。这一现象的原因在前面已经阐述过。进一步地，向空气饱和的 PBS 溶液中滴加葡萄糖，又会导致还原电流的减小，根据葡萄糖的加入引起还原电流减小的现象可以构建基于直接电化学的生物传感器。

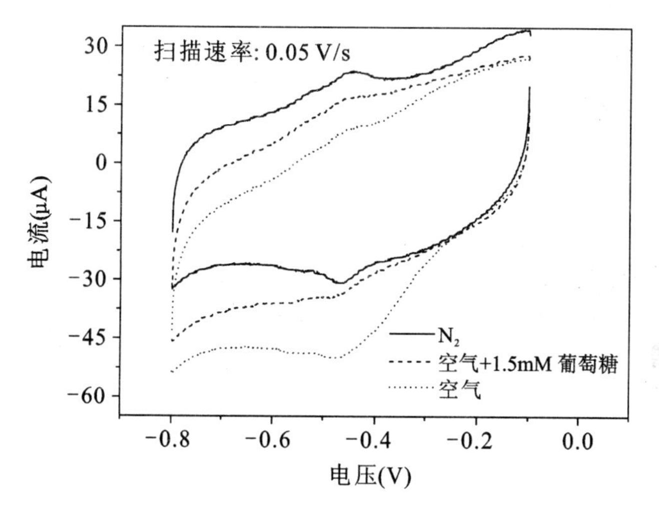

图 6-14　GOD/ $K_{0.33}WO_3$ 薄膜电极在 N_2 饱和的和在空气饱和的 PBS 溶液(加或不加葡萄糖)中的循环伏安曲线

为了测试生物传感器性能，我们收集了在恒定电位(−0.45 V)下不断向 PBS 溶液中加入葡萄糖这一过程中的电流随时间变化曲线，见图 6-15(a)。逐渐加入葡萄糖引起了电流的不断减小，并且反应非常平稳。传感器的平均反应时间(定义为达到 95%的稳态所需时间)大约为 4 s。对应的校正曲线如图 6-15(b)所示。可见，电流变化值与葡萄糖浓度(5 μM～1.5 mM)之间是一个近似的线性关系(相关系数为 0.9998)，斜率为 8.3 μA・mM^{-1}。由此斜率可以很容易计算出传感器的灵敏度为 66.4 μA・mM^{-1}・cm^{-2}，这个值大于用 Pd/Pt-石墨烯修饰的电极构成的葡萄糖生物传感器[38]，是由 Pt/CNTs 构成的传感器（和我们的 C-ZnO 阵列电极构造的传感器）的灵敏度的两倍[39]，并且大于几乎所有的葡萄糖电化学传感器的灵敏度[22,27,35]。在信噪比为 3 情况下的探测极限为 0.5 μM。根据 Lineweaver-Burk 方程：$1/I_m = 1/I_{max} + K_m^{app}/(cI_{max})$（$I_m$ 为稳态电流，I_{max} 为最大电流值，c 为葡萄糖的浓度）进一步计算得到 Michaelis-Menten 常数 K_m^{app} 大约为 2.05 mM，反映出 GOD/$K_{0.33}WO_3$ 薄膜对葡萄糖的较强亲和力。我们也研究了传感器的抗干扰能力，结果见图 6-15(a)中插图，多巴胺（DA）和抗坏血酸（AA）的加入不会造成可观察的电流变化，意味着传感器对葡萄糖的选择性很强。实验还发现，传感器的灵敏度与固定在电极上的 GOD 的浓度有很大关系，图 6-16 给出了灵敏度随着 GOD 浓度的变化规律。很明显，存在一个最佳的 GOD 浓度（15 mg/mL）。在浓度范围0～15 mg/mL 内，随着浓度的增加，灵敏度也会提高。我们认为，在这个范围内，吸附固定在纳米片薄膜上的 GOD 能够与材料表面形成直接接触。在浓度大于 15 mg/mL 后，GOD 会在纳米片表面成层，很大一部分 GOD 都不会与纳米片进行直接的电学接触，因而不利于直接电子传递。在这种情况下，除了灵敏度不高外，电极也是非常不稳定的，时间过久，表层的 GOD 容易脱落或者失效。

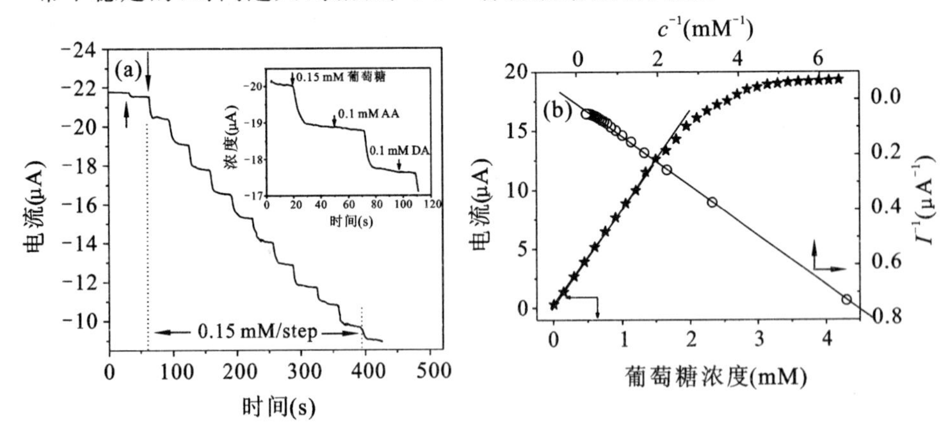

图 6-15　$K_{0.33}WO_3$ 纳米片薄膜的生物传感器性能

(a)恒定电位(−0.45 V)下不断将葡萄糖加入到 PBS 溶液过程中的电流-时间曲线(插图为传感器抗干扰性测试)；(b)电流变化值随着加入的葡萄糖浓度的变化(以及浓度$^{-1}$-电流$^{-1}$曲线)

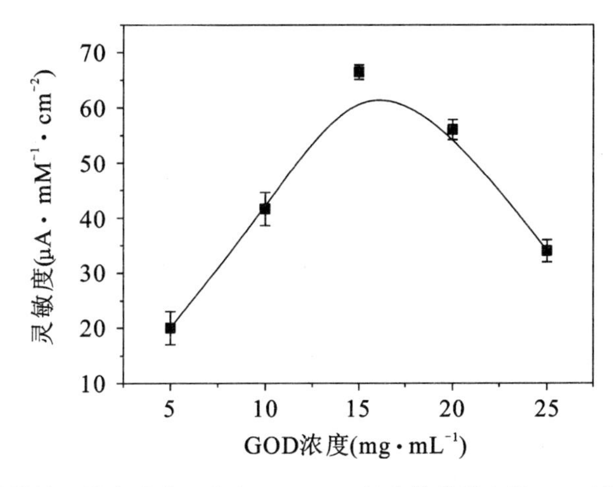

图 6-16 传感器的灵敏度随着固定在 $K_{0.33}WO_3$ 纳米片薄膜上的GOD浓度的变化规律

直接在W片上生长纳米片薄膜本身就能够保证材料在集流体上良好的附着力和电学接触,导电性和亲水性都十分优异的 $K_{0.33}WO_3$ 薄膜更是为酶的直接电子传递和基于此的生物传感器提供了难得的平台。亲水性有利于GOD的吸附固定以及GOD活性的维持,同时使得葡萄糖易于接触GOD修饰过的电极表面,从而进行反应。纳米片很强的电子传输能力保证了电子从酶向集流体W片的快速传递,这种传递比起电子在传统薄膜(多数是半导电性材料)中无数次越过晶粒间界要容易得多。实际上,具有锋利边沿的纳米片可以被看作是无数“导电的桥梁”[18],具有深入酶的氧化还原活性中心的能力,从而缩短电子隧穿距离。我们还认为,纳米片上的诸多台阶有利于增大材料的比表面积和GOD酶的承载量,从而可以进一步提高传感器的灵敏度。

强的导电性和良好的亲水性是各种电化学装置对电极材料不变的要求。尽管本章只讨论了 $K_{0.33}WO_3$ 纳米片薄膜在酶的直接电化学和生物传感器上的应用,但我们相信直接在W片上生长的导电性和亲水性都极好的新型 $K_{0.33}WO_3$ 纳米片薄膜在其他电化学装置(如锂离子电池)中有着不可低估的应用前景。

最后讨论一下纳米片薄膜的生长机制。我们熟知,在物理气相制备过程中,VLS(气-液-固)机理是最为常见的。但是我们的实验中没有用到催化剂,并且纳米片的SEM和TEM分析都未发现催化剂颗粒的存在。

因此，我们认为纳米片的生长遵循 VS(气-固)机制：当 W 片在 KOH 溶液中超声浸泡后，首先会在片的表层生成 $K_{0.33}WO_3 \cdot 22H_2O$ 等 W-K-O 之类的化合物[59]，当 KOH 溶液中浸泡过的 W 片在空气中加热时，W-K-O 化合物首先会失去水，进一步，当温度升高到 600 ℃，$K_{0.33}WO_3$ 蒸气产生，蒸气达到饱和后导致在整个 W 片上开始成核，大量蒸气不断地在核上聚集，加快了晶体生长的过程，最终生长为 $K_{0.33}WO_3$ 纳米片薄膜。以上反应动力学过程与直接在空气中用氧化金属基底制备对应的片状金属氧化物薄膜的过程非常类似[63]。

6.3　本章小结

本章提出了将直接生长的氧化物纳米结构阵列/薄膜用于直接电化学生物传感器。精简了传统的电极修饰程序，创造了诸多动力学优势，提高了传感器性能，具体有如下几点：

(1) 利用第 2 章在 Ti 金属基底上合成的 ZnO 纳米棒阵列为基底，采用葡萄糖浸泡再碳化的方法在纳米棒表层均匀包覆了一层碳，形成了 C-ZnO 纳米棒阵列。充分利用碳的电催化活性、良好的电导性和生物相容性以及一维 ZnO 纳米结构天然的电子传输通道，我们将 C-ZnO 阵列作为生物传感器工作电极用于生物酶(GOD、HRP)的固定，实现了酶的快速直接电化学，并且灵敏度较高。

(2) 通过简单的物理加热法在空气中直接加热在 KOH 溶液中浸泡过的 W 片，成功地制备了 $K_{0.33}WO_3$ 纳米片薄膜。研究发现，$K_{0.33}WO_3$ 纳米片不仅有着金属性的导电特征，而且具有很强的亲水能力，使得这种新型的纳米结构薄膜成为固定酶的理想场所。我们将 GOD 固定在该薄膜上，实现了 GOD 与集流体 W 电极间较快的直接电子传递；基于 GOD 直接电化学的生物传感器也表现出极高的灵敏度($66.4\ \mu A \cdot mM^{-1} \cdot cm^{-2}$)和很强的选择性。

参考文献

[1]FREIRE R S, PESSOA C A, MELLO L D, et al. Direct electron transfer: an approach for electrochemical biosensors with higher selectivity and sensitivity[J]. Journal of the Brazilian Chemical Society, 2003, 14: 230-243.

[2]ZHANG W J, LI G X. Third-generation biosensors based on the direct electron transfer of proteins[J]. Analytical Sciences, 2004, 20: 603-609.

[3]WANG J. Amperometric biosensors for clinical and therapeutic drug monitoring: a review[J]. Journal of Pharmaceutical and Biomedical Analysis, 1999, 19: 47-53.

[4]VO-DINH T, CULLUM B, FRESENIUS J. Biosensors and biochips: advances in biological and medical diagnostics[J]. Fresenius' Journal of Analytical Chemistry, 2000, 366(6-7): 540-551.

[5]ROSATTO S S, FREIRE R S, DURAN N, et al. Biossensores amperométricos para determinação de compostos fenólicos em amostras de interesse ambiental[J]. Química Nova, 2001, 24(1): 77-86.

[6]SCOUTEN W H, LUONG J H T, BROWN R S. Enzyme or protein immobilization techniques for applications in biosensor design[J]. Trends in Biotechnology, 1995, 13(5): 178-185.

[7]UPDIKE S J, HICKS G P. The enzyme electrode[J]. Nature, 1967, 214(5092): 986.

[8]WU L, LEI J, ZHANG X, et al. Biofunctional nanocomposite of carbon nanofiber with water-soluble porphyrin for highly sensitive ethanol biosensing[J]. Biosensors and Bioelectronics, 2008, 24(4): 644-649.

[9]WILLNER I, WILLNER B. Biomaterials integrated with electronic

elements: en route to bioelectronics[J]. TRENDS in Biotechnology, 2001, 19(6): 222-230.

[10]COCHE-GUÉRENTE L, COSNIER S, LABBÉ P. Sol-gel derived composite materials for the construction of oxidase/peroxidase mediatorless biosensors[J]. Chemistry of Materials, 1997, 9(6): 1348-1352.

[11]QIAO Y, LI C M, BAO S J, et al. Direct electrochemistry and electrocatalytic mechanism of evolved escherichia coli cells in microbial fuel cells [J]. Chemical Communications, 2008: 1290-1292.

[12]SCHUHMANN W. Amperometric enzyme biosensors based on optimised electron-transfer pathways and non-manual immobilisation procedures[J]. Reviews in Molecular Biotechnology, 2002, 82(4): 425-441.

[13]LI C M, CHA C S. Porous carbon composite/enzyme glucose microsensor[J]. Frontiers in Bioscience: A Journal and Virtual Library, 2004, 9(2): 3324-3330.

[14]CAI W Y, XU Q, ZHAO X N, et al. Porous gold-nanoparticle-$CaCO_3$ hybrid material: preparation, characterization and application for horseradish peroxidase assembly and direct electrochemistry[J]. Chemistry of Materials, 2006, 18(2): 279-284.

[15]CUI X Q, LI C M, ZANG J F, et al. Highly sensitive lactate biosensor by engineering chitosan/PVI-Os/CNT/LOD network nanocomposite[J]. Biosensors and Bioelectronics, 2007, 22(12): 3288-3292.

[16]WANG J, MUSHAMA M, LIN Y. Solubilization of carbon nanotubes by Nafion toward the preparation of amperometric biosensors[J]. Journal of the American Chemical Society, 2003, 125(9): 2408-2409.

[17]ZANG J F, LI C M, CUI X Q, et al. Tailoring zinc oxide nanowires for high performance amperometric glucose sensor [J].

Electroanalysis, 2007, 19(9): 1008-1014.

[18]GOODING J J, WIBOWO R, LIU J Q, et al. Protein electrochemistry using aligned carbon nanotube arrays[J]. Journal of the American Chemical Society, 2003, 125(30): 9006-9007.

[19]VAMVAKAKI V, TSAGARAKI K, CHANIOTAKIS N, et al. Carbon nanofiber-based glucose biosensor[J]. Analytical Chemistry, 2006, 78(15): 5538-5542.

[20]WU S, JU H, LIU Y. Conductive mesocellular silica-carbon nanocomposite foams for immobilization, direct electrochemistry and biosensing of proteins[J]. Advanced Functional Materials, 2007, 17(4): 585-592.

[21]CAI C X, CHEN J. Direct electron transfer of glucose oxidase promoted by carbon nanotubes[J]. Analytical Biochemistry, 2004, 332(1): 75-83.

[22]LIU Y, WANG M K, ZHAO F, et al. The direct electron transfer of glucose oxidase and glucose biosensor based on carbon nanotubes/chitosan matrix[J]. Biosensors and Bioelectronics, 2005, 21(6): 984-988.

[23]ZHAO S, ZHANG K, BAI Y, et al. Glucose oxidase/colloidal gold nanoparticles immobilized in Nafion film on glassy carbon electrode: direct electron transfer and electrocatalysis[J]. Bioelectrochemistry, 2006, 69(2): 158-163.

[24]JIA J B, WANG B Q, WU A G, et al. A method to construct a third-generation horseradish peroxidase biosensor: self-assembling gold nanoparticles to three-dimensional sol-gel network [J]. Analytical Chemistry, 2002, 74(9): 2217-2223.

[25]TANGKUARAM T, KATIKAWONG C, VEERASAI W. Design and development of a highly stable hydrogen peroxide biosensor on screen printed carbon electrode based on horseradish peroxidase bound with gold nanoparticles in the matrix of chitosan [J]. Biosensors and Bioelectronics, 2007, 22(9): 2071-2078.

[26]CAI W Y, FENG L D, LIU S H, et al. Hemoglobin-CdTe-$CaCO_3$@polyelectrolytes 3D architecture: fabrication, characterization and application in biosensing[J]. Advanced Functional Materials, 2008, 18(20): 3127-3136.

[27]BAO S J, LI C M, ZANG J F, et al. New nanostructured TiO_2 for direct electrochemistry and glucose sensor applications [J]. Advanced Functional Materials, 2008, 18(4): 591-599.

[28]LIU S, CHEN A. Coadsorption of horseradish peroxidase with thionine on TiO_2 nanotubes for biosensing[J]. Langmuir, 2005, 21(18): 8409-8413.

[29]WANG J X, SUN X W, WEI A, et al. Zinc oxide nanocomb biosensor for glucose detection[J]. Applied Physics Letters, 2006, 88: 3106.

[30]MCKENZIE K J, MARKEN F. Accumulation and reactivity of the redox protein cytochrome c in mesoporous films of TiO_2 phytate[J]. Langmuir, 2003, 19(10): 4327-4331.

[31]LIU A H, WEI M D, HONMA I, et al. Direct electrochemistry of myoglobin in titanate nanotubes film[J]. Analytical Chemistry, 2005, 77(24): 8068-8074.

[32]ZHANG L, ZHANG Q, LI J H. Layered titanate nanosheets intercalated with myoglobin for direct electrochemistry [J]. Advanced Functional Materials, 2007, 17(12): 1958-1965.

[33]CARRADO K A, MACHA S M, TIEDE D M. Effects of surface functionalization and organo-tailoring of synthetic layer silicates on the immobilization of cytochrome c[J]. Chemistry of Materials, 2004, 16(13): 2559-2566.

[34]KUMAR C V, CHAUDHARI A. Proteins immobilized at the galleries of layered α-zirconium phosphate: structure and activity studies[J]. Journal of the American Chemical Society, 2000, 122(5): 830-837.

[35]LIU J P, GUO C X, LI C M, et al. Carbon-decorated ZnO nanowire

array: a novel platform for direct electrochemistry of enzymes and biosensing applications [J]. Electrochemistry Communications, 2009, 11(1): 202-205.

[36] JIA W Z, GUO M, ZHENG Z, et al. Vertically aligned CuO nanowires based electrode for amperometric detection of hydrogen peroxide[J]. Electroanalysis, 2008, 20(19): 2153-2157.

[37] WANG J, ARRIBAS A S. Biocatalytically induced formation of cupric ferrocyanide nanoparticles and their application for electrochemical and optical biosensing of glucose[J]. Small, 2006, 2(1): 129-134.

[38] LU J, DO I, DRZAL L T, et al. Nanometal-decorated exfoliated graphite nanoplatelet based glucose biosensors with high sensitivity and fast response[J]. ACS Nano, 2008, 2(9): 1825-1832.

[39] HRAPOVIC S, LIU Y L, MALE K B, et al. Electrochemical biosensing platforms using platinum nanoparticles and carbon nanotubes[J]. Analytical Chemistry, 2004, 76(4): 1083-1088.

[40] GUISEPPI-ELIE A, LEI C, et al. Direct electron transfer of glucose oxidase on carbon nanotubes[J]. Nanotechnology, 2002, 13(5): 559-564.

[41] WEI A, SUN X W, WANG J X, et al. Enzymatic glucose biosensor based on ZnO nanorod array grown by hydrothermal decomposition [J]. Applied Physics Letters, 2006, 89(12): 3902.

[42] TOPOGLIDIS E, CASS A E G, O'REGAN B, et al. Immobilisation and bioelectrochemistry of proteins on nanoporous TiO_2 and ZnO films[J]. Journal of Electroanalytical Chemistry, 2001, 517(1): 20-27.

[43] DONG Z F, TIAN Y, YIN X, et al. Physical vapor deposited zinc oxide nanoparticles for direct electron transfer of superoxide dismutase[J]. Electrochemistry Communications, 2008, 10(5): 818-820.

[44] DENG Z, RUI Q, YIN X, et al. In vivo detection of superoxide

anion in bean sprout based on ZnO nanodisks with facilitated activity for direct electron transfer of superoxide dismutase[J]. Analytical Chemistry, 2008, 80(15): 5839-5846.

[45]ZHANG C L, LIU M C, LI P, et al. Fabrication of ZnO nanorod modified electrode and its application to the direct electrochemical determination of hemoglobin and cytochrome c[J]. Chinese Journal of Chemistry, 2005, 23(2): 144-148.

[46]ZHU X, YURI I, GAN X, et al. Electrochemical study of the effect of nano-zinc oxide on microperoxidase and its application to more sensitive hydrogen peroxide biosensor preparation[J]. Biosensors and Bioelectronics, 2007, 22(8): 1600-1604.

[47]ZHAO G, XU J J, CHEN H Y. Interfacing myoglobin to graphite electrode with an electrodeposited nanoporous ZnO film [J]. Analytical Biochemistry, 2006, 350(1): 145-150.

[48] NADZHAFOVA O, ETIENNE M, WALCARIUS A. Direct electrochemistry of hemoglobin and glucose oxidase in electrodeposited sol-gel silica thin films on glassy carbon [J]. Electrochemistry Communications, 2007, 9(5): 1189-1195.

[49]DEB S K. A novel electrophotographic system[J]. Applied Optics, 1969, 8(101): 192-195.

[50]CADWELL L H, MORRIS R C, MOULTON W G. Normal and superconducting properties of K_xWO_3[J]. Physical Review B, 1981, 23(5): 2219.

[51]REICH S, TSABBA Y. Possible nucleation of a 2D superconducting phase on WO single crystals surface doped with Na [J]. The European Physical Journal B-Condensed Matter and Complex Systems, 1999, 9(1): 1-4.

[52]KUDO T, KISHIMOTO A, INOUE H. Synthesis of new WO_3-based complex oxides with tunnels by a chemical mixing process using peroxo-polytungstates [J]. Solid State Ionics, 1990, 40: 567-571.

[53]MUHLESTEIN L D, DANIELSON G C. Effects of ordering on the transport properties of sodium tungsten bronze [J]. Physical Review, 1967, 158(3): 825.

[54]KRANSE H B, MOULTON W G, MORRIS R C. Investigation of superlattices in K_xWO_3 in relation to electric transport properties [J]. Acta Crystallographica Section B: Structural Science, 1985, 41(1): 11-21.

[55]GOODMAN P, MCCLEAN J D. Direct imaging of ordering in $K_xWO_{(3+y)}$ [J]. Acta Crystallographica Section B: Structural Crystallography and Crystal Chemistry, 1976, 32(12): 3285-3286.

[56]VAKARIN S V, BARABOSHKIN A N, KALIEV K A, et al. Crystal growth of tungsten bronzes with a hexagonal structure[J]. Journal of Crystal Growth, 1995, 151(1): 121-126.

[57]GU Z J, MA Y, ZHAI T Y, et al. A simple hydrothermal method for the large-scale synthesis of single-crystal potassium tungsten bronze nanowires [J]. Chemistry-A European Journal, 2006, 12(29): 7717-7723.

[58]QI H, WANG C Y, LIU J. A simple method for the synthesis of highly oriented potassium-doped tungsten oxide nanowires [J]. Advanced Materials, 2003, 15(5): 411-414.

[59]ZHENG Z, YAN B, ZHANG J X, et al. Potassium tungsten bronze nanowires: polarized micro-raman scattering of individual nanowires and electron field emission from nanowire films [J]. Advanced Materials, 2008, 20(2): 352-356.

[60]HU J Q, BANDO Y, ZHAN J H, et al. Two-dimensional micrometer-sized single-crystalline ZnO thin nanosheets[J]. Applied Physics Letters, 2003, 83(21): 4414-4416.

[61]LIAO L, ZHANG Z, YANG Y, et al. Tunable transport properties of n-type ZnO nanowires by Ti plasma immersion ion implantation [J]. Journal of Applied Physics, 2008, 104(7): 76104.

[62]FAN R, CHEN X H, GUI Z, et al. Chemical synthesis and

electronic conduction properties of sodium and potassium tungsten bronzes[J]. Journal of Physics and Chemistry of Solids, 2000, 61(12): 2029-2033.

[63]YU T, ZHU Y W, XU X J, et al. Substrate-friendly synthesis of metal oxide nanostructures using a hotplate[J]. Small, 2006, 2(1): 80-84.

后　　记

本书是在我的博士论文的基础上修改完成的。

感谢华中师范大学，在那里我完成了从本科到硕士再到博士阶段的学习。九年的时光，让我在思想上和知识上都颇有收获。

感谢我的导师黄新堂教授。是导师让我在本科时期就喜欢上了凝聚态物理和材料的研究，并在他耐心的引导下体会到了做研究、做学问的乐趣。本书的顺利完成也离不开导师悉心的指导。导师给了我很多自由思考和动手的空间，让我从实践磨炼中学到了宝贵的东西。导师严谨的治学态度、渊博的学识、敏锐的思维、勤恳的敬业精神和踏实的工作作风对我影响颇深，使我终身受益。

感谢余颖教授、贾志杰教授、唐一文教授、祝志宏副教授、李家麟教授、谭铭教授、陈正华老师和余燕凌老师，感谢他们在本书写作中给予的无私帮助和热情关怀！

感谢新加坡南洋理工大学化学和生物药物工程系的 Prof. Li Changming 在我访问期间的耐心指导和真诚合作。感谢 Prof. Li 研究小组中的所有成员，特别要感谢 Prof. David Lou，Dr. Guo Chunxian，Lu Zhisong 等在实验技术和测试等方面给予的热情帮助。感谢新加坡南洋理工大学数理科学院的 Prof. Yu Ting，Prof. Shen Zexiang 和 Prof. Wu Tom 在拉曼光谱测试和电学测量上提供的无私帮助。感谢 Prof. Fan Hongjin 在样品测试上的热心支持和有益讨论。

感谢武汉大学物理学院廖蕾教授的有益交流与讨论。特别感谢他对本书部分工作的建设性意见。

感谢我的家人和挚友，感谢他们无私、伟大和朴实的关心与爱，这些都是我前进中永远的动力，使我能够潜心于科学研究。

感谢国家自然科学基金（项目编号：50872039，50802032，50202007）

对本书研究内容的资助！

由于笔者水平有限，加之时间仓促，书中错误在所难免，欢迎学界同仁和读者批评指正，将不胜感激。

刘金平

2015年10月于南湖